国家出版基金项目

绿色制造丛书

组织单位 | 中国机械工程学会

机电产品主动再制造理论基础及设计方法

宋守许 柯庆镝 著

机械工业出版社

CHINA MACHINE PRESS

本书是一本全面、系统论述主动再制造的理论、方法、技术、框架及应用的专著。

以废旧机电产品及其关键零部件为主要对象的再制造，面临的发展瓶颈是：服役后零部件的再制造可行性评估、结构失效状态高度不确定性下再制造的有效实施。本书所提出的主动再制造理论及方法，是以全生命周期理论为指导，将正在服役的同一设计方案的产品，规划在一个合理时间段内主动实施再制造，以有效调控再制造时机电产品状态的理论和方法。同时结合再制造物流信息管理技术，匹配并优化后续再制造工艺，以期对废旧的机电产品及其关键零部件实现最优化、主动化与批量化的再制造，为机电产品再制造的工程应用提供理论及技术支撑。

全书共 8 章，主要内容包括：绪论、机电产品主动再制造设计、机电产品状态分析与主动再制造时机预测、机电产品主动再制造时机抉择、机电产品主动再制造时机调控、机电产品主动再制造的工艺技术、机电产品主动再制造物流管理技术、主动再制造理论在机电产品上的应用。

本书适于机械相关专业的在校研究生和研究人员阅读，也可作为企业相关设计人员和生产人员的参考用书。

图书在版编目（CIP）数据

机电产品主动再制造理论基础及设计方法/宋守许，柯庆镝著 . —北京：机械工业出版社，2022.3
（国家出版基金项目·绿色制造丛书）
ISBN 978-7-111-70215-3

Ⅰ . ①机… Ⅱ . ①宋… ②柯… Ⅲ . ①机电设备-机械制造工艺-工艺设计 Ⅳ . ①TH162

中国版本图书馆 CIP 数据核字（2022）第 031920 号

机械工业出版社（北京市百万庄大街 22 号 邮政编码 100037）
策划编辑：李 楠 责任编辑：李 楠 杜丽君 戴 琳
责任校对：闫玥红 王 延 责任印制：郑小光
北京宝昌彩色印刷有限公司印刷
2022 年 6 月第 1 版第 1 次印刷
169mm×239mm · 20 印张 · 387 千字
标准书号：ISBN 978-7-111-70215-3
定价：98.00 元

电话服务 网络服务
客服电话：010-88361066 机 工 官 网：www.cmpbook.com
010-88379833 机 工 官 博：weibo.com/cmp1952
010-68326294 金 书 网：www.golden-book.com
封底无防伪标均为盗版 机工教育服务网：www.cmpedu.com

"绿色制造丛书" 编撰委员会

主 任
宋天虎　中国机械工程学会
刘　飞　重庆大学

副主任（排名不分先后）
陈学东　中国工程院院士，中国机械工业集团有限公司
单忠德　中国工程院院士，南京航空航天大学
李　奇　机械工业信息研究院，机械工业出版社
陈超志　中国机械工程学会
曹华军　重庆大学

委 员（排名不分先后）
李培根　中国工程院院士，华中科技大学
徐滨士　中国工程院院士，中国人民解放军陆军装甲兵学院
卢秉恒　中国工程院院士，西安交通大学
王玉明　中国工程院院士，清华大学
黄庆学　中国工程院院士，太原理工大学
段广洪　清华大学
刘光复　合肥工业大学
陆大明　中国机械工程学会
方　杰　中国机械工业联合会绿色制造分会
郭　锐　机械工业信息研究院，机械工业出版社
徐格宁　太原科技大学
向　东　北京科技大学
石　勇　机械工业信息研究院，机械工业出版社
王兆华　北京理工大学
左晓卫　中国机械工程学会
朱　胜　再制造技术国家重点实验室
刘志峰　合肥工业大学
朱庆华　上海交通大学
张洪潮　大连理工大学

制造是改善人类生活质量的重要途径，制造也创造了人类灿烂的物质文明。

也许在远古时代，人类从工具的制作中体会到生存的不易，生命和生活似乎注定就是要和劳作联系在一起的。工具的制作大概真正开启了人类的文明。但即便在农业时代，古代先贤也认识到在某些情况下要慎用工具，如孟子言："数罟不入洿池，鱼鳖不可胜食也；斧斤以时入山林，材木不可胜用也。"可是，我们没能记住古训，直到 20 世纪后期我国乱砍滥伐的现象比较突出。

到工业时代，制造所产生的丰富物质使人们感受到的更多是愉悦，似乎自然界的一切都可以为人的目的服务。恩格斯告诫过：我们统治自然界，决不像征服者统治异民族一样，决不像站在自然以外的人一样，相反地，我们同我们的肉、血和头脑一起都是属于自然界，存在于自然界的；我们对自然界的整个统治，仅是我们胜于其他一切生物，能够认识和正确运用自然规律而已（《劳动在从猿到人转变过程中的作用》）。遗憾的是，很长时期内我们并没有听从恩格斯的告诫，却陶醉在"人定胜天"的臆想中。

信息时代乃至即将进入的数字智能时代，人们惊叹欣喜，日益增长的自动化、数字化以及智能化将人从本是其生命动力的劳作中逐步解放出来。可是蓦然回首，倏地发现环境退化、气候变化又大大降低了我们不得不依存的自然生态系统的承载力。

不得不承认，人类显然是对地球生态破坏力最大的物种。好在人类毕竟是理性的物种，诚如海德格尔所言：我们就是除了其他可能的存在方式以外还能够对存在发问的存在者。人类存在的本性是要考虑"去存在"，要面向未来的存在。人类必须对自己未来的存在方式、自己依赖的存在环境发问！

1987 年，以挪威首相布伦特兰夫人为主席的联合国世界环境与发展委员会发表报告《我们共同的未来》，将可持续发展定义为：既满足当代人的需要，又不对后代人满足其需要的能力构成危害的发展。1991 年，由世界自然保护联盟、联合国环境规划署和世界自然基金会出版的《保护地球——可持续生存战略》一书，将可持续发展定义为：在不超出支持它的生态系统承载能力的情况下改善人类的生活质量。很容易看出，可持续发展的理念之要在于环境保护、人的生存和发展。

世界各国正逐步形成应对气候变化的国际共识，绿色低碳转型成为各国实现可持续发展的必由之路。

中国面临的可持续发展的压力尤甚。经过数十年来的发展，2020年我国制造业增加值突破26万亿元，约占国民生产总值的26%，已连续多年成为世界第一制造大国。但我国制造业资源消耗大、污染排放量高的局面并未发生根本性改变。2020年我国碳排放总量惊人，约占全球总碳排放量30%，已经接近排名第2~5位的美国、印度、俄罗斯、日本4个国家的总和。

工业中最重要的部分是制造，而制造施加于自然之上的压力似乎在接近临界点。那么，为了可持续发展，难道舍弃先进的制造？非也！想想庄子笔下的圃畦丈人，宁愿抱瓮舀水，也不愿意使用桔槔那种杠杆装置来灌溉。他曾教训子贡："有机械者必有机事，有机事者必有机心。机心存于胸中，则纯白不备；纯白不备，则神生不定；神生不定者，道之所不载也。"（《庄子·外篇·天地》）单纯守纯朴而弃先进技术，显然不是当代人应守之道。怀旧在现代世界中没有存在价值，只能被当作追逐幻境。

既要保护环境，又要先进的制造，从而维系人类的可持续发展。这才是制造之道！绿色制造之理念如是。

在应对国际金融危机和气候变化的背景下，世界各国无论是发达国家还是新型经济体，都把发展绿色制造作为赢得未来产业竞争的关键领域，纷纷出台国家战略和计划，强化实施手段。欧盟的"未来十年能源绿色战略"、美国的"先进制造伙伴计划2.0"、日本的"绿色发展战略总体规划"、韩国的"低碳绿色增长基本法"、印度的"气候变化国家行动计划"等，都将绿色制造列为国家的发展战略，计划实施绿色发展，打造绿色制造竞争力。我国也高度重视绿色制造，《中国制造2025》中将绿色制造列为五大工程之一。中国承诺在2030年前实现碳达峰，2060年前实现碳中和，国家战略将进一步推动绿色制造科技创新和产业绿色转型发展。

为了助力我国制造业绿色低碳转型升级，推动我国新一代绿色制造技术发展，解决我国长久以来对绿色制造科技创新成果及产业应用总结、凝练和推广不足的问题，中国机械工程学会和机械工业出版社组织国内知名院士和专家编写了"绿色制造丛书"。我很荣幸为本丛书作序，更乐意向广大读者推荐这套丛书。

编委会遴选了国内从事绿色制造研究的权威科研单位、学术带头人及其团队参与编著工作。丛书包含了作者们对绿色制造前沿探索的思考与体会，以及对绿色制造技术创新实践与应用的经验总结，非常具有前沿性、前瞻性和实用性，值得一读。

丛书的作者们不仅是中国制造领域中对人类未来存在方式、人类可持续发展的发问者，更是先行者。希望中国制造业的管理者和技术人员跟随他们的足迹，通过阅读丛书，深入推进绿色制造！

华中科技大学　李培根

2021 年 9 月 9 日于武汉

丛书序二

在全球碳排放量激增、气候加速变暖的背景下，资源与环境问题成为人类面临的共同挑战，可持续发展日益成为全球共识。发展绿色经济、抢占未来全球竞争的制高点，通过技术创新、制度创新促进产业结构调整，降低能耗物耗、减少环境压力、促进经济绿色发展，已成为国家重要战略。我国明确将绿色制造列为《中国制造2025》五大工程之一，制造业的"绿色特性"对整个国民经济的可持续发展具有重大意义。

随着科技的发展和人们对绿色制造研究的深入，绿色制造的内涵不断丰富，绿色制造是一种综合考虑环境影响和资源消耗的现代制造业可持续发展模式，涉及整个制造业，涵盖产品整个生命周期，是制造、环境、资源三大领域的交叉与集成，正成为全球新一轮工业革命和科技竞争的重要新兴领域。

在绿色制造技术研究与应用方面，围绕量大面广的汽车、工程机械、机床、家电产品、石化装备、大型矿山机械、大型流体机械、船用柴油机等领域，重点开展绿色设计、绿色生产工艺、高耗能产品节能技术、工业废弃物回收拆解与资源化等共性关键技术研究，开发出成套工艺装备以及相关试验平台，制定了一批绿色制造国家和行业技术标准，开展了行业与区域示范应用。

在绿色产业推进方面，开发绿色产品，推行生态设计，提升产品节能环保低碳水平，引导绿色生产和绿色消费。建设绿色工厂，实现厂房集约化、原料无害化、生产洁净化、废物资源化、能源低碳化。打造绿色供应链，建立以资源节约、环境友好为导向的采购、生产、营销、回收及物流体系，落实生产者责任延伸制度。壮大绿色企业，引导企业实施绿色战略、绿色标准、绿色管理和绿色生产。强化绿色监管，健全节能环保法规、标准体系，加强节能环保监察，推行企业社会责任报告制度。制定绿色产品、绿色工厂、绿色园区标准，构建企业绿色发展标准体系，开展绿色评价。一批重要企业实施了绿色制造系统集成项目，以绿色产品、绿色工厂、绿色园区、绿色供应链为代表的绿色制造工业体系基本建立。我国在绿色制造基础与共性技术研究、离散制造业传统工艺绿色生产技术、流程工业新型绿色制造工艺技术与设备、典型机电产品节能减排技术、退役机电产品拆解与再制造技术等方面取得了较好的成果。

但是作为制造大国，我国仍未摆脱高投入、高消耗、高排放的发展方式，资源能源消耗和污染排放与国际先进水平仍存在差距，制造业绿色发展的目标尚未完成，社会技术创新仍以政府投入主导为主；人们虽然就绿色制造理念形成共识，但绿色制造技术创新与我国制造业绿色发展战略需求还有很大差距，一些亟待解决的主要问题依然突出。绿色制造基础理论研究仍主要以跟踪为主，原创性的基础研究仍较少；在先进绿色新工艺、新材料研究方面部分研究领域有一定进展，但颠覆性和引领性绿色制造技术创新不足；绿色制造的相关产业还处于孕育和初期发展阶段。制造业绿色发展仍然任重道远。

本丛书面向构建未来经济竞争优势，进一步阐述了深化绿色制造前沿技术研究，全面推动绿色制造基础理论、共性关键技术与智能制造、大数据等技术深度融合，构建我国绿色制造先发优势，培育持续创新能力。加强基础原材料的绿色制备和加工技术研究，推动实现功能材料特性的调控与设计和绿色制造工艺，大幅度地提高资源生产率水平，提高关键基础件的寿命、高分子材料回收利用率以及可再生材料利用率。加强基础制造工艺和过程绿色化技术研究，形成一批高效、节能、环保和可循环的新型制造工艺，降低生产过程的资源能源消耗强度，加速主要污染排放总量与经济增长脱钩。加强机械制造系统能量效率研究，攻克离散制造系统的能量效率建模、产品能耗预测、能量效率精细评价、产品能耗定额的科学制定以及高能效多目标优化等关键技术问题，在机械制造系统能量效率研究方面率先取得突破，实现国际领先。开展以提高装备运行能效为目标的大数据支撑设计平台，基于环境的材料数据库、工业装备与过程匹配自适应设计技术、工业性试验技术与验证技术研究，夯实绿色制造技术发展基础。

在服务当前产业动力转换方面，持续深入细致地开展基础制造工艺和过程的绿色优化技术、绿色产品技术、再制造关键技术和资源化技术核心研究，研究开发一批经济性好的绿色制造技术，服务经济建设主战场，为绿色发展做出应有的贡献。开展铸造、锻压、焊接、表面处理、切削等基础制造工艺和生产过程绿色优化技术研究，大幅降低能耗、物耗和污染物排放水平，为实现绿色生产方式提供技术支撑。开展在役再设计再制造技术关键技术研究，掌握重大装备与生产过程匹配的核心技术，提高其健康、能效和智能化水平，降低生产过程的资源能源消耗强度，助推传统制造业转型升级。积极发展绿色产品技术，研究开发轻量化、低功耗、易回收等技术工艺，研究开发高效能电机、锅炉、内燃机及电器等终端用能产品，研究开发绿色电子信息产品，引导绿色消费。开展新型过程绿色化技术研究，全面推进钢铁、化工、建材、轻工、印染等行业绿色制造流程技术创新，新型化工过程强化技术节能环保集成优化技术创新。开展再制造与资源化技术研究，研究开发新一代再制造技术与装备，深入推进废旧汽车（含新能源汽车）零部件和退役机电产品回收逆向物流系统、拆解/破碎/分离、高附加值资源化等关键技术与装备研究并应用示范，实现机电、汽车等产品的可拆卸和易回收。研究开发钢铁、冶金、石化、轻工等制造流程副产品绿色协同处理与循环利用技术，提高流程制造资源高效利用绿色产业链技术创新能力。

在培育绿色新兴产业过程中，加强绿色制造基础共性技术研究，提升绿色制造科技创新与保障能力，培育形成新的经济增长点。持续开展绿色设计、产品全生命周期评价方法与工具的研究开发，加强绿色制造标准法规和合格评判程序与范式研究，针对不同行业形成方法体系。建设绿色数据中心、绿色基站、绿色制造技术服务平台，建立健全绿色制造技术创新服务体系。探索绿色材料制备技术，培育形成新的经济增长点。开展战略新兴产业市场需求的绿色评价研究，积极引领新兴产业高起点绿色发展，大力促进新材料、新能源、高端装备、生物产业绿色低碳发展。推动绿色制造技术与信息的深度融合，积极发展绿色车间、绿色工厂系统、绿色制造技术服务业。

非常高兴为本丛书作序。我们既面临赶超跨越的难得历史机遇，也面临差距拉大的严峻挑战，唯有勇立世界技术创新潮头，才能赢得发展主动权，为人类文明进步做出更大贡献。相信这套丛书的出版能够推动我国绿色科技创新，实现绿色产业引领式发展。绿色制造从概念提出至今，取得了长足进步，希望未来有更多青年人才积极参与到国家制造业绿色发展与转型中，推动国家绿色制造产业发展，实现制造强国战略。

中国机械工业集团有限公司　陈学东

2021 年 7 月 5 日于北京

丛书序三

绿色制造是绿色科技创新与制造业转型发展深度融合而形成的新技术、新产业、新业态、新模式，是绿色发展理念在制造业的具体体现，是全球新一轮工业革命和科技竞争的重要新兴领域。

我国自20世纪90年代正式提出绿色制造以来，科学技术部、工业和信息化部、国家自然科学基金委员会等在"十一五""十二五""十三五"期间先后对绿色制造给予了大力支持，绿色制造已经成为我国制造业科技创新的一面重要旗帜。多年来我国在绿色制造模式、绿色制造共性基础理论与技术、绿色设计、绿色制造工艺与装备、绿色工厂和绿色再制造等关键技术方面形成了大量优秀的科技创新成果，建立了一批绿色制造科技创新研发机构，培育了一批绿色制造创新企业，推动了全国绿色产品、绿色工厂、绿色示范园区的蓬勃发展。

为促进我国绿色制造科技创新发展，加快我国制造企业绿色转型及绿色产业进步，中国机械工程学会和机械工业出版社联合中国机械工程学会环境保护与绿色制造技术分会、中国机械工业联合会绿色制造分会，组织高校、科研院所及企业共同策划了"绿色制造丛书"。

丛书成立了包括李培根院士、徐滨士院士、卢秉恒院士、王玉明院士、黄庆学院士等50多位顶级专家在内的编委会团队，他们确定选题方向，规划丛书内容，审核学术质量，为丛书的高水平出版发挥了重要作用。作者团队由国内绿色制造重要创导者与开拓者刘飞教授牵头，陈学东院士、单忠德院士等100余位专家学者参与编写，涉及20多家科研单位。

丛书共计32册，分三大部分：① 总论，1册；② 绿色制造专题技术系列，25册，包括绿色制造基础共性技术、绿色设计理论与方法、绿色制造工艺与装备、绿色供应链管理、绿色再制造工程5大专题技术；③ 绿色制造典型行业系列，6册，涉及压力容器行业、电子电器行业、汽车行业、机床行业、工程机械行业、冶金设备行业等6大典型行业应用案例。

丛书获得了2020年度国家出版基金项目资助。

丛书系统总结了"十一五""十二五""十三五"期间，绿色制造关键技术与装备、国家绿色制造科技重点专项等重大项目取得的基础理论、关键技术和装备成果，凝结了广大绿色制造科技创新研究人员的心血，也包含了作者对绿色制造前沿探索的思考与体会，为我国绿色制造发展提供了一套具有前瞻性、系统性、实用性、引领性的高品质专著。丛书可为广大高等院校师生、科研院所研发人员以及企业工程技术人员提供参考，对加快绿色制造创新科技在制造业中的推广、应用，促进制造业绿色、高质量发展具有重要意义。

当前我国提出了 2030 年前碳排放达峰目标以及 2060 年前实现碳中和的目标，绿色制造是实现碳达峰和碳中和的重要抓手，可以驱动我国制造产业升级、工艺装备升级、重大技术革新等。因此，丛书的出版非常及时。

绿色制造是一个需要持续实现的目标。相信未来在绿色制造领域我国会形成更多具有颠覆性、突破性、全球引领性的科技创新成果，丛书也将持续更新，不断完善，及时为产业绿色发展建言献策，为实现我国制造强国目标贡献力量。

中国机械工程学会　宋天虎
2021 年 6 月 23 日于北京

前　言

　　1999年，徐滨士院士在国内首先提出"再制造工程"的概念："再制造工程"是以产品全生命周期设计和管理为指导，以优质、高效、节能、节材、环保为目标，以先进技术和产业化生产为手段，来修复和改造废旧产品的一系列技术措施或工程活动的总称。

　　再制造作为废旧产品再利用的最优方式之一，从提出至今已逾二十年，无论政策法规、产业发展，还是学术研究皆已蔚然可观。然而再制造面临的三个挑战，即能不能再制造、怎样再制造、再制造后怎样仍然没有完全解决。

　　我国再制造工程以淘汰废旧产品为对象，以特种修复技术为核心，以尺寸恢复、性能提升为目标，针对疲劳、修复磨损，走出了与国际换件修理法和尺寸修理法再制造不同的、具有中国特色的再制造路线。时至今日，对大多数应用场合，结合日益成熟的表面工程及增材制造技术，"怎样再制造"的问题已较好地解决。而随着相关政策、法规、标准的颁布实施，以及再制造品不低于新品的质量要求、售后服务、租赁和置换等销售模式的逐渐完善，"再制造后怎样"所对应的再制造产品服役可靠性问题已在一定程度上得到解决，相关再制造产品也日益获得市场认可。但是，随着再制造技术逐渐在各类机电产品上应用，其面临的问题集中于再制造毛坯自身的高度不确定状态，"能不能再制造"这一再制造性判断依然是个棘手的问题，如果无法较好地解决该问题，则会影响后续一系列再制造工艺，进而阻碍再制造工程的有序健康发展。

　　为此，本书作者提出主动再制造的理念，并在国家项目的支持下进行了较深入的研究，期望有助于以上问题的解决。本书对研究成果进行了总结。全书共8章：第1章介绍了主动再制造的提出背景、概念、特点和主要内容；第2章介绍了主动再制造设计，从源头开展产品主动再制造设计，从冗余强度、结构功能梯度和寿命匹配三个层面进行产品优化设计，以使产品适应主动再制造的一致性需求；第3章介绍了利用在线监测与检测、数据分析处理等技术，对产品进行状态分析与主动再制造时机预测；第4章介绍了在获得产品服役状态基础上，从生命周期分析、服役性能分析和监测分析三方面所提出的主动再制造时机抉择方法；第 5 章介绍了在产品主动再制造时机确定的前提下，如何调控产品与关键零部件的主动再制造时机，实现产品与关键零部件再制造状态的最优配合；第 6 章与第 7 章分别介绍了在主动再制造需求及其模式下，相关的再制造工艺技术与其逆向物流管理技术基础；第 8 章介绍了主动再制造理论、方法及技术在几款典型机电产品中的应用实例。

本书是在科技部国家重点基础研究发展计划和国家自然科学基金项目支持下开展研究的工作总结。具体项目包括："机械装备再制造的基础科学问题"（2011CB013400），"机电产品服役状态监测与主动再制造时机决策的方法与技术研究"（51375133），"机械轴类产品的结构相似性与服役状态预测方法研究"（51305119），"电动汽车动力电机再制造的铁心电磁性能提升方法及关键技术"（51575155），"阵列超声在涂层结构中各向异性传播机理及应力场分布监测方法"（51875162）。

本书作者分工为：宋守许撰写第 1~4 章，柯庆镝撰写第 5~8 章。蔚辰博士对研究成果进行了最初的汇总，在此表示感谢。

由于作者学识有限，错误在所难免，还请读者朋友们不吝批评指正。

作　者
2021 年 5 月

目录 CONTENTS

第 1 章

——

绪　　论

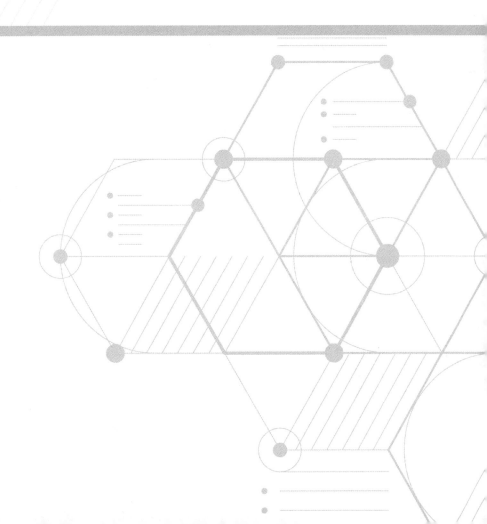

21 世纪以来，随着经济增长与环境、资源之间的矛盾日益凸显，人类对自然资源的过度开发和对环境的无偿利用，造成全球生态破坏、资源浪费和短缺、环境污染等重大问题。当今世界各国能源日渐枯竭、生态环境空间日益缩减，已经达到或接近上限的环境承载能力成为制造业高速发展的桎梏。在低成本、低碳需求环境下，平衡能源危机、资源短缺和企业利润之间的矛盾成为制造业亟待解决的一个重大课题。

1.1　再制造的发展过程及发展的瓶颈

1.1.1　再制造的发展过程

资源短缺和环境污染问题日益突出，同时消费者环保意识也在逐渐增强，世界各国政府和企业越来越重视资源的循环利用和环境保护。为了缓解产品废弃带来的资源和环境压力，政府部门制定相关政策，并引导和规制企业实施废旧产品的回收再制造活动。世界各国纷纷制定针对废旧产品回收的相关法律法规，提出了生产者责任延伸，明确规定生产者必须承担产品消费之后的再循环利用和处理的责任。随着各国可持续发展战略的推出，循环经济的理念随之产生。在循环经济体系中，对生产或消费后的废弃物进行回收、资源化或最终废弃处置的产业称为静脉产业。

循环经济能够通过回收传统供应链下游产品和减量（Reduce）、再利用（Reuse）、再循环（Recycle）和再制造（Remanufacture），来实现从产品到再生资源与产品的可持续发展范式。其中再制造是循环经济的重要组成部分，也是资源循环的最佳形式之一。目前再制造在国内外进行了大量研究，并已形成了规模巨大的产业。

1. 国外再制造发展过程及现状

在欧美等工业发达的国家，再制造产业已经历经了数十年的发展。在 20 世纪 50 年代，欧美的企业开始对废旧产品实行回收再利用，从而逐渐形成了再制造行业。20 世纪 80 年代，美国波士顿大学教授 Robert 等人在经济领域对再制造工程展开了研究，在世界银行资助下，通过深入调查美国的再制造业，完成了以《再制造：美国的经验及对发展中国家的启示》为题的总结报告。该报告首次提出了再制造的概念，介绍了美国部分从事再制造的企业以及企业开展再制造活动的经验，并分析了部分第三世界国家开展再制造的应用前景，此报告开启了再制造业发展的理论研究。20 世纪 90 年代，美国从产业的角度及日本从环境保护角度都分别建立了自己的再制造体系，美国建立了 3R（Reuse、Recycle、Remanufacture）体系；日本也建立了与其相似的体系。

目前，国外再制造已形成了一套比较成熟和完整的再制造产业体系，产品涵盖汽车、机床、航空航天设备、化工及军工设备、道路交通设施、IT 产品等方面，再制造规模大，覆盖面广。在欧美等发达国家中，美国的再制造产业起步最早，再制造产业规模最大。据不完全统计，美国拥有全球近 50% 的再制造企业，美国和欧洲的再制造产品数量约占全球总量的 80%。早在 1922 年，美国就成立了发动机修复协会（Automotive Engine Rebuilders Association，AERA）。1997 年，美国再制造产业国际委员会（the Remanufacturing Industries Council International，RICI）成立。2001 年，美国汽车再制造年产值为 365 亿美元，员工总数超过 30 万人。2012 年，美国再制造商品的出口总额达到 430 亿美元。2020 年，资料显示，美国国内拆解汽车企业超过 12000 家，专业破碎企业超过 200 家，零部件再制造企业多达 5 万余家，从业人数约 42 万，再制造产业规模超 1000 亿美元，拥有超过 4.6 万 t 的可再制造零部件，而且在美国社会车辆维修时使用的再制造零部件比例平均已经超过 50%，其中发电机和起动机的使用量更是高达 80% 以上。

纵观再制造业的发展，美国涌现出了一大批专门从事再制造生产的企业。Caterpillar 公司主要从事发动机零部件、变速器与控制零部件、悬架与制动系统及液压系统等的再制造生产。2019 年，Caterpillar 公司全球产值达 538 亿美元。截至 2020 年，Caterpillar 公司仅在中国就投资了 23 家生产企业，雇员超过 7400 人。经过几十年的发展，再制造已成为美国支柱性产业之一，并逐渐成为制造业未来发展的新方向。Machine Tool Service 公司早在 1996 年便已经开始从事针对数控加工中心的翻新、改造与再制造工作，是世界上最早的数控加工中心再制造公司，能够对市面上不同型号的机床进行再制造，该公司再制造机床总体性能与新机床几乎无区别。Machine Tool Rebuilding 公司有 40 多年专门从事机床再制造的生产经验，业务范围遍布美国各州，并且能够对诸如航空母舰等军事设备上的精密设备进行再制造。AT TICA 公司在再制造领域发展 40 多年，再制造对象包括伺服系统、液压泵、马达、阀门等工业机械装备，机械装备出口 16 个国家及地区。

在理论研究领域，美国的罗切斯特理工大学专门成立了针对全国再制造与资源恢复的再制造工程研究中心，该中心在基于大量废旧机械装备失效特征、逆向物流、剩余寿命评估、再制造质量评价方面的实际案例与研究，有效提升了废旧机械装备再制造的效率，降低了再制造成本。

德国与日本的再制造产业也取得了较快的发展。

德国再制造产业涉及汽车零部件、机床、铁路机车、工程机械、电子电器等多个领域，形成了以企业为主导的再制造体系。大众集团从 1947 年起开展汽车零部件的再制造工作，每年再制造的发动机超过 30 万台，已远远超出其当年生产新品的数量。1994 年，德国联邦教育与研究部刚成立，就在 1994—1997 年累计投资超过 500 万马克，建立"面向技术工作的机床数控化改造"项目，用以研究废旧机床的再制造问题，并由此将企业、研究院所与高校的相关资源进行整合，促进国家再制造行业的快速发展。在 1998 年，德国成为世界上最大的废旧机床再制造市场，当年产业销售金额达到 25 亿马克，同时德国政府颁布了《循环经济与废弃物法》，促使制造商开展产品循环利用活动。

日本的再制造产业集聚现象明显，再制造产业与原产业基本由同类企业主导，属于典型的集中发展配套协作模式，如丰田汽车、日立电机、小松机械等企业先后建立了再制造工厂。这些企业采用与美国类似的再制造模式，雇佣的人员数目较少，但其特点是大多针对中大型机械的再制造与升级改造，针对小型机械装备的较少。同时日本政府制定并实施《家电循环法》《建筑材料循环法》等法规以规范各个生产领域的产品回收再利用。2020 年有资料表明，仅汽车零部件一类，日本每年就有约 1200 亿日元的产品通过再制造得到重新利用。

另外，许多国际再制造组织和机构应运而生，如美国发动机修复协会、美国国家再制造和资源恢复中心、国际发动机再制造协会等。

国际发动机再制造协会为非营利性行业协会，成立于 1941 年，成员人数从早期 50 多家企业增加至世界范围内的 1000 多家成员企业。其致力于再制造企业间的协作，共享信息，为货车、非道路用车、工业装备提供再制造零部件。

美国国家再制造和资源恢复中心为国际认可的再制造应用研究领导中心，将先进工艺技术和工具应用到产品再制造中，以提高效率、降低成本。

▶ 2. 国内再制造发展过程及现状

我国正处于加速工业化和城市化发展阶段，人均拥有的自然资源稀少与经济的快速发展之间的矛盾十分突出。随着制造业的快速发展，资源的消耗和工业废物的排放也呈几何级数增长，这种工业大环境赋予了再制造产业很大的发展潜力。特别是进入 21 世纪以来，传统的工业装备飞速发展，保有量巨大，工程机械、大型舰艇、飞机、盾构机等高附加值装备数量快速增加，这些装备报废、淘汰以后，都是丰富的可再制造资源。

（1）汽车再制造现状　20 世纪末再制造概念被引入我国，很多企业已经开始从事汽车再制造的研发、生产与销售。研究报告显示，2013 年，我国报废汽车回收量为 187.5 万辆，同比增长 41.7%，其中，报废汽车实现回收拆解 63.2 万辆；摩托车回收量为 52.61 万辆，同比增长 136%，拆解质量为 274.4 万 t，同比增长 10.2%。2013 年，全国获得拆解资质的企业数量达 576 家，报废汽车回收网点已覆盖全国 70% 以上的县级行政区域。2019 年，我国机动车保有量为 3.48 亿辆，汽车保有量为 2.6 亿辆，汽车产销量约 2000 万辆，国内报废车辆超过 800 万辆。商务部数据显示,2014—2019 年我国报废汽车回收数量呈上升趋势,2019 年我国经正规途径报废汽车的回收数量仅 195 万辆,同比增长 16.8%,报废率不足 20%。数据显示,我国汽车再制造整体发展水平快速提升,市场规模从 2005 年产值不足 0.5 亿元,发展到 2010 年的 25 亿元,再到 2013 年的 154 亿元。2020 年,我国汽车零部件再制造市场规模约 600 亿元,预计到 2025 年规模有望翻番,达到 1200 亿元。

与此同时,近几年国家陆续出台十余项推动汽车再制造发展的政策法规,如《中华人民共和国循环经济促进法》《"十二五"节能环保产业发展规划》《关于推进再制造产业发展的意见》《再制造产品"以旧换再"试点实施方案》等。"十三五"又对现有政策进行优化完善,尽可能贴近符合市场的需求,把更多产品纳入政府采购范围,培育新的经济增长点。2021 年 7 月,国家发展改革委发布《"十四五"循环经济发展规划》,部署了五大重点工程和六大重点行动,其中再制造产业高质量发展行动由国家发展改革委、工业和信息化部会同有关部门组织实施。

(2)工程机械再制造现状　根据中国工程机械工业协会行业统计数据,2020 年,纳入统计的 25 家主机制造企业,共计销售各类挖掘机械产品 327605 台,同比增长 39%;其中内销 292864 台,同比增长 40.1%;出口 34741 台,同比增长 30.5%。2020 年,共销售各类装载机 131176 台,同比增长 6.12%。其中,3t 及以上装载机销售 122969 台,同比增长 6.11%。在装载机的总销售量中,国内市场销量为 106572 台,同比增长 8.63%;出口销量为 24604 台,同比下降 3.55%。同时由于基础建设仍将是今后几年的主要的投资方向,在未来一段时间内,我国工程机械的市场保有量还会持续增加。

对于工程建设中最主要的工程机械挖掘机来说,其主要由发动机、液压系统、工作装置、行走装置和电气控制等部分组成,属于价格昂贵、技术含量高、附加值高、产量大的工程机械产品,具有非常高的再制造价值。对挖掘机产业实施绿色再制造,可以最大限度地利用废旧产品的剩余价值,提高资源利用率和加强环境保护,实现挖掘机产业的可持续发展,具有广阔的发展前景。

但与汽车不同,国家对于工程机械产品强制报废还没有立法,大多数用户还处于对旧设备采取修修补补、勉强使用的被动作业状态,而不是马上实行报废。大多数的废旧工程机械作为废铁被回收进废铁厂中回炉处理,这制约了再制造产业的原材料供应。由此导致工程机械整机再制造产业的发展还处于初级阶段,大规模推广存在着阻碍,仍需要人们对于再制造产品认知度的不断提高、国家政策的支持以及企业的不断努力。

(3)盾构机再制造现状　盾构机是目前用于城市轨道交通、市政工程、铁路公路隧道掘进的主要设备。据中国城市轨道交通协会统计，截至2019年底，我国大陆地区共有40个城市开通城市轨道交通运营线路208条，运营线路总长度为6736.2公里（1公里=1千米）。其中，地铁运营线路5180.6公里，占比76.9%；其他制式城市轨道交通运营线路1555.6公里，占比23.1%。截至2019年底，共有65个城市的城市轨道交通线网规划获批，其中，城市轨道交通线网建设规划在实施的城市共计63个，在实施的建设规划线路总长7339.4公里（不含已开通运营线路）。"十四五"期间，我国新建铁路隧道、公路（越江）隧道及城市管道工程等方面也需要大量的盾构机，广阔的市场前景为盾构机产业化带来了良好机遇。

近年来，我国在盾构机的国产化方面取得了长足的进展。但由于基础工业薄弱，我国盾构机在一些关键基础部件方面依然受制于人。此外，由于不同工程对盾构机的要求不尽相同，各地区工程现状、不同企业之间信息不畅等问题，随着时间的推移，我国盾构机的闲置和超期服役问题也日益突出。从20世纪90年代盾构机在我国地铁施工中陆续使用以来，不少盾构机已经进入老龄化阶段，必须进行大修或再制造。

通过再制造手段，可以将市场上闲置的盾构机充分利用，从而达到节约能源、物资和材料的目的，同时还可以降低施工成本，是一个利国利民的新型工程。据相关资料分析，再制造一台地铁盾构机可以节约金属200t，节约电力约128万kW·h。可喜的是，近年来我国的盾构机再制造取得了长足的发展，已经有不少再制造盾构机用于施工现场。

（4）轨道机车再制造现状 "十三五"末期全路网动车保有量密度达0.78辆/公里。截至2020年底，高速铁路（含城际铁路）总里程已达3.9万公里，按照0.78辆/公里的动车保有量密度，2020年全路网动车保有量约为30420标准列。

为保障列车的安全运行，目前采用的维修体系是一种基于"磨损理论"的预防性维修方法。针对动车组轮对在各级检修周期下的特点，组合采用各种动态和静态检测技术，实现从车轮踏面到轮辋、轮辐内部缺陷的全面检测。对于车轮来说，为保障其形状及良好的服役状态，一般须严格根据拟定的维修策略对车轮进行镟修作业。根据相关标准，在武广线上运行的CRH2型动车组车轮镟修作业的维修周期为20万~25万公里，据测算，在不考虑人工费、时间相对理想的情况下，车轮进行一次镟修所增加的费用将达到120万元左右。为此，需要采用一定技术手段降低单位时间内的车轮服役费用，主动再制造便成为一条可以尝试的途径。在确保再制造车轮服役质量的前提下，主动监控车轮的服役状况，进行再制造时间点的主动选择，进行车轮批量化再制造，以达到良好的整体技术经济性。

（5）机床再制造现状　我国是世界上最大的机床消费市场，数量高达800多万台，其中，200多万台机床的运行时间超过10年。在国际机床行业内，机床每年的报废率一般为3%，若按照这个报废率计算标准，我国每年大概有20多万台机床因为各种失效形式而报废。对于废旧机床来说，构成机床主体的铸件材料具有较大的回收价值。据统计，通过充分利用废旧机床的床身、立柱等铸件材料，我国机床再制造的资源循环利用率可达85%以上，比制造新机床节能80%以上，污染物排放降低90%以上。

在国内，机床制造企业主要是对自家生产的机床开展再制造，具有废旧机床回收的有效渠道，便于机床回收；此外，还具有物流、技术等方面的优势。最具代表性的机床制造企业有重庆机床集团（有限）责任公司、广州机床厂有限公司、沈阳机床（集团）有限责任公司、济南二机床集团有限公司等。我国可用于再制造的废旧机床产品总量超过200万台，可形成相当规模可循环利用的机床再制造潜在资源，如果这200万台废旧机床产品能够通过再制造工艺进行后市场的开发，其带来的市场培育效应将十分巨大。因此，实施机床再制造不仅能够实现大量老旧机床设备资源的循环再利用，而且节能环保，可形成一个产值巨大的新兴产业。

近年来，相继出现了一些高校及企业开展了再制造方面的技术研究和产业化概述，其主要技术来源于维修工程和表面工程，是维修工程和表面工程发展的高级阶段。但与国外相比，我国对再制造的研究和认识起步较晚，再制造产业还远没有形成，其规模小、范围窄，与丰富的再制造资源形成巨大的反差，再制造企业也不多，好在近些年再制造研究和产业发展较快。

1999年6月，徐滨士院士在西安召开的"先进制造技术"会议上发表了题为《表面工程与再制造技术》的学术论文，在国内首次提出了"再制造"的概念。同年12月，由国家自然科学基金委员会批准，将"再制造工程技术及理论研究"列为国家自然科学基金机械学科发展前沿与优先发展领域。此后，再制造产业在我国迅速发展，兴起了一大批再制造企业，如中国重汽集团济南复强动力有限公司，1995年成立，主要从事汽车零部件及发动机的再制造生产，2005年被列为国家循环经济首批示范企业，经过几十年的发展，已形成了一套完整的发动机再制造工艺及技术体系。

在政策层面，2000年以后，国家对再制造产业的发展也越来越重视，颁布了如《汽车零部件再制造规范管理暂行办法》《关于推进再制造产业发展的意见》《工业和信息化部关于印发<高端智能再制造行动计划（2018—2020年）>的通知》等一系列法律、法规和政策。表1-1统计了我国政府颁布的再制造相关法律、法规和政策。

表 1-1 我国政府颁布的再制造相关法律、法规和政策

时间	发布单位	名称	内容
2005	国务院	《国务院关于做好建设节约型社会近期重点工作的通知》	以再生金属、废旧轮胎、废旧家电以及电子产品回收利用为重点，促进再生资源回收利用，大力支持废旧机电产品再制造，支持再制造技术的研究与开发
2008	国家发展改革委	《汽车零部件再制造管理办法》	建立和报废汽车回收利用相互衔接的汽车零部件回收利用管理体系，强化汽车零部件再制造试点企业管理，高效使用废旧汽车零部件资源
2008	全国人大常委会	《中华人民共和国循环经济促进法》	支持企业实施机动车零部件、工程机械、机床等产品的再制造和轮胎翻新销售等
2009	工业和信息化部	《工业和信息化部关于印发〈机电产品再制造试点单位名单（第一批）〉和〈机电产品再制造试点工作要求〉的通知》	确定了徐工集团工程机械有限公司等35个企业和产业集聚区为第一批试点单位。制定完善的再制造试点实施方案，加大再制造相关技术改造力度等
2010	国家发展改革委	《关于推进再制造产业发展的意见》	推动再制造产业发展的重点领域，以汽车发动机、变速器、发电机等零部件再制造为重点，推进工程机械、机床等领域再制造
2011	国家发展改革委	《国家发展改革委办公厅关于深化再制造试点工作的通知》	适当扩大汽车零部件再制造产品的范围，继续实施发动机、变速器等产品的再制造，增加传动轴、液压泵等部件的再制造，实施农业机械再制造试点
2011	国家发展改革委	《中华人民共和国国民经济和社会发展第十二个五年规划纲要》	明确加速建设再制造旧件的回收体系，推动再制造行业的发展；注重研发利用再制造等先进技术，推广循环经济范式
2013	国家发展改革委	《国家发展改革委办公厅关于确定第二批再制造试点的通知》	同意北京奥宇可鑫表面工程技术有限公司等28家企业的实施方案，并确定为第二批再制造试点企业
2015	国务院	《中国制造2025》	明确提出要促进资源的高效循环利用，大力发展再制造产业，实现高端再制造和智能再制造，推进再制造产业持续健康发展

（续）

时间	发布单位	名称	内容
2016	国家发展改革委	《工业和信息化部办公厅关于公布通过验收的机电产品再制造试点单位名单（第二批）的通知》	确定山东临工工程机械有限公司等53个企业和3个产业集聚区为第二批再制造试点单位
2017	工业和信息化部	《工业和信息化部关于印发〈高端智能再制造行动计划（2018—2020年）〉的通知》	提出加强高端智能再制造关键技术创新与产业化应用，推动智能化再制造装备研发与产业化应用，建立高水平再制造产业协同体系
2018	国家发展改革委	《汽车产业投资管理规定》	加快推进汽车零部件再制造领域，重点发展高附加值零部件再制造技术和工艺，推动零部件旧件回收和再制造产品质量控制等能力建设
2019	国务院	《粤港澳大湾区发展规划纲要》	推动制造业从加工生产环节向研发、设计、品牌、营销、再制造等环节延伸；加快制造业绿色改造升级，重点推进传统制造业绿色改造、开发绿色产品，打造绿色供应链；大力发展再制造产业
2021	国家发展改革委	《国家发展改革委关于印发"十四五"循环经济发展规划的通知》	提出要构建资源循环型产业体系，提高资源利用效率；构建废旧物资循环利用体系；构建资源循环型社会

上述一系列国家法律、法规、政策的颁布和实施极大地促进了我国再制造产业的发展。

在产业化方面，目前我国从事再制造的企业超过2000家，涌现出像中国重汽集团济南复强动力有限公司、重庆机床（集团）有限责任公司、潍柴动力（潍坊）再制造有限公司等一大批优秀的再制造企业。

中国重汽集团济南复强动力有限公司拥有整套的汽车零部件与发动机再制造生产线，其再制造机械装备技术处于国内领先水平。该公司于2005年挂牌成为国家循环经济试点企业，其最先进的纳米表面工程技术可以显著提升汽车发动机的再制造水平和再制造率，全年发动机再制造产能超过25000台，随着企业的不断发展，其最终年产能将达到50000台。重庆机床（集团）有限责任公司将机床再制造作为企业未来的重点发展方向，并且将普通车床以及滚齿机床的再制造作为企业新的利润增长点。该公司与重庆大学强强合作，成立"重庆市工业装备再造工程产学研合作基地"，经过近几年的发展已成为初具规模的机床再制造基地。重庆机床（集团）有限责任公司在机床再制造方面的成功也为其他机床制造企业的发展提供了思路。

在盾构机再制造产业化方面，2010年5月，北京设备管理协会盾构管理委员会成立，旨在发挥科技研发的职能作用，对盾构机的关键部件及易损部件性能的提高、轴承的国产化、零件再制造、应力检测控制等关键技术进行研究，以达到延长盾构机的使用寿命、降低工程建设成本、实现零部件的再制造和节能减排的目的。与此同时，国内施工企业使用进口再制造盾构机的同时也在尝试对自有设备进行再制造，国内专业生产厂家也在探索盾构机再制造。在北京地铁四号线施工中，日立EPB6170土压平衡盾构机由于盾体密封位严重磨损导致整机瘫痪，北京奥宇可鑫集团采取再制造技术进行了修复。上海市机械施工集团有限公司进口的第一台小松TM6140盾构机是根据深圳地区的地质、管片规格等施工要求设计制造的，为了适应上海地铁施工需要，进行了设备改进、优化和再制造。蚌埠行星工程机械有限公司依托中铁隧道集团专用设备中心，进行减速机再制造开发，整体性能提升20%，技术能力达到国内先进水平。

国内再制造行业的发展也有着独特优势。欧美国家的再制造主要通过换件修理法和尺寸修理法来恢复零部件尺寸，如英国Lister Petter再制造公司，每年为英、美军方再制造3000多台废旧发动机，再制造时，对于磨损超差的缸套、凸轮轴等关键零件都予以更换新件，并不修复。而国内的再制造以表面修复为支撑，通过先进的表面工程技术，不仅能准确恢复再制造产品尺寸，而且可显著提高其性能，资源利用率高，能源消耗少，具有突出的节能减排特色。

在理论和技术研究方面，国内学者对再制造设计、再制造清洗、再制造检测与评价、再制造先进表面工程技术等方面开展了大量研究。

在再制造设计领域，合肥工业大学、重庆大学、清华大学开展了大量的研究工作，研究了面向拆卸的设计、面向回收的设计等面向对象的设计方法以及绿色设计、模块化设计、主动再制造设计等。

在再制造清洗、再制造检测和再制造工艺技术方面我国已形成了一定的基础。再制造清洗是检测零件表面尺寸精度、几何形状精度、表面粗糙度、表面性能、磨蚀磨损及黏着情况的前提。目前零部件清洁技术较多，如热分解技术、高压水射流、抛丸清理、喷砂清理、超声波清洗等。图1-1所示为超声清洗平台。

图1-1　超声清洗平台

再制造检测与评价方面，应用于再制造工程的无损检测技术也有较快发展。

目前，机械零部件无损检测有射线检测、超声检测、电磁涡流检测、磁粉检测和渗透检测，并称为五大探伤方法，其应用较为广泛，技术也相对成熟。图1-2所示为X射线残余应力测定仪和磁粉探伤仪。再制造技术国家重点实验室、合肥工业大学等单位研究了汽车发动机缸体、曲轴、热轧工作辊、支承辊等不同再制造零部件的多种无损检测评估技术，并研制出了高频涡流无损检测仪（用于气门杆、连杆等零件检测）、高穿透力超声无损检测仪（用于曲轴等零件检测）、发动机缸体涡流/磁记忆综合无损检测评估仪、金属磁记忆寿命评估仪等，初步实现了部分机械产品零部件损伤和无损检测评估。

图1-2　X射线残余应力测定仪和磁粉探伤仪

　　在再制造先进表面工程技术方面，我国已出现各种喷涂技术、激光技术、刷镀技术应用到再制造工艺中的先进案例，如装甲兵工程学院研发的自动化高速电弧喷涂技术，采用机器人或操作机的操作臂夹持喷枪，通过红外温度场监测和编程控制高速电弧喷枪实现各种规划路径，实时反馈调节喷涂工艺参数，实现自动喷涂作业的智能控制。

　　国内再制造工艺研究内容还包括零部件剩余寿命预测、无损拆卸、再制造产品生命周期评价及管理、再制造质量控制与虚拟检测技术等，并形成一批具有自主知识产权的工艺技术成果。

▷▷1.1.2　再制造的发展瓶颈

　　机械产品在服役过程中都面临着保障性能以避免失效损坏的问题，如果盲目地进行淘汰或维修则会带来巨大的资源浪费。我国有相当多的汽车、工程机械以及制造装备已经处于服役后半段时期或服役年限已接近设计寿命，如何在处理这些产品时获取高附加值资源并避免由于处理不当所造成的资源浪费，对于保证设备安全运行、提高经济效益及环境效益有很大的意义。

　　再制造能够把已经或即将丧失连续使用价值的产品，通过一定的高技术手段进行改造或修复，使其达到原产品性能，并同时开启该产品新的生命周期，可以有效地解决上述问题。但是由于再制造的毛坯都是完全报废、功能丧失、质量参差不齐的废旧产品，企业只能被动地、单件地、个性化地对这些毛坯进行再制造，判断过程复杂、工艺效率低下。再制造产业的发展还面临着诸多问题。

▶ 1. 再制造回收体系的短板

目前，我国机械产品巨大的保有量导致再制造原材料来源非常充沛，但由于缺乏系统、合理的回收体系，庞大的再制造资源散落在各处，回收难度很大。而且再制造企业所回收的废旧产品中，有相当一部分零部件被使用过度，导致很多高附加值、经过再制造能够重新再利用的零部件被当作废金属回炉熔化，造成了极大的资源浪费。

▶ 2. 再制造毛坯相关信息缺乏

废旧产品目前是再制造产业的原料，服役信息的缺乏直接影响到对其状态及质量的判定，加大了再制造实施的难度。需要建立统一的信息管理体系，将产品回收企业、再制造企业、制造企业、零售商和客户群体等相关信息集合起来，不但可以提升行业集中度，还可以统一信息及数据的收集和管理工作。

▶ 3. 再制造工艺衔接问题

整个再制造工艺过程的衔接问题是再制造工程中的重大障碍，由于再制造毛坯的不确定性，在再制造毛坯的采购、检测、拆解、零部件再制造修复等环节间需要良好的信息沟通，一旦出现衔接问题，可能会给各个环节带来一定的影响，给再制造生产带来阻碍并降低其效率，增加了再制造成本和难度。

▶ 4. 产品缺乏再制造设计

目前在产品设计时极少考虑到其再制造需求，导致很多零部件结构都无法再制造，造成资源浪费。这就需要引入生产者责任延伸制度，促使生产者责任向前延伸，在产品设计时就考虑可再制造性；向后延伸到产品废旧物回收和再制造的体系建设，打通制造与再制造间的融合关系，推进再制造产业链的形成。

1.2　主动再制造的内涵及特点

主动再制造通过对产品的服役性能退化规律进行分析，预先选定再制造时机，当产品服役至该时刻时即主动退役并实施再制造，在保证产品再制造性的同时，实现产品在整个生命周期内的综合服役性能最佳化。

主动再制造是以全生命周期理论为指导，以优质、高效、节能、节材、环保为准则，对正在服役的同一设计方案的产品，在一个合理的时间段内主动实施再制造，以实现在役产品总服役周期内经济性、环境性、再制造性最优的一系列工程活动。

1.2.1 主动再制造的内涵

再制造是一个资源潜力巨大、经济效益显著、环保作用突出、符合可持续发展的绿色工程和新兴产业。当前的再制造是把已经或即将丧失连续使用价值的产品通过一定的技术手段进行改造或修复，使其达到原产品性能，并同时开启该产品新的生命周期。

但再制造的毛坯都是完全报废、功能丧失、质量参差不齐的废旧产品，毛坯状态的不确定性极大阻碍了再制造工程的产业化发展。为了应对这些问题提出了再制造主动性的理念，即在生命周期中主动选择一个在最佳时期对其进行再制造，也就是主动再制造的服役机制。在产品的生命周期中，一定存在一个进行再制造的最佳时间段，在这段时间内对产品主动地进行再制造，开启其新的生命周期，以期望产品在其整个服役时间段内使用成本、环境影响等因素达到综合最佳。这种主动模式下的再制造过程被称为主动再制造。

1.2.2 主动再制造的特点

根据上述定义和内涵，可以总结出主动再制造具有时机最佳性、主动性、关键件优先性和可批量性四个特点。

1. 时机最佳性

产品性能退化规律决定了在产品服役过程中客观存在一个再制造最佳时间区域，在该区域内进行再制造，恢复原设计功能、性能的技术性、经济性、环境性最优。而被动再制造存在不确定性大、离散度大、无法保证技术性与经济性等缺点。

2. 主动性

传统的再制造是在产品废弃后再被动地对其零部件进行单独、个性化的复杂判断，而主动再制造是通过对产品整个生命周期的经济性、环境性、技术性以及整体性能的多目标决策确定一个时间区域，当产品服役到该时间区域时，便主动地对其进行再制造。

3. 关键件优先性

主动再制造面向的是整个产品，但是一个产品中有不同的零部件，并且按照其重要程度分为关键零部件和非关键零部件。对于主动再制造时机，既需要考虑产品的整机性能退化，又需要考虑产品中关键零部件的再制造性。当整机性能参数达到阈值时产品发生失效，其关键零部件性能未退化到临界值，还具有较高的再制造价值，即关键零部件的再制造临界值要高于整机性能的阈值，这在产品设计中需充分考虑。

▶▶ 4. 可批量性

对于同一设计方案、同一批次的产品，在正常的工作状态下，由于再制造时间的主动选择，再制造毛坯的差异性得到最大限度的降低，则再制造工艺相对一致，可实现再制造的批量生产。

以上主动再制造的特点有效规避了被动再制造模式下的不确定性所造成的影响，更有利于促进再制造工程的产业化。

1.3 主动再制造理论基础及技术体系

再制造的研究已经相当深入。相较于末端再制造，主动再制造更关注产品生命周期的上游，试图从源头解决或减少再制造面临的不确定性问题。主动再制造理论及技术体系主要包括六方面的内容：主动再制造设计、主动再制造时机预测、主动再制造时机抉择、主动再制造时机调控技术、主动再制造的工艺技术和主动再制造逆向物流管理技术等，如图 1-3 所示。

▶▶ 1.3.1 主动再制造设计

主动再制造设计是研究当机电产品服役到再制造时机时，如何保证产品中各零部件的关系是最佳匹配，即各主要零部件在这一时刻全部适合再制造并且失效程度相同或相近。

主动再制造设计分别从产品、零部件、结构三个层级对设计内容进行优化改进，如图 1-4 所示。产品级设计针对关键零部件及其配合件之间的关系进行设计，使关键件寿命达到最佳匹配；零部件级设计针对零件不同结构间的合理配置进行设计，降低不同结构间寿命的差异性，实现零部件整体性能最优；结构级设计针对具体的结构参数进行改进优化，通过结构设计参数的调整使零部件达到强度、刚度等要求。

▶▶ 1.3.2 主动再制造时机预测

产品的性能退化规律决定了其在使用过程中必然存在一个最佳的再制造时间区域，在该区域内进行再制造时，产品可恢复原设计功能且性能的技术性、经济性、环境性可达到最优，因此机电产品主动再制造的关键点之一就是主动再制造时机的确定。若要确定机电产品主动再制造时机，就需要对其进行服役状态分析。

机电产品状态分析技术主要包括：在线监测信号分类及获取、在线监测信

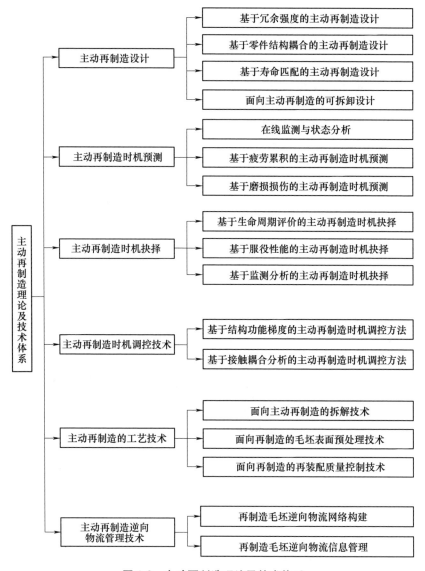

图 1-3　主动再制造理论及技术体系

号特征提取和服役状态表征。在服役过程中，先对机电产品的运行状态做实时监测、特征提取和状态表征，然后构建关键件损伤与特征参量映射关系，这可以实现对机电产品服役时的主动再制造时机有效预测，如图 1-5 所示。

　　目前，预测主动再制造时机的技术方法主要有基于疲劳累积的主动再制造时机预测方法和基于磨损损伤的主动再制造时机预测方法。

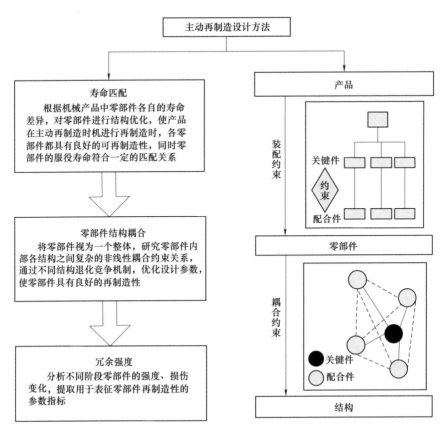

图 1-4　主动再制造设计方法框架

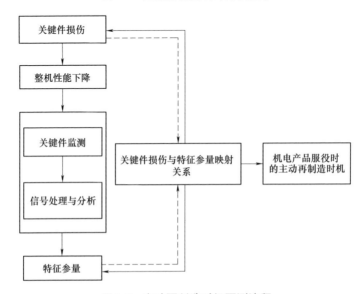

图 1-5　主动再制造时机预测流程

1. 基于疲劳累积的主动再制造时机预测方法

疲劳强度是衡量零部件疲劳性能优劣的重要参数指标，零部件内部疲劳损伤随服役时间的增加不断累积，导致其疲劳强度持续下降，疲劳性能不断退化。在零部件服役过程中存在一个适合再制造的疲劳损伤临界点，可通过机电产品状态分析技术对该临界点进行预测。

2. 基于磨损损伤的主动再制造时机预测方法

磨损是机电产品的主要失效形式之一，机电产品在回转过程中会发生磨损，当磨损过度时会引起轴承工作状态恶化，基于磨损损伤的主动再制造时机预测方法以最小油膜厚度为机电产品回转件的临界损伤阈值，通过构建监测信号和磨损特征向量的映射进行主动再制造时机预测。

1.3.3 主动再制造时机抉择

在进行主动再制造之前，首先需要解决的问题就是进行主动再制造时间区域的抉择，这是主动再制造的重点和难点。在预先选取合理的时间区域内进行再制造，可以避免产品过度使用所产生的滞后再制造和因过早报废所产生的提前再制造的情况发生，从而降低产品全生命周期资源、能源的消耗，减小环境的负荷。

产品的整个服役期有三个明显的阶段：早期故障期、偶发故障期和损耗故障期。早期故障期：故障主要发生在产品调试、磨合阶段，这个阶段的故障与产品的设计、安装等技术水平有关，此时进行再制造必然会导致资源的浪费，再制造效益并不明显。偶发故障期：随着故障的排除，故障率逐渐降低并趋于平稳，此时是产品运行的正常阶段，故障一般为偶然因素，再制造价值与失效的产品数量相对平稳。损耗故障期：在产品使用后期，随着服役时间的增加，由于磨损、化学腐蚀及物理性质的变化，产品故障率不断上升，产品的失效数量逐渐增多，其再制造价值逐渐降低，主要是因为产品中的零部件疲劳断裂或者变形严重，目前的再制造技术对其修复效果并不明显，此时已经不再适合进行再制造。

如果忽略维修过程，在初始阶段，产品整体性能良好，性能退化缓慢，但是到服役后期，产品性能会急剧下降，当产品性能退化至性能退化拐点 IP 时，产品应进行再制造。被动的产品再制造时机是通过对产品进行故障分析及失效统计得出，没有考虑产品在生命周期末端内部零部件的状态，此时产品中的一些零部件可能由于过度损伤或者强度不足以再运行下一个生命周期。而主动再制造是在产品失效之前，即偶发故障期末端靠前位置，预先进行再制造。

产品性能退化拐点 IP 与性能退化阈值点 TP 分别对应主动再制造理想时间

点 T_{IP} 与主动再制造阈值时间点 T_{TP}，产品的再制造时域为 $R = [T_{IP}, T_{TP}]$。当产品处于再制造时域内时，产品适合再制造；当产品处于性能退化拐点 IP 附近区间 $2\Delta T$ 时，产品进行再制造的经济性、环境性和技术性最佳，其对应的时间区域（$R_P = [T_{IP} - \Delta T, T_{IP} + \Delta T]$）即为产品的主动再制造时域。

再制造对象虽然是整个产品，但是产品是由不同的零部件装配而成的，性能退化拐点和性能退化阈值点的评判，需要从宏观上综合考虑技术、经济和环境等因素对产品的影响，具体到零部件，即需要对其服役性能的再制造可行性进行分析。因此，对于产品主动再制造时域，需要在考虑产品整体性能的基础上，通过分析内部零部件演化规律来确定。

1.3.4　主动再制造时机调控技术

产品的主动再制造时机考虑了技术性、经济性、环境性等因素，但对于零部件，处于产品主动再制造时机时的状态往往无法保证其经济性，其主要原因是再制造时域分析是以产品服役性能分析为基础，而关键零部件之间的差异性（结构、功能、失效状态等）导致一部分零部件提前再制造，而另一部分零部件滞后再制造，难以达到最优的产品与零部件再制造状态，进而无法实现关键零部件之间以及零部件和产品状态的最优配合。

在主动再制造时域期间，需要使产品与关键零部件再制造状态均达到最优化，即零部件的再制造临界点向产品的主动再制造时机趋近。一方面，产品主动再制造时机由产品的技术性、经济性、环境性等外部因素确定，另一方面，关键零部件的再制造临界点则主要取决于与其特征结构的强度、疲劳寿命等服役特性相关的设计参数。综上，需要通过优化零部件设计参数，调控关键零部件的服役特性与失效状态，进而影响整个产品的服役性能演化过程，最终达到关键零部件与产品再制造状态的最优配合，实现机电产品主动再制造时机的有效调控。

1.3.5　主动再制造的工艺技术

机电产品再制造的主要过程包括废旧机电产品的回收与拆解、再制造毛坯表面预处理、可再制造性检测、再制造表面修复与再加工、再制造零部件再装配等工艺环节。期间的关键工艺技术是对废旧零部件尺寸、性能进行评估、修复或提升的一系列高新技术的统称，其面对的是不同损坏程度或即将报废的零部件，目的是要得到与新品质量相同，甚至超过新品质量的再制造产品。

再制造工艺技术主要处理对象是废旧机电产品的再制造毛坯，其面临的主要问题是毛坯失效状态的不确定性。毛坯失效状态的波动范围直接影响后续再制造工艺规划及参数设定，进而造成再制造工艺的不稳定。当失效状态损伤小于一定基准时，代表该失效状态属于再制造可修复的范畴，其可以通过一系列的再制造修复工艺开展再制造修复；反之，当失效状态损伤大于一定基准时，代表该失效状态的再制造修复可行性不高，再制造代价过大，即不适合再制造。

主动再制造可以通过主动抉择及匹配再制造时域，分析机电产品及其关键零部件不同再制造时域下再制造需求，研究零部件失效状态对再制造工艺的影响规律，通过零部件失效状态的再制造性分析，主动将零部件的失效状态控制在相应的基准范围内，并基于该失效状态规划、优化后续再制造工艺，进一步实现主动再制造下的机电产品及零部件的高效再制造过程。

主动再制造的工艺技术主要体现在拆解、预处理和装配过程工艺规划及应用等方面，如图 1-6 所示。在再制造拆解工艺中，通过分析拆解过程中界面间相对运动造成界面损伤，规划基于温差的主动再制造拆解的方案；在再制造预处理工艺中，通过分析毛坯表面污染物类型及状态的分析，提出基于表面质量需求的再制造毛坯预处理工艺规划方法；在再制造装配工艺中，通过分析多元异质再制造零部件的不确定性特点，建立装配状态模型，提出面向不确定性的再制造装配质量控制、分级选配方法。

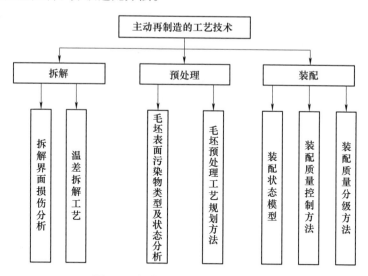

图 1-6　主动再制造的关键工艺技术

▷▷1.3.6　主动再制造逆向物流管理技术

国内废旧产品回收及再制造行业起步较晚，废旧产品回收处理体系还不完善，导致废旧产品回收工作陷入了无序的境地。简单落后的处理方式不仅给环境带来污染问题，同时也会造成资源的大量浪费。

再制造物流主要是对准备开展再制造的机电产品，根据实际需要进行收集、分类、加工、包装、搬运、储存后，分送到专门处理场，其中各环节的物流过程复杂，参与者数量众多，包括消费者、零售企业、售后服务中心、逆向物流企业、再制造企业和原始制造企业等。因此，面对废旧产品数量的飞速增长和我国回收处理与再制造现状，需要研究适合国内机电产品制造、回收、再制造企业的逆向物流管理技术，推动建立规范化的废旧产品回收处理、再制造体系和合理的逆向物流网络，才能顺应国家发展循环经济、实现资源可持续发展的态势。

主动再制造逆向物流管理技术与一般逆向物流管理技术有联系，也有自身特点，其主要内容如图 1-7 所示。

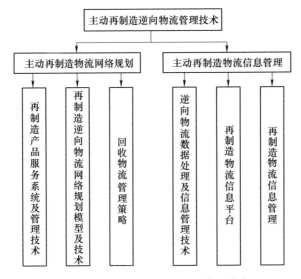

图 1-7　主动再制造逆向物流管理技术

在主动再制造物流网络规划方面，由于废旧机电产品及其再制造流程的不确定性特点，在分析再制造物流管理的基本问题基础上，提出基于再制造产品服务系统及管理技术。同时考虑到废旧产品回收流程（消费者—回收商—回收中心—处理拆解工厂）中物流特性，采用不同环境下逆向物流网络规划模型及控制技术，通过对废旧产品逆向物流的动态调度与优化控制，形成完善的回收物流管理策略，以满足当前机电产品回收、再制造的工程应用需求。

在主动再制造物流信息管理方面，废旧机电产品具有不确定性、复杂性等特点，不但影响了物流系统效率和运行成本，还会阻碍产品可再制造部分的充分利用，需结合现有的数据处理及信息管理技术，通过构建再制造物流信息平台，准确且及时获取再制造物流中的各类信息，并在此基础上开展相关的再制造时机抉择与工艺规划，可进一步提升再制造物流系统的运行效率。

采用目前较为成熟的射频识别技术（Radio Frequency Identification，RFID），通过其上所录入的机电产品全生命周期信息，再制造环节内各个参与企业能够更加主动地精确评估废旧产品的失效状态与再制造性，从而提升机电产品再制造信息管理的效率，进一步提升再制造机电产品的市场认知度，对促进当前机电产品再制造工程的应用有重大意义。

再制造通过修复或更换部分零部件，将废旧产品（即再制造毛坯）性能提升到"如新"状态，使产品恢复原有的形状和性能，保留制造过程中的大部分附加价值。由于制造业转型升级，产生了大量废弃高价值机电产品，通过再制造可以延长此类产品的服役寿命，因此，再制造对我国制造业发展有着重要意义。但目前再制造毛坯来源一般是废旧机电产品，由于国内回收体系不完善、废旧产品服役时间与状态的不确定性等原因，造成再制造毛坯质量和数量及再制造性离散度较大，使得再制造工艺效率不高，从而限制了再制造生产规模。针对这一问题，本书从机电产品主动再制造理论和设计出发，重点阐述主动再制造设计理论、主动再制造时域分析方法、主动再制造关键工艺技术及主动再制造逆向物流管理技术。

参 考 文 献

［1］国家统计局 . 2018 年国民经济和社会发展统计公报 ［R/OL］. ［2019-02-28］. http：// www. stats. gov. cn/tjsj/zxfb/201902/t20190228_ 1651265. html.

［2］卡特彼勒公布 2019 年第四季度和全年业绩及 2020 年展望 ［EB/OL］. ［2020-02-05］. https：//www. caterpillar. com/zh/news/corporate-press-releases/h/4q19-results-release. html

［3］ROBOT T L. The remanufacturing industry hidden giant ［R］. Boston：Manufacturing Engineering Department，Boston University，1996.

［4］U. S. International Trade Commission. Remanufactured goods：an overview of the U. S. and global industries markets and trade ［R］. Washington：USITC Publication 4356，2012.

［5］LUND R T. Remanufacturing ［J］. Technology Review，1984，2 （87）：18-23.

［6］徐滨士，马世宁，刘世参，等 . 21 世纪的再制造工程 ［J］. 中国机械工程，2000，11 （1）：36-39.

［7］MATSUMOTO M，UMEDA Y. An analysis of remanufacturing practices in Japan ［J］. Journal of Remanufacturing，2011，1 （1）：1-12.

［8］刘涛，刘光复，宋守许，等 . 面向主动再制造的产品可持续设计框架 ［J］. 计算机集成制造系统，2011，17 （11）：2317-2323.

［9］刘涛，刘光复，宋守许 . 面向主动再制造的产品模块化设计方法 ［J］. 中国机械工程，2012，23 （10）：1180-1187.

［10］宋守许，刘明，柯庆镝，等 . 基于强度冗余的零部件再制造优化设计方法 ［J］. 机械工

程学报, 2013, 49 (9): 121-127.

[11] MITSUTAKA M, SHANSHAN Y. Trends and research challenges in remanufacturing [J]. International Journal of Precision Engineering and Manufacturing Green Technology, 2016, 3 (1): 129-142.

[12] STEINHILPER R. Remanufacturing: the ultimate form of recycling [M]. Stuttgart: Fraunhofer IRB Verlag, 1998.

[13] 徐滨士. 再制造技术与应用 [M]. 北京: 化学工业出版社, 2014.

第 2 章

——

机电产品主动再制造设计

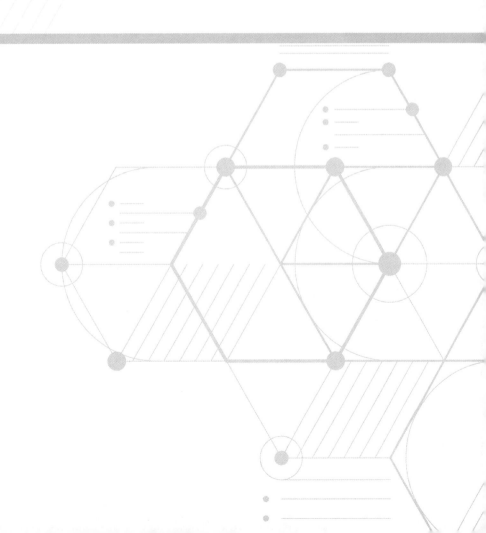

实施主动再制造的关键环节在于产品设计阶段，只有在设计阶段就考虑了产品主动再制造需求，即产品及其关键件再制造时机一致，才能充分实现机电产品的主动再制造，发挥主动再制造的优越性。主动再制造设计是指在产品设计阶段就考虑产品实施主动再制造，在各设计层面（产品、零部件、结构）上对设计内容进行优化改进的过程，其主要目的是使产品中关键零部件在其主动再制造时域可实现优质、高效、节能、节材、环保的再制造。

2.1 机电产品主动再制造设计概述

2.1.1 主动再制造设计的内涵

主动再制造设计方法的研究建立在主动再制造决策的基础上，即在综合考虑现有产品维护信息、大修数据、服役寿命，以及再制造成本、环境等因素预设一个最佳再制造时机。对产品整体设计方案及局部结构参数开展优化与调控，实现当产品服役到主动再制造决策下的预设时机时，产品中各零部件之间关系是最佳匹配，即各关键零部件在这一时刻全部适合再制造并且失效程度相同或相近。

产品是由各零部件通过装配约束组成，而零部件则是由不同结构通过耦合约束构成的，由于零部件价值不同分为关键件和非关键件。装配约束所表示的是产品中零部件间的关系，而耦合约束则表示零部件中不同设计结构间的约束关系。在此前提下，主动再制造设计在各设计（产品、零件、结构）层级上对产品初始设计内容进行优化改进，产品、零件、结构三个层级分别对应三种主动再制造设计方法：寿命匹配、零件结构耦合、冗余强度。

主动再制造设计（Predecisional Remanufacturing Design）是面向主动再制造的设计，即在产品设计阶段就可以获得产品主动再制造时域，通过调控产品、零部件和结构的设计参数，优化关键零部件的主动再制造时域和寿命匹配关系，以实现优质、高效、节能、节材、环保的主动再制造，其体现了一种从产品初始设计就考虑到再制造过程的正向闭环设计理念。

2.1.2 机电产品主动再制造设计的优势

目前再制造设计主要是为了满足产品进入再生服役周期所需的拆卸、清洗、修复等要求进行改进设计，只要产品或其关键零部件在服役寿命末端时具有可再制造性即可，尚未考虑到不同零部件之间、零部件和产品之间服役状态的差异性，因此这种再制造设计往往难以降低产品或零部件再制造性的不一致程度，也就难以降低产品再制造的难度和复杂性，某种程度上这依然是被动再制造。

主动再制造设计与这种传统的再制造设计不同，它是建立在已经对产品进行多目标决策后得出主动再制造最佳时机的基础上，通过优化改进产品的初始设计，来提高产品在主动再制造时间区域内的可再制造性，同时预测产品的服役状态，优化产品内部零件结构之间、零件之间的服役状态匹配关系，降低再制造毛坯不确定性，减少再制造可能产生的浪费，实现整体综合效益最优。

目前再制造面临的三个问题是：能否再制造、如何再制造、再制造后怎样。能否再制造是再制造面临的首要问题，因此可在设计时将主动再制造设计考虑在内。在各个设计（结构、零件、产品）层级上进行优化设计，使产品中关键件在达到预设的主动再制造时间区域时能够实现高效、优质、节能环保的再制造，从而减少再制造前的评估判断，提高再制造的效率。

2.2 基于冗余强度的主动再制造设计

▷▷ 2.2.1 冗余强度

零部件服役一个生命周期后，剩余强度决定了其再制造性。冗余强度（Residual Strength，RS）是从结构强度角度来表征零部件的再制造性。冗余强度由零部件设计阶段的结构强度决定，通过对现役零部件在设计、服役、再制造三个阶段中强度损伤变化的分析，综合考虑零部件结构设计、再制造方案等方面，提取出的用于表征零部件再制造性的参数指标。

零部件的主要失效形式有 n 种，对应有 n 个强度指标 I_j（$j = 1, 2, \cdots, n$），在零部件设计、服役和再制造三个阶段中，每个强度指标都定义了 D_0、$D(t)$、$H(t)$ 三个值。D_0 为结构强度最大损伤量，由零部件的设计阶段决定，可通过有限元仿真、理论计算、试验等方式得出；$D(t)$ 为产品服役阶段（$0 \sim t$）内的强度失效函数，表示经过服役时间 t 后，零部件强度的损伤量，与零部件服役阶段的工况、受载等有关；$H(t)$ 为在服役时间 t 时刻进行再制造，零部件强度的恢复函数，表示在现有的再制造技术和方案下，以及损伤 $D(t)$ 的基础上，再制造对强度指标产生的影响。冗余强度结合设计、服役、再制造三个阶段从结构强度方面使零部件的设计参数和再制造性紧密联系起来。

冗余强度定性地描述了零部件的设计信息与再制造性之间的关系，为了进行定量描述，将表示冗余强度相对大小的量定义为冗余因子 r。

冗余因子的函数表达式为

$$r_j(t) = \frac{D_0^j - D^j(t) + H^j(t)}{D_1^j} \tag{2-1}$$

式中，D_0^j 是强度指标 I_j 设计阶段的最大允许损伤量；$D^j(t)$ 是强度指标 I_j 经服役时间 t 后的损伤量；$H^j(t)$ 是强度指标 I_j 再制造后的恢复量；D_1^j 是强度指标 I_j 每运行一个生命周期的损失量。

对于每一个强度指标 I_j，冗余因子值越大，则对应的再制造价值越大；冗余因子值越小，表示再制造后越容易发生该强度指标对应的失效。根据经验，只要有一个强度指标达不到再制造要求，该零部件就不适合进行再制造。因此用所有强度指标冗余因子中的最小值来表示零部件的总冗余因子，即

$$r' = \min(r_1, r_2, \cdots, r_n) \tag{2-2}$$

理论上，只要零部件的总冗余因子 $r' \geq 1$，则零部件满足再制造要求。但在实际应用中，为了安全起见，会将总冗余因子乘以一个安全系数，一般可取 $r \geq 1.25$。

2.2.2 基于冗余强度的再制造优化设计方法

基于冗余强度的再制造优化设计是指以零部件的冗余强度为评估指标，通过对零部件的初始设计方案进行再制造冗余强度评估，根据冗余因子判断其再制造性，并以此为根据对相关设计参数进行反馈优化，从而提升该零部件的再制造性。其主要内容可分为量化分析、参数优化和反馈验证三个阶段。基于冗余强度的再制造优化设计流程如图 2-1 所示。

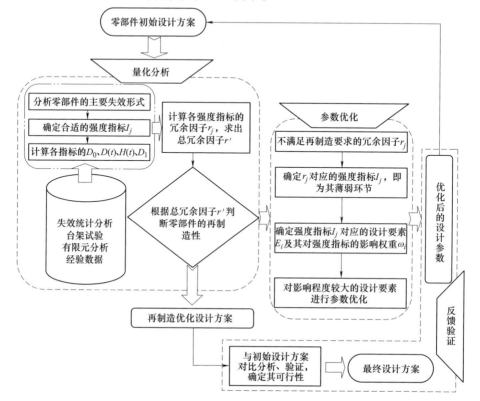

图 2-1 基于冗余强度的再制造优化设计流程

▶▶ 1. 量化分析

量化分析阶段的主要工作是选取零部件合理的强度指标，根据设计信息、服役状况、再制造方案等确定 D_0、$D(t)$、$H(t)$ 以及 D_1 的值，计算零部件经过服役时间 t 后的冗余因子。其中强度指标主要取决于零部件的失效形式，而失效形式是对退役零部件的失效数据统计分析获得的。例如，对于一般的轴类零件，其主要失效形式为疲劳断裂和磨损，而疲劳断裂根据所承受的载荷状况不同又分为扭转疲劳断裂和弯曲疲劳断裂等，因此对于轴类零件可以选取扭转疲劳强度 I_1、弯曲疲劳强度 I_2 以及磨损量 I_3 为强度指标。在确定所有合理的强度指标 I_j 后，对每个指标获取 t 时刻的 D_0、$D(t)$、$H(t)$ 以及 D_1 值，并利用式（2-1）求出每个强度指标 I_j 对应的冗余因子 r_j，再根据式（2-2）求出零部件总冗余因子 r'，由此判断该零部件是否适合进行再制造。若适合再制造，则可直接进入反馈验证阶段；若不适合再制造，则进入参数优化阶段，对该零部件的设计参数进行优化。

▶▶ 2. 参数优化

参数优化是在零部件量化分析结果不满足再制造要求后进行的环节，根据量化分析的结果，找出不满足再制造要求对应的强度指标 I_j，即该零部件再制造过程的薄弱环节。参数优化阶段的关键是确定所有强度指标对应的设计要素集合 E，并对其进行优化改进。设计要素的确定主要依据各强度指标的影响因素，并且需要确定各设计要素 E_i 对强度指标 I_j 的影响程度，从而确定影响权重 ω。因此对于每一个强度指标，都分别存在一个设计要素集合以及对应的影响权重集合，分别表示为 $E = \{E_1, E_2, \cdots, E_n\}$ 和 $\omega = \{\omega_1, \omega_2, \cdots, \omega_n\}$。$\omega_i$ 表示设计要素 E_i 对该强度指标的影响程度，ω_i 越大表示其对应的设计要素 E_i 对该强度指标的影响也越大。$\omega_i (i = 1, 2, \cdots, n)$ 的值可以通过德尔菲法或者模糊层次法等确定，即由该领域的专家、学者按照给定的打分原则进行打分，之后对反馈的数据进行归一化处理，并进行一致性检验，最终得出各设计要素 E_i 的影响权重值 ω_i。根据权重的大小，得到对每个强度指标影响较大的部分设计要素，从而可以有针对性地对零部件进行优化改进，得出参数优化方案。

▶▶ 3. 反馈验证

反馈验证阶段的目的是判断参数优化后的设计方案是否为再制造优化设计方案，并不断进行反馈设计。将参数优化阶段得到的优化后的设计参数反馈回零部件的初始设计阶段，重新计算该零部件不同强度指标 I_j 的冗余因子 r_j，判断其再制造性。若可行，则此时的设计方案即为再制造优化设计方案；若不可行，则继续进行参数优化，确保最终得到最优的再制造设计方案。而后将该再制造优化设计方案与零部件初始的设计方案进行对比，综合考虑再制造优化过程的技术可行性、经济可行性、环境可行性等，确定最终的零部件设计方案。

综上所述，在零部件的再制造优化设计中，冗余强度作为再制造性的评估指标，其大小在很大程度上是由零部件设计阶段所决定的，通过不断的参数优化，对初始的设计方案进行改进，通过冗余强度的优化，零部件的再制造性得以提高，最终得出再制造优化设计方案，使零部件更加适合进行再制造。

▶▶ 2.2.3 基于冗余强度的再制造时机确定方法

由主动再制造的定义可知，主动再制造是在预定的时间对产品进行再制造的过程。再制造时机的确定是实施主动再制造的关键环节，它直接决定了主动再制造能否顺利实施。零部件冗余强度能够定量表征其再制造性，通过分析零部件服役过程再制造性的变化规律，进一步获取合理的主动再制造时机。

假设对零部件进行再制造，为保证零部件再制造后一个服役周期内不发生失效，强度冗余因子 r 需满足 $r \geqslant \alpha$，α 为强度冗余因子下限，一般取 1.25；同时，为避免"提前再制造"，导致零部件的价值得不到充分利用，强度冗余因子也不能过大，即 $r \leqslant \beta$，β 为强度冗余因子上限，β 的取值需根据具体零部件而确定。

通过以上分析可知，主动再制造时机的确定需要在其关键零部件的冗余强度满足一定约束条件的基础之上。只有产品中关键零部件在设计阶段的冗余强度达到了上述要求，才能保证当产品服役到主动再制造时机时，关键零部件都能适合进行再制造。

冗余强度的约束从零部件结构强度方面保证了产品主动再制造的顺利实施，除此之外，还需要考虑零部件的再制造价值与再制造的技术可行性等方面的影响。在以上约束条件之下构建主动再制造时机确定模型，最终得出符合各项要求的最佳时间点，即为主动再制造时机。

层次分解、量化分析和建立映射模型是产品主动再制造时机确定方法的三个主要步骤。

产品是由多个零部件组成的整体，确定主动再制造时机需要充分考虑各零部件的再制造性，因此，分清产品中的可再制造件、可重用件以及材料回收件是再制造的重点。

1) 层次分解是在详细了解产品组成和零部件结构的基础上，根据实际生产经验按照零部件再制造价值的不同对其分类，并确定出产品中的 n 个可再制造件作为关键零部件。

2) 量化分析的主要目的是确定指示零部件以及可量化的强度指标。为确定指示零部件，需要考虑其工况要求，主要包括可靠性要求 RE、精度要求 AC、受载状况 LD 及再制造技术可选范围 RT 等，并分别赋予权重因子 ξ_1、ξ_2、ξ_3、

ξ_4，同时构建评语集及对应的数值 N_{RE}、N_{AC}、N_{LD}、N_{RT}。

令判断函数为

$$J = \begin{pmatrix} \xi_1 & \xi_2 & \xi_3 & \xi_4 \end{pmatrix} \begin{pmatrix} N_{RE} & N_{AC} & N_{LD} & N_{RT} \end{pmatrix}^{T} \qquad (2\text{-}3)$$

J 值越大，表示零部件的工况要求越高，J 值最大的零部件即为指示零部件。正常工况下，只要指示零部件能够进行再制造，其他关键零部件基本都可以进行再制造。

3）为确定主动再制造时机，还需要分别建立再制造经济价值、冗余因子、再制造技术可行性与服役时间的映射模型，然后根据模型的约束条件计算出主动再制造时机。

2.3 基于零件结构耦合的主动再制造设计

2.3.1 零件结构耦合

耦合一词来源于通信工程领域，指两个或两个以上的电路元件等的输入与输出之间存在紧密配合与相互影响，并通过相互作用从一侧向另一侧传输能量的现象。在机械工程领域中也常有类似现象，即零件结构间的影响作用是相互的，某一个结构的特征参数改变不仅对自身强度有影响，可能也会对其他结构强度产生影响。零件结构耦合作用就是指零件中有两个或两个以上结构存在紧密配合和相互影响，并对零件某一方面的性能产生作用。

要研究主动再制造的零件设计方法，以提升零件的再制造性，单一地研究某一结构或某一特征参数是不能达到这一目的的。因此，要提升零件整体的再制造性，必须考虑零件特征结构及特征参数间的耦合特性，对零件进行整体优化改进，进而有效避免优化了一个结构而劣化了另一个结构的情况。为此专家提出结构功能耦合系统的概念，即将零件整体视作一个系统，零件各结构的特征参数是系统的输入，其性能参数则是系统的输出。根据设计经验和服役信息获取零件结构间和结构特征参数间可能存在的相互耦合作用。

零件结构耦合理论包含三个概念：结构功能耦合系统、结构功能衍生系数和结构影响因子矩阵。其中，结构功能耦合系统是研究策略，即将零件整体视为一个有着许多交互耦合作用的系统；结构影响因子矩阵是研究方法，即通过设计正交试验和方差分析揭示零件结构间存在的耦合规律；结构功能衍生系数是分析计算方法，即根据结构功能耦合系统的传递函数，建立衍生系数矩阵及其导数矩阵，反映设计参数变化对结构强度的影响趋势，优化设计参数，从而提升零件整体强度。

2.3.2 零件结构非线性耦合关系

一个零件的功能是由其特征结构实现的，但零件的特征结构并不是单独起作用的，一个特征结构参数的变化不仅会对自身性能产生影响，可能也会对其他结构强度产生影响。零件某一特征结构参数发生变化而对其他特征结构的功能产生影响，进而使整个零件的性能发生变化，这就是零件结构间的耦合作用关系。

零件结构间的耦合作用关系客观存在，下面以曲轴为例进行说明。在发动机设计中，通常倾向采用较大的连杆轴颈直径 d_2，以降低连杆轴颈比压，提高连杆轴承工作的可靠性和曲轴的刚度。但是连杆轴颈加粗会引起旋转离心力及转动惯量的剧烈增大，可能增加扭转振动带来的危害，因此在设计过程中，连杆轴颈直径 d_2 总是略小于主轴颈直径 d_1 的。一般情况下，柴油机的 d_1/d_2 在 1.10~1.25 之间，汽油机的 d_1/d_2 在 1.05~1.20 之间。又如，为了油孔出口处不致有过大的应力集中并能满足所需机油量，油孔直径应越大越好，但油孔直径过大又会削弱轴颈的强度，所以通常取油孔直径 $d = (0.07 \sim 0.10)d_1$，且最小不能小于 5mm。

由此可见，零件特征结构间确实存在某些耦合作用，但由于参数取值范围的限制，这些影响都是有限的，并且有大有小。要提升零件整体的再制造性，必须考虑零件特征结构及特征参数间的耦合特性，对零件进行整体优化改进。

研究零件结构间的耦合作用规律，首先要对零件结构间是否存在耦合关系进行判断。设有两个结构 A、B 及其特征参数 a、b，将特征参数各取两个水平 a_1、a_2 和 b_1、b_2，在每种参数水平组合下各做一次试验并得到其性能评价指标数值。若试验结果如表 2-1 所列，当 $b=b_1$ 时，a 由 a_1 变到 a_2 使试验指标增加 5；当 $b=b_2$ 时，a 由 a_1 变到 a_2 使试验指标减小 10。在因素 b 水平不同的情况下，因素 a 由 a_1 水平变化至 a_2 水平时，试验指标变化趋势相反，则认为因素 a 与因素 b 之间有交互耦合作用。将表 2-1 中数据描述在图 2-2a 中，两条直线明显相交，这是交互作用很强的一种表现。若试验结果如表 2-2 所列，则 a 或 b 对试验指标的影响与另一个因素取哪一个水平无关，在图 2-2b 中两条直线是互相平行的，可认为 a 与 b 之间无交互耦合作用。

表 2-1 判别交互作用试验表（1）

结构 B 的特征参数水平	结构 A 的特征参数水平	
	a_1	a_2
b_1	15	20
b_2	25	15

表 2-2 判别交互作用试验表（2）

结构 B 的特征参数水平	结构 A 的特征参数水平	
	a_1	a_2
b_1	15	20
b_2	25	30

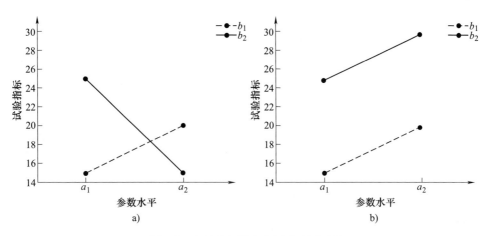

图 2-2　有无交互耦合作用试验图对比

a）有交互耦合作用　b）无交互耦合作用

在对机械零部件的结构耦合关系进行判断时，可选取两个易失效结构 S_i、S_j 及其结构特征参数 x_i、x_j。在设计范围内，将参数分为 c 个水平，通过台架试验或仿真分析获取 x_j、x_i 在不同水平组合下结构的性能值见表 2-3。其中，x_j-c、x_i-c、L_{icc}、L_{jcc} 分别表示 x_j 取 c 水平，x_i 取 c 水平，结构 S_i 在 x_j 取 c 水平且 x_i 取 c 水平下的性能值，结构 S_j 在 x_j 取 c 水平且 x_i 取 c 水平下的性能值。

表 2-3　不同参数水平下易失效结构性能值

参数水平	x_i-1	x_i-2	…	x_i-c	参数水平	x_i-1	x_i-2	…	x_i-c
x_j-1	L_{i11}	L_{i12}	…	L_{i1c}	x_j-1	L_{j11}	L_{j12}	…	L_{j1c}
x_j-2	L_{i21}	L_{i22}	…	L_{i2c}	x_j-2	L_{j21}	L_{j22}	…	L_{j2c}
…	…	…	…	…	…	…	…	…	…
x_j-c	L_{ic1}	L_{ic2}	…	L_{icc}	x_j-c	L_{jc1}	L_{jc2}	…	L_{jcc}

将所得试验数据进行函数拟合，可以得到 x_j 在任一水平下，x_i 在不同水平下的结构性能值。采用最小二乘法进行函数拟合，拟合函数的数学表达式为

$$y = c_0 + c_1 x + \cdots + c_{N-1} x^{N-1} + c_N x^N \tag{2-4}$$

式中，N 是函数模型的阶数；c_0、c_1、$\cdots$、c_N 是常系数。

通过函数拟合，可以得到参数 x_j 在任一参数水平下，结构 S_i、S_j 的性能值与参数 x_i 之间的映射函数关系为

$$L_i = f_1(x_i), L_j = f_1(x_j), \cdots, L_i = f_c(x_i), L_j = f_c(x_j) \tag{2-5}$$

如要研究 S_i 与 S_j 间是否存在对 S_i 结构性能值的耦合作用关系，只需将 $L_i = f_1(x_i)$，$\cdots$，$L_i = f_c(x_i)$ 函数图画出，观察函数的变化趋势是否相同即可。

下面以判断曲轴的油孔和连杆轴颈间是否存在对连杆轴颈疲劳寿命的耦合

作用关系为例进行说明。研究对象为某型号柴油机曲轴,对曲轴采用有限元法仿真分析,以曲轴一个循环(720°)的应力作为载荷序列,将应力分析结果导入 Fe-safe 软件进行疲劳分析,采取应力循环次数表征曲轴的疲劳寿命,如图 2-3 所示,分别得到油孔直径 $d=7\text{mm}$ 和 $d=9\text{mm}$ 时,连杆轴颈在不同直径下的疲劳寿命值。

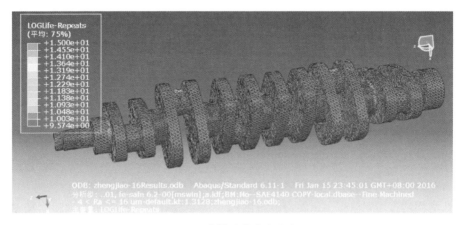

图 2-3 曲轴疲劳寿命仿真

将所得数据集合进行拟合,绘制拟合函数曲线图。不同油孔直径下连杆轴颈与疲劳寿命的映射关系如图 2-4 所示,L_1 和 L_2 分别表示油孔直径 $d=7\text{mm}$ 和 $d=9\text{mm}$ 时,连杆轴颈疲劳寿命关于连杆轴颈直径变化的映射函数,可以看出两函数在若干节点处的变化趋势有明显不同,故可以认为连杆轴颈和油孔对连杆轴颈的疲劳寿命存在着交互耦合作用。

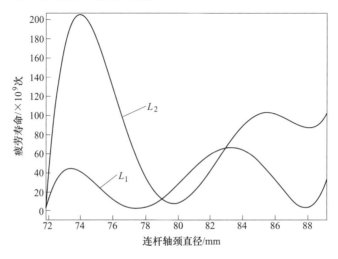

图 2-4 不同油孔直径下连杆轴颈与疲劳寿命的映射关系

2.3.3 基于结构功能衍生系数的主动再制造设计方法

由于零件结构间的复杂耦合关系，主动再制造还存在诸多问题：一方面，由于忽略了结构间的相互影响，针对零件局部薄弱结构的参数优化往往导致零件整体再制造性能的劣化；另一方面，针对零件的再制造优化设计大多参考以往的优化经验和设计手册，缺乏具体、量化的数学模型来指导设计的方向。因此，在进行零件结构耦合关系初步判断的前提下，提出结构功能衍生系数概念。

在研究结构再制造性与设计参数映射关系的基础上，建立衍生系数矩阵及衍生系数导数矩阵，通过基于结构功能衍生系数的主动再制造设计方法，对零件设计参数进行优化设计，使产品关键零部件满足再制造要求。

1. 结构影响因子矩阵

如前所述，零件结构间的影响是相互的，一个结构的特征参数改变不仅对自身强度有影响，可能也会对其他结构强度产生影响。为研究结构间的耦合关系，可以通过失效统计获取零件的两个薄弱结构 S_1 和 S_2，通过设计经验选取对薄弱结构强度有显著影响的设计参数 x_1、x_2。将 x_1 分为 r 个水平，将 x_2 分为 s 个水平，通过台架试验和仿真分析得到 S_1、S_2 在不同参数水平组合下的冗余强度的数值集合。对数值集合进行方差分析，可以分别得到关于 S_1、S_2 冗余强度的总离差平方和、试验因素组间离差平方和以及组内离差平方和。

以 S_1 为例，总离差平方和 SS_T^1 表示试验值与总平均值的偏差平方和，反映了试验结果之间存在的总差异。组间离差平方和 SS_1^1、SS_2^1 反映各组内平均值之间的差异程度，这种差异是由于设计参数 x_1、x_2 在不同水平的不同作用造成的。组内离差平方和 SS_e^1 反映了在不同水平内各试验值间的差异程度，这种差异是由随机误差的作用产生的。将 $\bar{z}_{\varepsilon\lambda}^1$ 记为 S_1 结构在 x_1 参数 ε 水平下、x_2 参数 λ 水平下冗余强度平均值。组间离差平方、组内离差平方和以及总离差平方和的计算公式为

$$SS_1^1 = \sum_{\lambda=1}^{s} \sum_{\varepsilon=1}^{r} (\bar{z}_{\varepsilon\alpha}^1 - \bar{z}^1)^2 = s \sum_{\varepsilon=1}^{r} (\bar{z}_{\varepsilon\alpha}^1 - \bar{z}^1)^2 \tag{2-6}$$

$$SS_2^1 = \sum_{\varepsilon=1}^{r} \sum_{\lambda=1}^{s} (\bar{z}_{\beta\lambda}^1 - \bar{z}^1)^2 = r \sum_{\lambda=1}^{s} (\bar{z}_{\beta\lambda}^1 - \bar{z}^1)^2 \tag{2-7}$$

$$SS_\mathrm{e}^1 = \sum_{\varepsilon=1}^{r} \sum_{\lambda=1}^{s} (\bar{z}_{\varepsilon\lambda}^1 - \bar{z}_{\varepsilon\alpha}^1 - \bar{z}_{\beta\lambda}^1 + \bar{z}^1)^2 \tag{2-8}$$

$$SS_\mathrm{T}^1 = \sum_{\varepsilon=1}^{r} \sum_{\lambda=1}^{s} (\bar{z}_{\varepsilon\lambda}^1 - \bar{z}^1)^2 \tag{2-9}$$

式中，$\bar{z}^1$ 是 S_1 结构所有强度值的平均值；$\bar{z}_{\varepsilon\alpha}^1$ 是 S_1 结构在 α 参数 ε 水平下所有强度值的平均值；$\bar{z}_{\beta\lambda}^1$ 是 S_1 结构在 β 参数 λ 水平下所有强度值的平均值。

组间离差平方和 SS_1^1、SS_2^1 分别反映了 S_1 结构冗余强度对设计参数 x_1、x_2 的敏感性。由于数据越多，计算得到的各项离差越大，为消除这一影响，定义结构冗余强度 r_i 对设计参数 x_j 的影响因子 ω_{ji} 为设计参数 x_j 的离差平方和除以总离差平方和，即 $\omega_{ji} = SS_j^i/SS_T^i$，影响因子 ω_{ji} 反映了冗余强度 r_i 对设计参数 x_j 的敏感性。

综上可知，假设零件有薄弱结构（S_1，S_2，…）及对薄弱结构有显著影响的设计参数（x_1，x_2，…），通过试验及方差分析，可以得到各薄弱结构冗余强度对不同设计参数的影响因子，并建立影响因子矩阵，反映结构冗余强度对设计参数的影响程度。在优化薄弱结构过程中，优先选择影响程度高的设计参数进行优化。结构影响因子矩阵为

$$\boldsymbol{W} = \begin{array}{c} \\ x_1 \\ x_2 \\ \cdots \end{array} \begin{array}{ccc} S_1 & S_2 & \cdots \\ \left(\begin{array}{ccc} \omega_{11} & \omega_{12} & \cdots \\ \omega_{21} & \omega_{22} & \cdots \\ \cdots & \cdots & \cdots \end{array}\right) \end{array}$$

▶▶ 2. 结构功能衍生系数

通过失效统计获取零件的薄弱结构（S_1，S_2，…），根据设计经验选取对薄弱结构强度有显著影响的若干设计参数（x_1，x_2，…）。进行台架试验或仿真分析，获取不同参数组合下的零件各薄弱结构冗余强度的数据集合 U，进行数据分析并建立结构冗余强度与设计参数的映射函数模型 $r_1 = f_1(x_1, x_2, \cdots)$，$r_2 = f_2(x_1, x_2, \cdots)$，…。将函数 r_i 中的参数 x_j 视为自变量，而将其他参数视为常量，提取函数中含 x_j 的单项式组成多项式 φ_{ij}，则 φ_{ij} 是关于 x_j 的一元多项式，且其形式会因设计参数组合的不同而不同，因此称多项式 φ_{ij} 为设计参数 x_j 对结构冗余强度 r_i 的结构功能衍生系数。结构功能衍生系数 φ_{ij} 反映了设计参数 x_j 变化对结构冗余强度 r_i 的影响。按上述方法，分别求得不同设计参数对所有结构冗余强度的结构功能衍生系数，并构建结构功能衍生系数矩阵（Derivative Coefficient Matrix，DCM），简称衍生系数矩阵，记作 M。

衍生系数矩阵是动态变化的矩阵，行表示不同设计参数对某一结构冗余强度的结构功能衍生系数，列表示某一设计参数对不同结构冗余强度的结构功能衍生系数。当零件设计参数组合变化时，可以根据衍生系数矩阵的变化来计算结构冗余强度的变化量。

$$\boldsymbol{M} = \begin{pmatrix} \varphi_{11} & \varphi_{12} & \cdots & \varphi_{1n} \\ \varphi_{21} & \varphi_{22} & \cdots & \varphi_{2n} \\ \vdots & \vdots & & \vdots \\ \varphi_{m1} & \varphi_{m2} & \cdots & \varphi_{mn} \end{pmatrix}$$

设计参数每变化一次，衍生系数矩阵也会产生相应变化。当设计参数组合变化且变化量为 Δx_1、Δx_2、Δx_3、$\cdots$，零件各结构冗余强度变化量为 Δr_1、Δr_2、Δr_3、$\cdots$，可以用下述方法求出。

原始设计参数状态下，有

$$\boldsymbol{M}^0 = \begin{pmatrix} \varphi_{11}^0 & \varphi_{12}^0 & \cdots & \varphi_{1n}^0 \\ \varphi_{21}^0 & \varphi_{22}^0 & \cdots & \varphi_{2n}^0 \\ \vdots & \vdots & & \vdots \\ \varphi_{m1}^0 & \varphi_{m2}^0 & \cdots & \varphi_{mn}^0 \end{pmatrix}$$

x_1 变化为 x_1' 时，有

$$\boldsymbol{M}^1 = \begin{pmatrix} \varphi_{11}^1 & \varphi_{12}^1 & \cdots & \varphi_{1n}^1 \\ \varphi_{21}^1 & \varphi_{22}^1 & \cdots & \varphi_{2n}^1 \\ \vdots & \vdots & & \vdots \\ \varphi_{m1}^1 & \varphi_{m2}^1 & \cdots & \varphi_{mn}^1 \end{pmatrix}$$

$$\Delta \boldsymbol{M}^1 = \begin{pmatrix} \Delta r_1^1 \\ \Delta r_2^1 \\ \vdots \\ \Delta r_m^1 \end{pmatrix} \begin{pmatrix} \varphi_{11}^1 \\ \varphi_{21}^1 \\ \vdots \\ \varphi_{m1}^1 \end{pmatrix}$$

x_1 变化为 x_1'，x_2 变化为 x_2' 时，有

$$\boldsymbol{M}^2 = \begin{pmatrix} \varphi_{11}^2 & \varphi_{12}^2 & \cdots & \varphi_{1n}^2 \\ \varphi_{21}^2 & \varphi_{22}^2 & \cdots & \varphi_{2n}^2 \\ \vdots & \vdots & & \vdots \\ \varphi_{m1}^2 & \varphi_{m2}^2 & \cdots & \varphi_{mn}^2 \end{pmatrix}$$

$$\Delta \boldsymbol{M}^2 = \begin{pmatrix} \Delta r_1^2 \\ \Delta r_2^2 \\ \vdots \\ \Delta r_m^2 \end{pmatrix} \begin{pmatrix} \Delta \varphi_{11}^1 + \Delta \varphi_{12}^2 \\ \Delta \varphi_{21}^1 + \Delta \varphi_{22}^2 \\ \vdots \\ \Delta \varphi_{m1}^1 + \Delta \varphi_{m2}^2 \end{pmatrix}$$

x_1 变化为 x_1'，x_2 变化为 x_2'，$\cdots$，x_n 变化为 x_n' 时，有

$$\boldsymbol{M}^n = \begin{pmatrix} \varphi_{11}^n & \varphi_{12}^n & \cdots & \varphi_{1n}^n \\ \varphi_{21}^n & \varphi_{22}^n & \cdots & \varphi_{2n}^n \\ \vdots & \vdots & & \vdots \\ \varphi_{m1}^n & \varphi_{m2}^n & \cdots & \varphi_{mn}^n \end{pmatrix}$$

$$\Delta \boldsymbol{M}^n = \begin{pmatrix} \Delta r_1^n \\ \Delta r_2^n \\ \vdots \\ \Delta r_m^n \end{pmatrix} \begin{pmatrix} \Delta \varphi_{11}^1 + \Delta \varphi_{12}^2 + \cdots + \Delta \varphi_{1n}^n \\ \Delta \varphi_{21}^1 + \Delta \varphi_{22}^2 + \cdots + \Delta \varphi_{2n}^n \\ \vdots \\ \Delta \varphi_{m1}^1 + \Delta \varphi_{m2}^2 + \cdots + \Delta \varphi_{mn}^n \end{pmatrix}$$

式中，$\Delta \varphi_{ij}^n = \Delta \varphi_{ij}^n - \Delta \varphi_{ij}^{n-1}$。

对结构功能衍生系数 φ_{ij} 中变量 x_j 求导得到多项式 φ'_{ij}，φ'_{ij} 称为设计参数 x_j 对结构冗余强度 r_i 的衍生系数导数。衍生系数导数形式随设计参数组合的变化而变化，反映了设计参数 x_j 变化对结构冗余强度 r_i 变化趋势的影响。在具体的参数组合下，可以判断结构冗余强度 r_i 对设计参数 x_j 的单调性。

通过对衍生系数矩阵因子中变量求导，可以得到衍生系数导数并建立衍生系数导数矩阵为

$$\boldsymbol{M}' = \begin{pmatrix} \varphi'_{11} & \varphi'_{12} & \cdots & \varphi'_{1n} \\ \varphi'_{21} & \varphi'_{22} & \cdots & \varphi'_{2n} \\ \vdots & \vdots & & \vdots \\ \varphi'_{m1} & \varphi'_{m2} & \cdots & \varphi'_{mn} \end{pmatrix}$$

衍生系数导数矩阵也是动态变化的矩阵，行表示不同设计参数对某一结构冗余强度的衍生系数导数，列表示某一设计参数对不同结构冗余强度的衍生系数导数。可以根据衍生系数导数矩阵判断结构冗余强度对设计参数的单调性，确定参数优化设计方向。为了直观获得结构冗余强度与设计参数的单调关系，只保留衍生系数导数矩阵因子的正负性，得到单调性矩阵 $\boldsymbol{M}_a$。单调性矩阵只含有正负号来反映这一单调关系，"+"表示结构冗余强度关于设计参数单调递增，"−"表示结构冗余强度关于设计参数单调递减。

⫸ 3. 基于结构功能衍生系数的主动再制造优化设计

基于结构功能衍生系数的主动再制造设计是在研究关键零部件结构冗余强度与设计参数映射关系的基础上，通过衍生系数矩阵及其导数矩阵对相关设计参数进行优化设计，并预设产品再制造时机下限，以满足该零部件再制造产品全生命周期的使用要求。其主要流程可分为设计信息收集、数据分析、矩阵建立和优化设计四个环节，如图 2-5 所示。

（1）设计信息收集 根据零件的设计信息和失效统计，确定零件的主要失效形式及强度指标，并确定零件的薄弱结构及对其具有显著影响的设计参数，根据设计手册和经验数据确定其设计范围。通过仿真分析或台架试验，获得不同设计参数组合下零件各薄弱结构冗余强度值的数据集合 U。

（2）数据分析 对获取的数据集合 U 进行方差分析，设计参数 x_j 关于结构

冗余强度 r_i 的离差平方和 SS_j^i 反映了 r_i 对 x_j 的敏感性。由于数据越多，计算得到的各项离差越大，为消除这一影响，可以计算各薄弱结构冗余强度对不同设计参数的影响因子，并建立影响因子矩阵，反映薄弱结构冗余强度对设计参数的影响程度。将数据集合 U 进行函数拟合，得到各薄弱结构冗余强度与设计参数的映射函数。

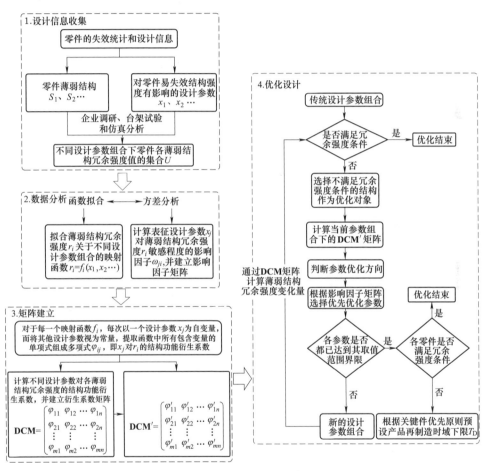

图2-5 基于结构功能衍生系数的主动再制造设计流程

（3）矩阵建立 根据所得的函数模型，以一个设计参数为变量，而将其他设计参数视为常量，提取函数中所有包含变量的单项式组成多项式，即结构功能衍生系数。按此方法，提取薄弱结构冗余强度关于所有设计参数的结构功能衍生系数，建立衍生系数矩阵，并对矩阵因子中变量求导获得衍生系数导数矩阵。

（4）优化设计 针对传统设计参数组合，将不满足冗余强度条件的结构作

37

为优化对象，根据衍生系数导数矩阵判断参数优化方向，并选择影响因子较大的参数进行优化。针对优化后的参数组合，按此方法继续优化，直至各零件满足冗余强度条件或者各参数优化达到其取值范围界限。为保证关键件满足产品全生命周期的使用要求，假设关键件满足冗余强度条件，计算零件在优化后的参数水平下最大允许损伤强度值 D_i，并代入式（2-1）中反推出产品再制造时域下限 T_D。则当产品在服役时间 T_D 之前进行再制造时，关键件的剩余寿命能满足其全生命周期使用要求。

2.3.4 基于结构耦合的主动再制造设计方法

基于结构功能衍生系数的主动再制造设计方法没有考虑到具体零件的机械特性及结构间的力学作用关系，即对零件结构间耦合作用关系的研究还不够全面和深入。零件结构功能耦合系统是将零件整体视作一个系统，将各设计参数作为系统的输入，各结构强度作为系统的输出，通过研究建立零件结构功能耦合系统模型。通过这个模型可以观察某个设计参数变化会对不同的结构强度造成何种影响，从而更全面地了解零件结构间耦合作用规律。

1. 结构功能耦合系统

零件本身就是一个由许多结构构成的系统，零件各结构的特征参数是系统的输入，各特征结构的性能参数则是系统的输出。某一结构的特征参数不仅仅对自身性能有影响，而且可能会与其他特征参数产生交互作用并对多个结构的性能产生影响，这就是零件结构的功能耦合作用。单一地研究某一结构或某一特征参数是不能够揭示零件结构间的耦合作用的。

将零件视作一个复杂的控制系统，预先分析零件结构间的机械特性和力学关系，通过方差分析和函数拟合量化结构间的耦合关系，建立直观展现零件结构间耦合规律的逻辑框图。要研究零件结构功能耦合系统，首先要分析具体零件的机械特性和其服役时各结构间的力学关系，获取零件结构间和结构特征参数间可能存在的相互耦合作用，并利用控制系统思想建立零件结构间耦合作用框图。其次设计具有交互作用的试验并对试验结果进行分析，计算结构影响因子，量化耦合作用关系。最后将结构影响因子带入零件耦合作用框图，即可得到零件结构功能耦合系统模型。

以汽车发动机曲轴为例，建立结构功能耦合系统，如图2-6所示。

图2-6中，l_1、d_1、l_2、d_2、R_1、R_2、d、b、h、l_m、m 分别表示主轴颈长度、直径，连杆轴颈长度、直径，主轴颈圆角半径，连杆轴颈圆角半径，油孔直径，曲柄壁宽度，曲柄壁厚度，平衡块的中心离曲轴旋转中心的距离和平衡块的质量；$\omega_1 \sim \omega_{18}$ 为各项输入对对应特征结构强度的影响程度，根据方差分析等得到；$f_a \sim f_g$、$r_a \sim r_g$ 分别表示各特征结构关于输入变量的传递函数和冗余强度。

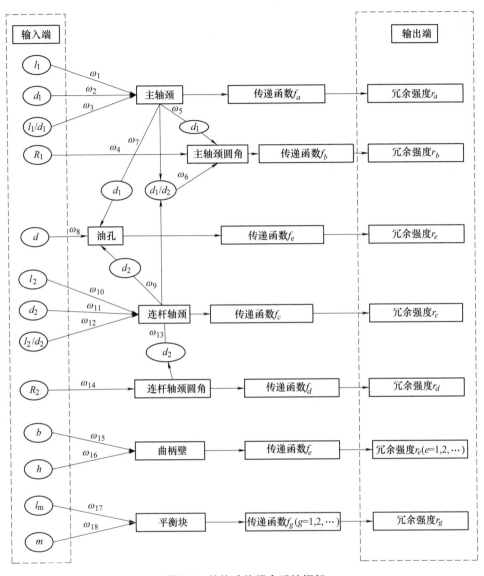

图 2-6　结构功能耦合系统框架

　　由于曲轴的主要失效形式为疲劳断裂和磨损损伤，按照当前技术水平认为对曲轴的磨损可以完全修复，故以曲轴的疲劳强度为研究对象。曲轴的主要特征结构有主轴颈、主轴颈圆角、油孔、连杆轴颈、连杆轴颈圆角、曲柄壁和平衡块。根据设计经验可知，轴颈的强度可能与其长度、直径和长径比均相关，主轴颈圆角强度可能与其圆角半径、主轴颈直径、主轴颈直径与连杆轴颈直径比相关，油孔强度可能与自身直径、连杆轴颈直径和主轴颈直径相关，连杆轴颈圆角强度可能与其圆角半径、连杆轴颈直径相关，曲柄壁强度可能与自身壁厚度与壁长相关，平衡块可能与自身质量和到曲轴重心的距离相关。根据以上分析设计试验，研究特征参数对特征结构强度的耦合作用规律，通过设计具有交互作用的正交试验进行研究，并通过方差分析获取特征。

通过方差分析研究得到参数变化对特征结构强度的影响程度，通过拟合分析得到特征结构强度关于特征参数的函数。在上述工作中，零件结构功能耦合系统就已建立，在输入端输入结构特征参数值，通过传递函数计算得到各特征结构的强度值，并在输出端以冗余强度的形式输出。

▶ 2. 基于零件结构耦合的主动再制造优化设计

将零件整体视作一个控制系统，将设计参数和结构性能分别视作系统的输入和输出，通过预分析结构间的机械特性和力学关系构建结构功能耦合系统框架，并据此设计具有交互作用的正交试验，建立零件结构功能耦合系统模型，直观表现某一设计参数变化对零件各结构强度及零件整体强度产生的影响。通过结构强度关于特征参数的函数模型建立衍生系数矩阵及其导数矩阵，根据2.3.2 节中优化设计方法对设计参数进行优化设计，以实现零件满足再制造产品全生命周期的使用要求。其主要流程可分为结构功能耦合系统框架建立、试验设计及方差分析、衍生系数矩阵及其导数矩阵建立、基于零件结构耦合的优化设计。

2.4　基于寿命匹配的主动再制造设计

▶ 2.4.1　寿命匹配

寿命匹配（Time Matching，TM）是从疲劳寿命角度出发，分析产品的服役性能随时间的变化、组成产品的零部件之间的寿命竞争机制，以及零件的特征结构参数对寿命的影响，并对其进行量化的过程。面向再制造的寿命匹配综合考虑零部件结构特征、再制造价值等指标，从疲劳寿命角度构建"产品-关键零部件-特征结构"的对应关系模型，实现产品再制造最优设计。由于关联了从产品到零部件特征结构的信息，寿命匹配可对零部件再制造设计方案进行优化并帮助确定主动再制造时机。

根据产品一般设计思路，完成全部设计需要经过产品整体方案规划、零部件选型和零部件结构功能设计三个重要环节。在此基础上要实现寿命匹配，需要从产品层、零件层、结构层三个层次分别建立寿命匹配方法，如图 2-7 所示。具体匹配方法如下。

▶ 1. 产品层的寿命匹配

产品的服役性能是由零部件共同作用而决定的，产品的主动再制造时机由

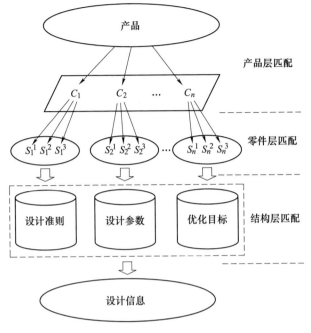

图 2-7　寿命匹配的三个层次

关键零部件 C_{Rem} 的服役状态共同影响，产品的服役性能、主动再制造时机与关键零部件的服役性能存在匹配关系，其中

$$C_{Rem} = C_1 \cup C_2 \cup \cdots \cup C_n \qquad (2\text{-}10)$$

式中，n 是关键零部件的个数。

关键零部件优先是主动再制造的一个重要特征，组成产品的关键零部件的再制造性是产品能够进行主动再制造的基础。因此，可由关键零部件在整个生命周期的服役性能耦合关系确定产品的生命周期服役性能，进而确定产品主动再制造时机。

2. 零件层的寿命匹配

产品中零部件服役寿命符合一定规律的匹配关系。再制造毛坯主要是失效报废的产品，即丧失其原有功能的机械产品。当寿命短的零部件寿命到达极限后，整个产品面临着报废处理或进入再制造阶段。而此时其他零部件还处于寿命期限中，性能参数仍然正常，这造成了很大程度上的浪费。寿命匹配使得直接装配的零部件的服役寿命存在一定匹配关系，当某个零件寿命终结时，更换该零件，并对与其装配在一起的零件进行再制造或更换新件即可，可有效地提高再制造经济性。

▶ 3. 结构层的寿命匹配

零件的寿命与设计参数之间存在匹配关系。每一个零件都是由若干个特征结构（如轴肩、圆角、键槽等）组成，零件的功能及服役特性受这些特征结构共同影响。研究零件寿命与各个特征结构的匹配关系，即研究设计信息与服役特性间的映射关系。结构层的寿命匹配过程也是实现对预定寿命零部件进行优化设计的过程。

寿命匹配的三个层次联系紧密，以零件层的寿命匹配为基础，确定关键零部件的预定寿命 T_i。结构层的寿命匹配对零件进行失效分析，确定影响零件疲劳寿命的设计参数并对其进行优化。产品层的寿命匹配分析在已知零件层寿命匹配时的产品服役性能随时间的变化，并进行主动再制造时机确定。通过寿命匹配，可实现对产品全面的再制造优化设计。

▶ 2.4.2 关键零件的寿命匹配设计方法

产品设计过程包括：方案规划、零部件选型和特定零部件结构设计阶段，不同层次不同要素间存在紧密联系并相互影响。通过不同零部件的寿命匹配，尽量统一各零部件主动再制造时机，减少因零部件无法修复造成的资源浪费，可有效提高产品再制造性能。要完成产品主动再制造时机确定，须分别在设计阶段确定产品关键零部件服役寿命、最佳寿命匹配和产品整机服役寿命。

▶ 1. 零件层寿命匹配的方法

产品由多个零件组成，设产品原有零件数为 C_i，零件寿命为 T_i，零件制造过程能耗为 E_m，零件再制造能耗为 E_R，再制造装配中所需新零件和再制造零件的个数分别为 a_i、$b_j(i = 1, 2, \cdots, n; j = 1, 2, \cdots, m)$，则

制造产品能耗为

$$M = \sum_{i=1}^{n} E_m \tag{2-11}$$

匹配能耗为

$$M_p = \sum_{i=1}^{n} a_i E_m + \sum_{j=1}^{m} b_j E_R \tag{2-12}$$

目标函数为

$$F(T_{max}, M_p) = \frac{T_{max}}{M_p} = \frac{T_{max}}{\sum_{i=1}^{n} a_i E_m + \sum_{j=1}^{m} b_j f_j} \tag{2-13}$$

式中，$T_{max} = \max(T_1, T_2, T_3, \cdots, T_n)$。

基于式（2-13），假设每个零部件只能进行一次再制造，$F(T_{max}, M_p)$ 为评价函数，终止条件为评价函数取得最大值，其是指在寿命最长的零件达到寿命终结时，产品寿命与能耗比取得最大值，即单位能耗产品寿命最长，此时获得最佳寿命匹配。

产品是由多个零件组成的，各个零件的服役寿命是不同的。在进行产品设计时，确定零件服役寿命的最优匹配关系能够使零件在被充分利用的同时获取最优的再制造效益。

机械零件分为易损件和耐用件。例如，垫圈、轴瓦等属于易损件，连杆、曲轴、缸体等属于耐用件。根据装配的不同组合，可将零件层寿命匹配的方法分为以下两类。

（1）等值匹配 对于零部件疲劳寿命相差不大的装配体，各零部件寿命匹配适合采用等值匹配法。

等值匹配法是将各个零部件的疲劳寿命进行统计，取等值作为最佳寿命匹配点，即 $T_1 = T_2 = T_3 = \cdots = T_n$，如图 2-8 所示。

零部件的寿命相差不大时，可以通过延长寿命较短的零部件寿命，或者缩短寿命较长的零部件寿命，使它们趋向一个等值，达到寿命匹配的目的，又

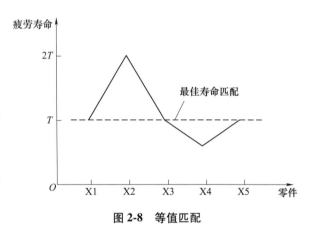

图 2-8 等值匹配

不会对功能产生过大影响。零部件数量较多，可以通过统计取得合理的均值。当整体的功能失效时，可以整体再制造或更换，从而使每一个零部件的价值得到更有效的利用。

（2）倍数匹配 对于零部件疲劳寿命相差较大的装配体，各零部件寿命匹配适合采用倍数匹配法。

倍数匹配法是在设计时使零部件间的寿命依次呈倍数关系，即 $T_m = \lambda T_n$，如图 2-9 所示。这种方法适合于由几个疲劳寿命相差很大的零部件组成的组件，当其中短寿命零部件的功能失效时，可对其予以更换或再制造，从而使整体的价值得到更有效的利用。当零部件的数量较少时，匹配次数较少，能够简单完成匹配过程，减少计算量。

寿命匹配是在满足产品功能需求的情况下，解决再制造毛坯寿命的不确定性问题，且经济性较好。此处，选择产品的疲劳寿命与匹配费用的比值作为目

标函数，当比值最大时，获得最佳的匹配组合。

取任意两个零部件的寿命 L_k、L_m 作为基准，其中 $L_k = \lambda(L_m \pm \Delta L_m)$，可以得到匹配结果 $(L_1 \pm \Delta L_1) = \lambda_2(L_2 \pm \Delta L_2) = \cdots = \lambda_k L_k \cdots = \lambda(L_m \pm \Delta L_m)$，其有 $2C_n^2$ 种组合。

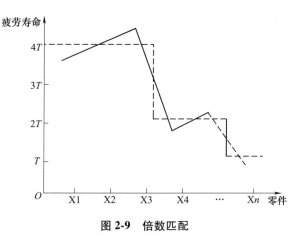

图 2-9　倍数匹配

当 $F(L_{\max}, M) = \dfrac{L_{\max}}{M} =$

$$\max\left\{\frac{L_{\max}}{M_2^1}, \frac{L_{\max}}{M_2^2}, \cdots, \frac{L_{\max}}{M_2^{2C_n^2}}\right\}$$ 时，得到最优的匹配组合。

▶ 2. 基于寿命匹配的优化设计

基于寿命匹配的零部件优化设计是指以零部件的疲劳寿命与生命周期能耗的比值为评估指标，通过对零部件进行寿命匹配，获得零部件的预定寿命，进而对其原始设计参数进行反馈优化，使再制造毛坯中各零部件的寿命达到最优配置，是寿命匹配零件层与结构层的内容。

传统的机械产品设计主要针对使用功能开发，而基于寿命匹配的再制造优化设计不只是考虑产品再制造性能，更重要的是它体现了一种考虑到全生命周期的再制造及再制造过程的闭环设计理念，并且从产品整体出发，而不只是关注产品中某一些局部结构或零部件。

基于寿命匹配的再制造优化设计流程如图 2-10 所示。

1）匹配关系判断。结合再制造的具体需求，将资源、材料、成本等约束条件引入再制造过程，判断零部件寿命之间的匹配关系。

2）映射关系构建。根据不同零部件的失效形式和位置，以及产品的设计准则，得到失效结构的再制造设计信息，基于产品、零件、设计准则的多层面考虑，建立设计信息与服役特性之间的映射关系。

3）设计方案优化。结合零件寿命匹配关系及设计信息与服役特性信息模型，获得基于寿命匹配的再制造设计信息，并将其反馈到设计过程中，结合零件的设计准则，确定最优的再制造设计方案。

基于寿命匹配的再制造设计方法要求：产品各零部件寿命呈相等或倍数的关系；确定改变何种零部件的服役寿命（延长或缩短），这就要求在设计阶段根据再制造的要求对零部件进行设计优化，在充分考虑再制造的基础上建立设计

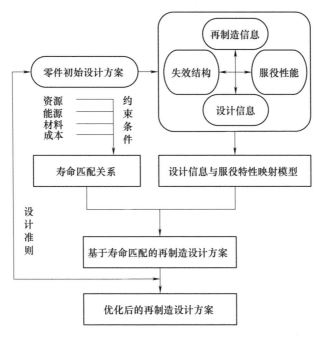

图 2-10　基于寿命匹配的再制造优化设计流程

信息与服役特性的映射模型。

（1）设计信息模型　要建立设计信息模型，首先要确定影响其失效的关键位置结构（以下简称为关键结构）和疲劳寿命之间的关系及各关键结构之间的关系。

通过检测、收集退役零部件的服役状态及失效数据，运用统计分析方法可得到各零部件不同失效形式，再对各零部件失效形式以重要程度区分，确定失效关键部位。例如：对于一般的轴类零件，其主要失效形式为疲劳断裂和磨损，而疲劳断裂主要集中在圆角等应力集中的部位，因此可以选取圆角、轴颈等作为关键结构；而对于齿轮，主要失效形式为轮齿折断、点蚀、磨损等，可以选取轮齿齿面、齿根作为关键结构。在选取合理的关键结构时，需要特别注意该关键结构设计参数优化的可行性。

对于映射模型来说，设计信息模型是"输入"，它包括零件的参数设计信息与零件间的装配关系的集合。产品的设计信息用数学模型描述为

$$PDF = DF^i \cup I_L^{ij} \tag{2-14}$$

式中，PDF 是产品的设计信息模型；DF^i 是各个零件设计信息的集合，$DF^i = \{DF^1, DF^2, \cdots, DF^n\}$；$I_L^{ij}$ 是零件间配合信息，包括零件间的配合尺寸、寿命的匹配等。

零件的设计特征信息是形状特征与设计约束的集合，可表示为

$$DF^i = F_i^j \cup I_d^i \tag{2-15}$$

式中，F_i^j 是零件的形状特征，如轴肩、键槽、圆角等，$j = 1, 2, \cdots, m$；I_d^i 是设计约束信息，如表面粗糙度、尺寸设计标准约束等，$i = 1, 2, \cdots, n$。

设计信息模型 **PDF** 为

$$PDF = \sum_{j=1}^{m} \begin{pmatrix} F_1^1 & \cdots & F_k^1 & \cdots & F_n^1 \\ \vdots & & \vdots & & \vdots \\ F_1^j & \cdots & F_k^j & \cdots & F_n^j \\ \vdots & & \vdots & & \vdots \\ F_1^m & \cdots & F_k^m & \cdots & F_n^m \end{pmatrix} \cup (I_d^i \cdots I_d^n) \cup \begin{bmatrix} I_L^{11} & \cdots & I_L^{1k} & \cdots & I_L^{1m} \\ \vdots & & \vdots & & \vdots \\ I_L^{kl} & \cdots & I_L^{kk} & \cdots & I_L^{km} \\ \vdots & & \vdots & & \vdots \\ I_L^{n1} & \cdots & I_L^{nk} & \cdots & I_L^{nm} \end{bmatrix}$$

$$\tag{2-16}$$

（2）服役特性模型　产品的服役特性表示各零件在使用过程中材料、结构、表面等的服役状况的集合，主要表现在材料晶体转化（m）、结构变形（s）、裂纹萌生（c）以及表面磨损（w）等方面。产品的服役特性 DF 可表示为

$$DF = \{F(m, s, c, w)\} \tag{2-17}$$

疲劳寿命是材料晶体转化、结构变形等综合作用的结果，可以作为服役特性的量化指标。而疲劳寿命是由组成产品的零部件的设计信息、零部件间的配合关系以及相互约束等相互作用组成的信息集决定的。若用 F_L 表示零部件间的实际配合关系，F_A 表示零部件间的约束边界条件，L_i 表示零部件的疲劳寿命，则服役特性 DF 可表示为

$$DF \propto DF^i \cup F_A$$

因此，$DF \propto L_i$。

为了获得考虑零部件失效形式的疲劳寿命，在确定了零件的关键结构后，需要进行多次试验来获得最优的结构参数和组合。由于时间和经济性的限制，采用计算机仿真方式建立产品的三维模型进行相应的试验，如图 2-11 所示。

在机械产品设计中，针对指定的零部件、关键结构都有对应的设计准则，尺寸结构的变化范围有限，为减少试验次数并保证结果的完整性，选用正交试验的方法。

（3）反馈优化模型　零部件的设计信息 DF^i 是由若干个形状特征 F_i^j 组成。在零部件之间的配合及相互约束关系确定时，关键结构的设计参数与零部件的服役特性直接关联，关键结构的参数改变会使服役特性也跟着改变。$L_x = F(F_i^j, L_i)$ 为服役特性随关键结构变化的函数。由此可以得出零件设计信息与服役特性映射及反馈模型，如图 2-12 所示。

在仿真试验中，根据正交试验结果拟合得到设计参数与疲劳寿命之间的映

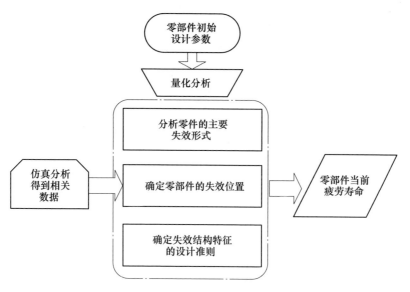

图 2-11　考虑零部件失效形式的服役特性分析

射函数，即设计信息与服役特性的信息模型。

　　通过对机械产品关键结构的强度损伤、疲劳寿命进行分析，综合考虑零部件结构设计、再制造方案等方面，建立面向再制造的零部件优化设计方法。利用寿命匹配可以从结构强度、疲劳寿命方面对零部件进行定量分析，根据零部件的设计准则，确定优化参数是否符合其强度等设计要求。若符合，则确定面向再制造的零部件设计方案；若不符合，则再次对零部件进行参数优化，最终确立最优的设计方案。

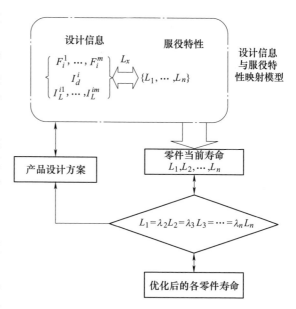

图 2-12　设计信息与服役特性信息映射及反馈模型

2.4.3 产品的寿命匹配设计方法

主动再制造要求分析产品服役信息与零部件失效规律，通过主动再制造设计从设计阶段确定再制造时机，到达规定服役时间时进行再制造修复，保证产品在原服役周期和再制造生命周期均有最佳使用性能，所以主动再制造的关键在于设定再制造时机。产品往往由多个零部件有机组合而成，产品退役后，部分零部件经过严重损耗已无法再制造。要实现产品主动再制造，只需要确保市场价值高且再利用性能好的关键零部件适合再制造。

在机械产品设计中，常用耐久性来衡量产品的性能，可靠度 R 是耐久性的定量表征，因此产品的可靠性是实现再制造需要重点考虑的因素。同时，产品由多个零部件组成，其可靠度也是由零部件综合作用而共同决定的。产品的可靠度为

$$R_\mathrm{p} = f(R_i) = f(R_1, R_2, \cdots, R_n) \tag{2-18}$$

式中，R_i 是各个零部件的可靠度。

将系统-单元的思想引入产品中，当产品中的一个零件失效时该产品就失效即零件为串联，此时产品的可靠度为

$$R_\mathrm{p} = R_1 R_2 \cdots R_n = \prod_{i=1}^{n} R_i \tag{2-19}$$

相对的，当零件间为并联时，产品的可靠度为

$$R_\mathrm{p} = 1 - (1 - R_1)(1 - R_2)\cdots(1 - R_n) = 1 - \prod_{i=1}^{n}(1 - R_i) \tag{2-20}$$

要确定产品的主动再制造时机，就需要得到产品的可靠度随服役时间的变化关系。目前常采用 Miner 法，将损伤看作线性累积过程。但在实际工程应用中，机械零件的损伤是非线性的，应用应力-强度干涉模型来分析零部件的可靠度。

1. 应用应力-强度干涉模型确定可靠度

在规定可靠度下，保证零件危险断面上最大应力小于最小强度是机械设计的基本原则，否则，零件将由于达不到可靠度要求而失效。

将零部件承受的外界作用，如应力、拉伸、弯曲、温度、冲击等，统称为零部件所受应力，用 S 表示；而零部件能够承受的最大应力称为零部件的强度，用 δ 表示。若零部件强度 δ 小于应力 S，则不能完成零部件预定功能，称为失效。欲使零部件在期望时间内可靠地实现功能，则必须满足

$$\delta - S > 0 \tag{2-21}$$

机械零部件设计过程中，随机变量 δ 与 S 量纲一致，因此 δ、S 的概率密度函数可以表示在同一坐标上。通常要求零部件的强度高于其工作能力，但零部件的强度值与应力值的离散性使应力-强度概率密度函数曲线可能存在重合区域，这个重合区域如图 2-13a 所示，零部件可能产生故障的区域如图中阴影部分所示，称为干涉区。干涉区的面积越小，零部件的可靠度就越高；反之，零部件可靠度越低。

对于零部件的危险断面而言，当零部件强度 δ 大于应力 S 时，零部件不会发生失效；反之，零部件将发生失效。由图 2-13b 可知，应力 S_1 存在于区间 $\left[S_1 - \dfrac{\mathrm{d}S}{2},\ S_1 + \dfrac{\mathrm{d}S}{2} \right]$ 内的概率等于面积 A_1，即

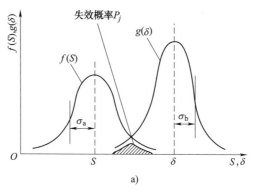

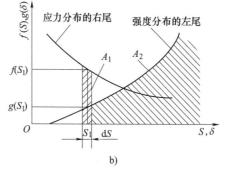

图 2-13　应力强度干涉模型示意图
a）应力强度干涉模型　b）截尾放大图

$$P\left(S_1 - \frac{\mathrm{d}S}{2} \leqslant S_1 \leqslant S_1 + \frac{\mathrm{d}S}{2} \right) = f(S_1)\,\mathrm{d}S = A_1 \qquad (2\text{-}22)$$

同时，强度 δ 超过应力 S_1 的概率等于阴影面积 A_2，即

$$P(\delta > S) = \int_{S_1}^{\infty} g(\delta)\,\mathrm{d}\delta = A_2 \qquad (2\text{-}23)$$

式（2-22）、式（2-23）表示独立事件的概率。当相互独立的两个事件同时发生时，可对应力为 S_1 条件下零件的不失效概率进行计算，不失效的概率即可靠度为

$$\mathrm{d}R = A_1 A_2 = f(S_1)\,\mathrm{d}S \int_{S_1}^{\infty} g(\delta)\,\mathrm{d}\delta \qquad (2\text{-}24)$$

⋙ 2. 产品服役性能随时间变化函数的确定

根据应力-强度干涉模型，工作循环次数对应为产品所受应力，失效循环次数对应于产品或零部件强度。据分析，零部件工作循环次数近似于对数正态分

布。此时，零部件的可靠度为

$$R(n_1) = \int_{n_1}^{\infty} f(n)\,dn = \int_{n_1'}^{\infty} f(n')\,dn' = \phi(Z_1) \tag{2-25}$$

式中，n_1 是工作循环次数；n_1' 是工作循环次数的对数，$n_1' = \lg n_1$；Z_1 是失效循环次数对数的标准分数。

$$Z_1 = \frac{\overline{N'} - n_1'}{\sigma_N'} \tag{2-26}$$

式中，$\overline{N'}$ 是失效循环次数对数的均值；σ_N' 是失效循环次数对数的标准差。

由此可得零件在运行过程中可靠度随时间的变化关系 $R_i(t)$，则产品的可靠性为

$$R_p(t) = f(R_1(t), R_2(t), \cdots, R_n(t)) \tag{2-27}$$

得到产品的可靠性值后，就可以按照设定的可靠性阈值来判断再制造时机，从而完成基于寿命匹配的主动再制造设计。

2.5 面向主动再制造的可拆卸设计

2.5.1 可拆卸设计

再制造的前提是方便、有效地进行少/无损拆卸。可拆卸设计（Design For Disassembly，DFD）是改善产品拆卸、回收等绿色性能的重要手段。可拆卸设计作为再制造设计的主要内容与关键技术之一，要求所设计产品的结构易于装配和拆卸，便于维护，并使产品在报废后其可用部分能被充分有效地回收和再利用，同时要求在设计时就考虑产品拆卸回收处理工艺过程，控制环境污染物的排放，并节约资源、能源。

可拆卸设计主要包括三部分内容：可拆卸设计准则、可拆卸结构设计、可拆卸设计评价。

（1）可拆卸设计准则　可拆卸设计准则是指在进行产品设计时，为了保证产品零部件结构的可拆卸性以及可回收性而制定的，要求设计人员遵循的原则。可拆卸设计准则对于产品零部件的结构、连接方式、连接结构、拆卸工艺的经济性和环境友好性等都有明确的要求。

（2）可拆卸结构设计　可拆卸结构设计是指在设计产品时，按照再制造设计要求和可拆卸设计准则的要求，运用可拆卸设计方法，设计易于拆卸的产品零部件结构或对需要改善拆卸性能的结构进行改进或创新设计，以尽可能提高结构的可拆卸性能。

（3）可拆卸设计评价　可拆卸设计评价是指运用一定的评价指标和评价方

法，对产品设计方案或已有产品零部件结构的可拆卸性能和制造、再制造工艺性能进行评估，以明确结构可拆卸性能和制造工艺性能的好坏，并作为量化和评估结构拆卸性能的手段。可拆卸设计评价方法主要是选用适当的产品可拆卸性能指标和制造工艺性能指标，利用模糊层次分析法等方法确定指标的相应权重，再计算产品的拆卸和制造工艺性能。

2.5.2 拆卸性能评估方法

1. 产品零部件连接关系分析

对产品进行可拆卸设计，特别是对产品零部件连接结构进行改进时，一般需要对零部件之间的连接关系进行分析，以明确零部件之间的连接配合情况，并为进行可拆卸性分析、确定需要改进的对象做准备。

进行连接关系分析需要构建一定的产品拆卸模型，通过拆卸模型可表达零部件间的连接配合信息，并借助拆卸模型评估和分析产品零部件的可拆卸性，进而确定需要改进的对象。因此需要弄清产品零部件之间的连接配合关系，明确零部件的结构深度和连接关系层次结构。尤其是当零部件数目过多、连接关系复杂时，分析产品零部件之间的连接关系层次结构就显得十分必要。

目前，常见的拆卸模型有 AND/OR 图、无向图、有向图、Petri 网等，这些模型都是基于图论的模型，以节点表示零部件，以节点之间的连线表示零部件之间的连接约束关系。在建立产品零部件拆卸模型时，应考虑划分零部件间连接约束关系的层次，通常是利用模块化方法来划分，即按照一定划分准则，通过人工的方式来划分零部件所属模块，进而构造零部件连接关系有向图或无向图。模块划分的方式不同，连接关系的层次结构也不同。此方式有时很难体现出产品零部件之间实际的约束配合的层次结构，并且人工的划分的方法不易用计算机程序来实现。对于零部件数量较少、连接结构比较简单的产品，以人工的方式来划分零部件模块，能比较容易得出零部件之间的连接关系层次结构；但当零件数量较多、连接结构比较复杂时，就需要花费大量的时间和人力。

解释结构模型（Interpretative Structural Modeling，ISM）是美国华费尔教授为分析复杂系统的有关问题而开发的一种结构模型。ISM 在分析复杂系统内部各个整体之间的关系方面具有较强的优势，可用于划分复杂产品零部件之间的连接关系层次结构。利用 ISM 方法划分连接关系层次时，无需过多的人工干预，只需在前期提取和表达出产品零部件两两之间的连接关系，并指定基础件，即可构建零部件连接关系的邻接矩阵，进而利用一系列算法构造出连接关系 ISM 有向图，实现连接关系层次结构的划分。ISM 算法可编程实现，从而节省时间和人力。用产品零部件连接关系解释结构模型可清晰表达复杂产品零部件间连接配合关系的层次结构，对于产品拆卸模型的构建、零部件结构深度的确定乃至后续的可拆卸设计和评价都具有重要意义。

▶ 2. 零部件连接关系获取与表达

（1）零部件连接关系的获取 从结构上看，产品是由若干个零部件通过各种连接配合关系组合而成的，而且产品零部件的连接一般都是零部件两两之间通过连接件或直接通过形位配合形成的。因此，可利用零部件连接关系矩阵 A_L 来获取产品零部件之间的连接配合信息。零部件连接关系矩阵 A_L 一般为上三角形（或下三角形）矩阵。零部件连接关系矩阵为

$$A_L = \begin{matrix} & \begin{matrix} s_1 & s_2 & \cdots & s_i & s_j & \cdots & s_n \end{matrix} \\ \begin{matrix} s_1 \\ s_2 \\ \vdots \\ s_i \\ s_j \\ \vdots \\ s_n \end{matrix} & \begin{pmatrix} — & v_{12} & \cdots & v_{1i} & v_{1j} & \cdots & v_{1n} \\ & — & \cdots & v_{2i} & v_{2j} & & v_{2n} \\ & & \ddots & \vdots & \vdots & & \vdots \\ & & & — & v_{ij} & \cdots & v_{in} \\ & & & & — & \cdots & v_{jn} \\ & & & & & — & \vdots \\ & & & & & & — \end{pmatrix} \end{matrix}$$

式中，s_1，s_2，$\cdots$，s_i，s_j，$\cdots$，s_n 是组成产品的各零部件的编号；v_{ij} 是 s_i 与 s_j 之间的连接关系，连接关系可以是单个或多个。常见的零部件连接关系及其代号可从表 2-4 中查得。

利用零部件连接关系矩阵 A_L 获取产品零部件之间的连接关系信息时，需先对产品的零部件进行编号。在对零部件进行编号时，为了简化零部件数量，降低模型复杂程度，可不对紧固件（如螺栓、螺钉、销等）进行编号，而仅将其视为连接关系。

表 2-4 常见的零部件连接关系及其代号

连接关系	代号	连接关系	代号
注塑	①	销	⑥
焊接	②	间隙	⑦
螺纹	③	过盈	⑧
粘合	④	铆接	⑨
卡扣	⑤	限位	⑩

（2）零部件连接关系的表达 获取零部件连接关系后，为了建立连接关系解释结构模型，需要用图论的方式，即有向图和邻接矩阵的形式来表示连接关系。而建立有向图和邻接矩阵要求零部件之间的连接关系具有方向性。连接关

系的方向性是为了方便解释结构模型建立而人为定义的。下面给出连接关系方向的定义、连接关系有向图的建立和连接关系邻接矩阵的构建方法。

考虑到实际零部件在相互连接时，不是通过紧固件连接，就是通过利用彼此的形位配合来直接实现连接，并且零部件两两之间在连接时，通常会有一个零部件起着一定的承载作用。因此，可将两两连接中起承载作用的零部件作为基础件，另一个则认为是连接在基础件之上。因此，有如下设定：

1）当用紧固件连接零件（或部件）s_i、s_j时，不把紧固件看作是零件，仅将其作为连接关系。将s_i和s_j中的一个（s_i）作为基础件，把另外一个（s_j）看成是连接在基础件s_i上的。此时，认为s_j与s_i有连接关系，而s_i与s_j没有连接关系。

2）当零件（或部件）s_i和s_j直接通过形位配合相连接时，可将其中一个（s_i）作为基础件，把另一个（s_j）看成是连接在基础件s_i上的。此时，认为s_j与s_i有连接关系，而s_i与s_j没有连接关系。

3）在一般情况下，若s_j与s_i有连接关系，则s_i与s_j就没有连接关系。但连接结构特殊时，如零件通过可折弯扣相互扣合等情况连接时，连接关系可以是双向的。

4）零件自身和自身没有连接关系。

5）在实际提取零件（或部件）的连接关系时，一般将和其他零件有较多配合关系的零件，或是具有一定承载作用的零件作为基础件。基础件的确定可由专家完成。

在上述设定下，连接关系就可以体现出方向性。定义了连接关系的方向后，可用有向图 $G = \{S, V\}$ 来表示产品零部件之间的连接关系。在有向图 G 中，$S = \{s_1, s_2, \cdots, s_i, s_j, \cdots, s_n\}$ 为零部件集合，$V = \{<s_i, s_j> | V(s_i, s_j)\}$ 表示在连接关系 V 下各零件间的关系值，用 0、1 表示是否存在关系 V。

用节点表示 S 中的元素，用节点间的有向弧线来表示连接关系 V，并约定：若$<s_i, s_j> \in V$，则在节点 s_i 和 s_j 之间存在一条弧，其方向是从 s_i 指向 s_j，表示 s_i 连接在 s_j 上。这样，产品零部件连接关系 $\{S, V\}$ 就可用相应的有向图 $G = \{S, V\}$ 来唯一表示，其中 S 为节点集合，V 为有向弧集合。图 2-14 所示为某产品零件连接关系有向图。

根据连接关系有向图，可建立产品零部件连接关系 $\{S, V\}$ 的邻接矩阵 A，A 为方阵，其元素 a_{ij} 为

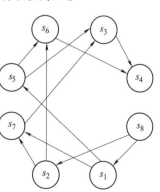

图 2-14 某产品零件连接
关系有向图

$$a_{ij} = \begin{cases} 1, & \text{表示 } s_i \text{ 与 } s_j \text{ 有连接关系} \\ 0, & \text{表示 } s_i \text{ 与 } s_j \text{ 无连接关系} \end{cases}$$

邻接矩阵 A 可将产品零件（或部件）两两之间是否存在连接关系表达出来。邻接矩阵 A 是布尔矩阵，其运算遵守布尔代数的运算法则。

如图 2-14 所示，按照上述方法建立的某产品的零件连接关系有向图，其邻接矩阵为

$$A = \begin{array}{c} \\ s_1 \\ s_2 \\ s_3 \\ s_4 \\ s_5 \\ s_6 \\ s_7 \\ s_8 \end{array} \begin{array}{c} \begin{array}{cccccccc} s_1 & s_2 & s_3 & s_4 & s_5 & s_6 & s_7 & s_8 \end{array} \\ \begin{pmatrix} 0 & 0 & 0 & 0 & 1 & 0 & 1 & 0 \\ 0 & 0 & 0 & 0 & 0 & 1 & 1 & 0 \\ 0 & 0 & 0 & 1 & 0 & 0 & 0 & 0 \\ 0 & 0 & 0 & 0 & 0 & 0 & 0 & 0 \\ 0 & 0 & 1 & 0 & 0 & 1 & 0 & 0 \\ 0 & 0 & 0 & 1 & 0 & 0 & 0 & 0 \\ 0 & 0 & 1 & 0 & 0 & 0 & 0 & 0 \\ 1 & 1 & 0 & 0 & 0 & 0 & 0 & 0 \end{pmatrix} \end{array}$$

另外，从图 2-14 可以看出，此有向图还不能体现出连接关系的层次性。利用连接关系有向图建立邻接矩阵 A 时需要注意，如果有向图中存在两节点之间的连线是双向的，在确定其邻接矩阵的相应值时，可暂时忽略双向性，只考虑一个方向的连线，其原因是为避免有向图出现回路，待解释结构模型图建立完成之后再恢复双向性。

▶ 3. 构建零部件连接关系解释结构模型

完成零部件连接关系的获取和表达之后，可利用零部件连接关系有向图和连接关系邻接矩阵构建连接关系解释结构模型，划分连接关系的层次结构。

（1）计算连接关系可达矩阵　在有向图 $G = \{S, V\}$ 中，对于 s_i、$s_j \in S$，如果从 s_j 到 s_i 有任何一条通路存在，即有连接配合关系，则称 s_j 可达 s_i。集合 S 中各元素之间可达性情况可用可达矩阵来表示。

可达矩阵是指用矩阵形式来描述有向图 $G = \{S, V\}$ 中各节点之间，经过一定长度的通路后可到达的程度。在实际产品结构中，可达矩阵表示的是产品各个零件（或部件）之间相互连接或配合关系的直接程度或远近程度，能反映出零部件的结构深度信息。

可达矩阵记为 R，为方阵，其元素 r_{ij} 为

$$r_{ij} = \begin{cases} 1, \text{表示 } s_i \text{ 可达 } s_j \\ 0, \text{表示 } s_i \text{ 不可达 } s_j \end{cases} \tag{2-28}$$

根据有向图 $G = \{S, R\}$ 的邻接矩阵 A，可计算出可达矩阵 R，其计算公

式为

$$R = \bigcup_{i=0}^{n=1} A^l = (A \cup I)^{n-1} = (A \cup I)^n \tag{2-29}$$

式中，I 是单位矩阵。

在实际计算中，有时不用进行 n 次运算就可得到可达矩阵 R，其计算公式为

$$A_1 = A + I, A_2 = (A + I)^2, A_{r-1} = (A + I)^{r-1} \tag{2-30}$$

$$R = A_r = A_{r-1} \ne A_{r-2} \ne \cdots \ne A_1, (r \le n - 1) \tag{2-31}$$

（2）划分连接关系层次级别　对于有向图 $G = \{S, V\}$ 中的单个元素 s_i，若将 s_i 可到达的元素组合成一个集合，此集合就称作 s_i 的可达集 $R(s_i)$，即可达矩阵中 s_i 对应行中所有矩阵元素为 1 的列所对应的元素集合；再将所有能够到达 s_i 的元素汇集成一个集合，此集合就称作 s_i 的前因集 $A(s_i)$，即可达矩阵中 s_i 对应列中所有矩阵元素为 1 的行所对应的元素集合。

$$R(s_i) = \{s_i \in S \mid r_{ij} = 1\} \tag{2-32}$$

$$A(s_i) = \{s_i \in S \mid r_{ji} = 1\} \tag{2-33}$$

在产品实际连接结构中，元素（零件）s_i 的可达集 $R(s_i)$ 表示的意义为零件 s_i 与可达集中所有元素（零件）有连接关系；s_i 的前因集 $A(s_i)$ 表示的意义为前因集中的所有元素（零件）与零件 s_i 有连接关系。

在多层结构中，最高级元素不能到达比其更高级的元素，其可达集 $R(s_i)$ 只能是它自身，其前因集 $A(s_i)$ 则包括其自身和可到达其下一级的元素。这样，对于最高级的元素，其可达集 $R(s_i)$ 与前因集 $A(s_i)$ 的交集和其可达集 $R(s_i)$ 就相等。如果不是最高级的元素，其可达集中还有更高一级的元素，不会出现在其可达集和前因集的交集之内。所以，s_i 为最高一级元素的充要条件为

$$R(s_i) = R(s_i) \cap A(s_i) \tag{2-34}$$

得到最高级的元素后，可暂时删去可达矩阵 R 中最高级元素的对应行和列。再根据上述方法，继续寻找次高级元素，后面依此类推，就可找出各级元素。设 L_1、L_2、$\cdots$、L_k 表示层次结构中从上到下的各级，级别划分可表示为

$$\prod(S) = [L_1, L_2, \cdots, L_k] \tag{2-35}$$

在实际的产品装配结构中，最高级元素代表的是产品装配结构中最高级零件，最高级零件一般不会再连接到其他零件上，只有次高级的零件会连接到最高级零件上。这个最高级零件通常是机座、支座等零件。而次高级的零件又作为其下一级零件的最高级零件。依此类推，可划分出零件连接关系的层次级别。

（3）构造连接关系 ISM 有向图　有了可达矩阵和层次级别的划分，就可利用其画出连接关系的解释结构模型有向图。构造解释结构模型有向图的步骤如下：

1）按照零件连接关系层次级别的划分结果重新排列可达矩阵。即将可达矩

阵的行和列对应的元素（零件）都按层次级别划分顺序，依次按 L_1、L_2、$\cdots$、L_k 的方式排列，从而构造成新的可达矩阵 $\boldsymbol{R}'$。

2）根据零件连接关系层次级别 L_1、L_2、$\cdots$、L_k 的顺序（从高到低）画出每一级别中的节点（零件），并将同级别中的节点（零件）置于同一水平线上。

3）根据重新排列后的可达矩阵 $\boldsymbol{R}'$，画出相邻两级之间的连接，找出在两级关系分块矩阵中的"1"元素所对应的节点（零件），由下级向上级方向画一根带有箭头的连线。

4）对于跨级的连线画法（包括跨一级和跨多级）同步骤3）。

5）恢复因在建立邻接矩阵时而忽略的节点（零件）之间的双向连接线。画好零部件解释结构模型有向图之后，零部件连接关系的层次结构也就基本划分完毕。

解释结构模型有向图从上级到下级包含的层次级别为 L_1、L_2、$\cdots$、L_k。其中，L_1 为最高层零件，处于 L_1（最高层）的零件一般不再连接到其他零件上，只有处于 L_2 及 L_2 以下层次的零件会连接到 L_1 层的零件上。依此类推，即一般只会有处于 L_{i-1}、L_{i-2}、$\cdots$、L_k 层的零件会连接到 L_i 层的零件上。

对于图 2-14 所示某产品零部件连接关系的 ISM 有向图，在经解释结构模型的构建之后，层次结构划分的效果如图 2-15 所示。图中，连接关系共划分为 4 层，处于 L_1 层的零件为 s_4；处于 L_2 层的零件为 s_3、s_6；处于 L_3 层的零件为 s_5、s_7、s_2；处于 L_4 层的零件为 s_1、s_8。

（4）标注连接关系 ISM 有向图　为了在解释结构模型有向图上体现连接关系的类型，可利用表 2-4 中连接关系代号来标注解释结构模型有向图，即在零件 s_i 与 s_j 之间有向弧上标注实际连接关系代号。图 2-16 所示为标注连接关系代号后的 ISM 有向图，即用连接关系代号标注图 2-15 的结果。图 2-16 可清晰地表达出产品零部件之间的连接配合关系及其层次结构。

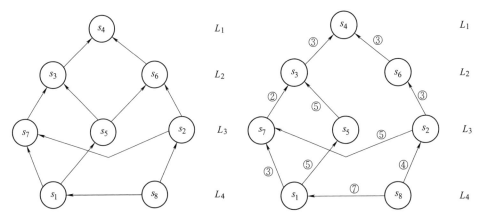

图 2-15　某产品零部件连接关系的 ISM 有向图　　**图 2-16　标注连接关系代号后的 ISM 有向图**

至此，就完成了产品零部件连接关系层次结构的全部划分。ISM有向图能够完全体现产品全部零部件之间的连接关系，也能够梳理清楚产品零部件之间的复杂连接关系的层次。连接关系ISM有向图可以支持产品零部件可拆性分析，还可以支持零部件连接结构的物质-场模型的构建。

▶4. 利用解释结构模型进行可拆卸性分析

可拆卸分析可初步分析产品零部件可拆卸性能及其相关指标值的大小或好坏程度，以明确零部件的可拆卸情况，确定需要改善拆卸性能的零部件连接结构，确定可拆卸设计的对象，或者构建零部件连接结构拆卸模型，以支持产品的可拆卸设计。因此，可应用ISM有向图开展可拆卸性分析。

（1）分析产品的可拆卸性能并确定相关指标 ISM有向图中包含了诸如产品零件的数量、连接关系的类型和数量等信息。可以通过对各种难以拆卸的连接形式进行统计，初步分析产品的可拆卸性能。利用ISM有向图还能够确定零部件的结构深度。结构深度是为了明确零部件之间的相对位置而定义的，它可以体现零部件的拆卸难易程度，是进行产品可拆卸性能评价的一个重要指标。

在确定产品中各零部件的结构深度时，需要指定一个零部件作为基准件，一般选择机座、支座作为基准件。当某零部件与基准件有直接连接关系时，其结构深度为1；当某零部件通过另一零部件与基准件连接时，其结构深度为2；依此类推。

当产品零部件数量多、连接关系复杂时，在不明确连接关系层次结构的情况下，很难快速、准确地确定各个零部件的结构深度。ISM有向图能准确地表达连接关系的层次结构，因此利用连接关系ISM有向图可以快速准确地确定结构深度。例如，对于图2-17中的产品而言，若选择以s_4作为基准件，则s_3的结构深度为1，s_2的结构深度为2，s_1的结构深度为3。依此类推，每个零件的结构深度都可以确定。

获得产品各零部件的结构深度以后，可以根据其值的大小明确相应零部件的拆卸难易程度，从中找出最难拆卸的零部件及其连接结构，进而确定可拆卸设计（改进）的对象。

（2）辅助构建产品拆卸模型 ISM有向图能通过图论的方式清晰地表达出零部件之间的连接配合关系及其层次结构。它在一定程度上就是一种拆卸模型。构建产品零部件间连接关系的计算机模型时，可在ISM有向图的节点上存储零件的名称、重量、类型、材料和回收处理方式等信息，在ISM有向图的有向连线上存储相互配合零件的名称、连接类型、干涉、拆卸矢量等信息。

连接关系ISM有向图包含了构建连接结构TRIZ（发明问题的解决理论）物质-场模型所必需的要素：物质和场。在ISM有向图中，每个零件（节点）都是物质，零件之间的连线都是场。因此，可利用连接关系ISM有向图构建连接结构的 TRIZ 物质-场模型。

（3）支持拆卸序列规划和拆卸仿真　基于 ISM 有向图的产品拆卸模型构建完成之后，可利用图搜索的方法逐层地遍历 ISM 有向图中各个节点（零件）的约束配合信息，并通过产品零部件拆卸运动仿真分析方法，提取各个节点（零件）在三维环境下相应连接结构的拆卸干涉和拆卸运动通畅性情况，同时解除各个节点的约束，生成可行的产品零部件全部拆卸序列或目标零部件的拆卸序列，并记录每次遍历过程中各个零部件及其连接关系的可拆卸情况（干涉等）。

通过对获得的产品零部件拆卸序列和拆卸仿真过程中记录的零部件可拆卸情况的分析，可以初步评估产品相关零部件的可拆卸性能。

（4）标记需改善可拆卸性能的连接关系　可拆卸设计的对象主要有实际需要改善拆卸性能的产品、拆卸性能有待改进的产品设计方案和拆卸性能有待优化的计算机三维产品模型等。无论实际的产品，还是产品的设计方案或虚拟的产品模型，都可以构建出连接关系的 ISM 有向图。

综上所述，针对不同形式的产品，都可以利用其连接关系 ISM 有向图的层次性，结合实际的拆卸试验或计算机拆卸仿真分析，测试零部件及其连接关系的可拆卸难易程度，并在ISM 有向图上标记难以拆卸的或有待改进的连接关系，确定可拆卸设计的对象，以支持后续的改进设计。

标记 ISM 有向图中难以拆卸的连接关系时，可将 ISM 有向图中表示连接关系的实线箭头改成虚线箭头，并对该连接关系做相应的记录。例如，在图 2-17 中，零件 s_7 是焊接在零件 s_3 上的，即出现了难以拆卸的连接关系，并对零件 s_7 的连接结构制造工艺性能进行评分，以确定需要进行可拆卸设计的连接结构。

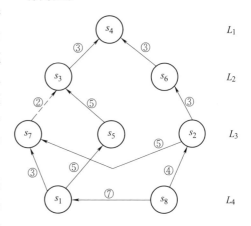

图 2-17　标记 ISM 有向图中
难以拆卸的连接关系

2.5.3　可拆卸连接结构设计方法

1. 可拆卸连接结构设计

再制造设计、再制造拆卸设计都属于绿色设计，只是更加强调再制造和再制造拆卸的要求。可拆卸连接结构设计就是在产品设计时，按照绿色设计要求，运用可拆卸设计方法设计产品零部件连接方案，或对已有的连接结构进行改进或创新设计，尽可能提高连接结构的可拆卸性能。

进行可拆卸连接结构设计主要从产品零部件的连接方式、连接结构、连接件及其材料选用等方面，寻求适应绿色设计要求的产品可拆卸设计方法，完成零部件及其连接结构的设计。

从技术性、环境友好性、经济性角度看，绿色设计对零部件连接结构可拆卸性能的基本要求见表 2-5。

表 2-5　绿色设计对零部件连接结构可拆卸性能的基本要求

分类	基本要求	说明
技术性	结构强度高和可靠性好	满足一般的设计和使用要求
	结构可达性好	连接结构可以看得见、够得着、有拆卸操作的空间
	拆卸运动简单	拆卸动作简单，操作容易
	标准化程度高	拆卸工艺流程标准、规范
	拆卸难度和复杂度小	结构易拆，无需复杂的拆卸过程和大量工具
环境友好性	拆卸废物少	拆卸过程无污染物排放
	拆卸噪声小	在标准范围内
	接触无毒害	不含损害拆卸人员健康的物质
经济性	拆卸效率高	拆卸时间短、速率高
	拆卸能耗少	消耗能量少
	拆卸费用少	拆卸成本小

根据绿色设计中有关产品结构可拆卸设计的准则和要求，从产品和零部件结构、零部件和连接件的材料、连接方式和连接结构、经济性、环保性几个方面进行归纳总结，可拆卸连接结构设计准则应参照表 2-5。

▶ 2. 可拆卸连接结构设计

按照可拆卸连接结构设计准则，进行可拆卸连接结构设计的方法主要有连接结构改进设计和快速拆卸连接结构设计两大类。

（1）连接结构改进设计　连接结构改进设计主要是对传统的连接，如螺纹连接、销连接、键连接等进行连接结构或连接方式的改进设计。

连接结构改进设计的主要要求：① 遵循可拆卸连接结构设计准则；② 保证连接强度和可靠性；③ 遵循结构最少改进原则，即对原有的结构以最少的改进，得到最大拆卸性能改善；④ 遵循附加结构原则，即采取必要的附加结构使拆卸容易。

（2）快速拆卸连接结构设计　快速拆卸连接结构设计主要包括传统连接方式快速拆卸设计、卡扣式（Snap-Fit，SF）连接结构设计和主动拆卸连接结构设计三方面内容。

1）传统连接方式快速拆卸设计主要是指改进或创新传统的连接形式，使其具备快速拆卸的性能。如对螺纹连接结构进行改进可显著缩短拆卸时间等。

传统连接方式快速拆卸设计的主要要求：①遵循可拆卸连接结构设计准则；②遵循保证连接强度和可靠性原则；③遵循标准件等结构参数尽量不改变原则，例如对螺杆、螺母中非螺纹的部分做快速拆卸的特别设计，而不改变螺纹的结构参数等；④遵循结构简单、成本低廉原则；⑤遵循结构替代原则，即选用或设计能替代螺钉、螺母等紧固件的连接方式。

传统连接结构改进设计的常见方式见表 2-6，传统连接方式快速拆卸设计的常见方式见表 2-7。

表 2-6　传统连接结构改进设计的常见方式

名称	内容	图　　例
键连接设计	右图 a 所示的键结构的装拆工作量较大，不宜采用应按右图 b 所示的结构进行改进，以减小装拆的工作量	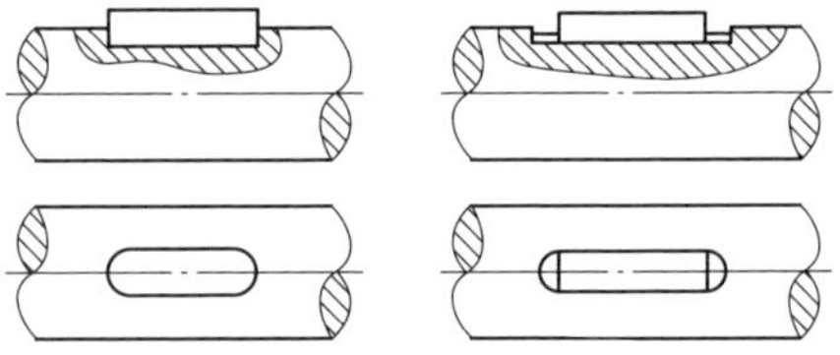 a) b)
紧固件可达性设计	右图 a 所示的紧固件就位空间受限制，应按右图 b 所示的结构进行改进，以改善装拆位置的可达性	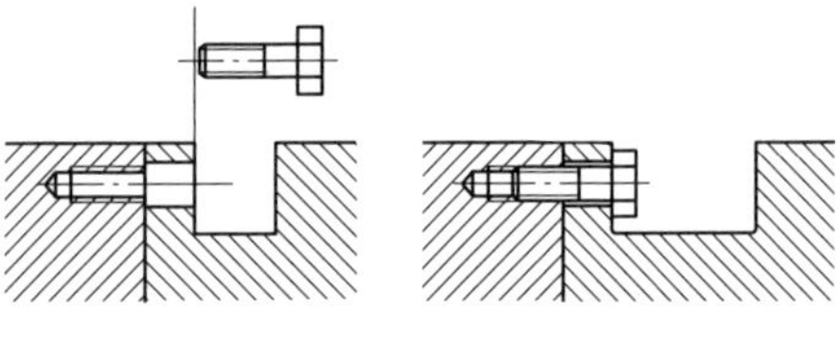 a) b)
预留拆卸的支承面	右图 a 所示的端盖与轴的过盈配合结构没有预留拆卸支承面，不利于拆卸操作，应按图 b 所示的结构进行改进，设置易于拆卸的支承面	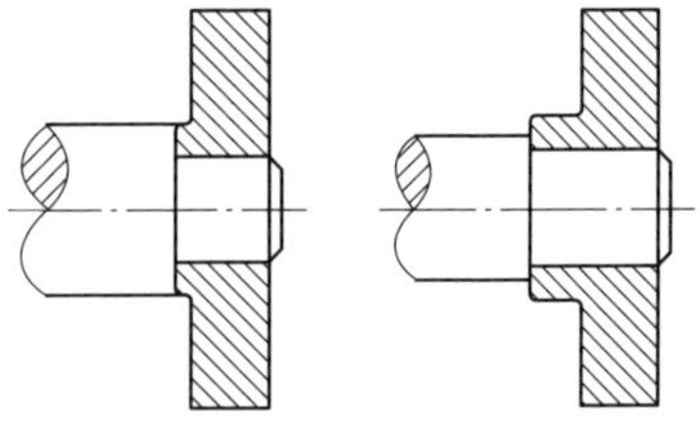 a) b)
减少连接数量的设计	在保证有效连接的前提下，应尽量减少连接的数量。右图所示为采用销辅助螺栓连接结构，减少了螺栓的数量，缩短了拆卸时间	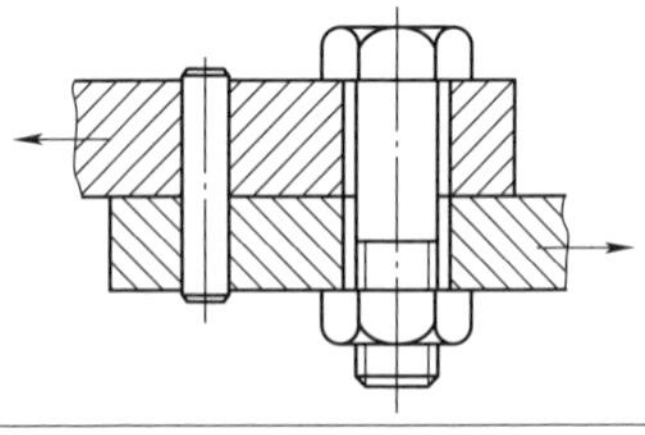

名称	内容	图 例
过盈配合连接设计	右图的设计是通过设置在轴或轮毂上的孔，将高压液压油压入过盈配合面，使被连接的轴和孔产生易于拆卸的弹性变形，从而使过盈配合易于分离	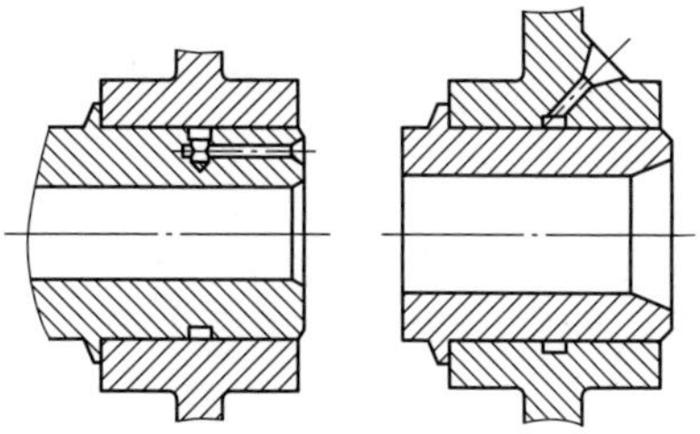
……	……	……

表 2-7　传统连接方式快速拆卸设计的常见方式

名称	内容	图 例
连接方式替代	在保证有效连接的前提下，可考虑用右图 b 中的 SF 连接结构代替右图 a 所示的螺栓连接结构	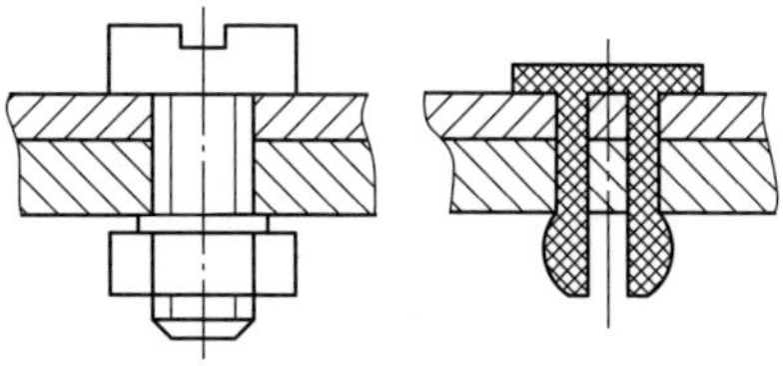 a)　　　　b)
插销式连接设计	右图所示为插销紧扣式连接，在管接头 1 上固定两个销轴 2，在管接头 3 上开口，销轴插入缺口后旋转一角度，即将两管连接在一起；同时，只要旋转一定角度就可快速拆卸	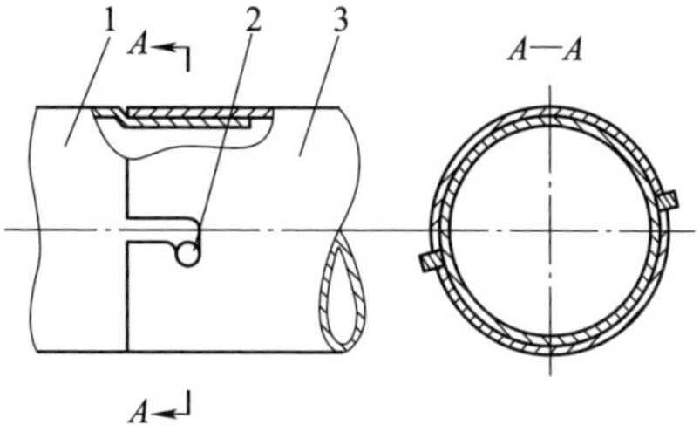 1、3—管接头　2—销轴
搁置式重力连接设计	右图所示为一种典型的搁置式重力连接结构，连接时将一接头搁置在接头槽中，靠重力维持连接的稳定，该连接形式装拆很方便	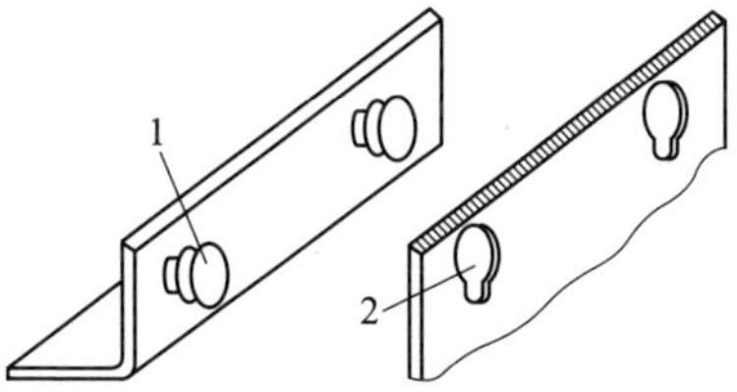 1—挂头　2—槽孔

第 ❷ 章　机电产品主动再制造设计

61

（续）

名称	内容	图　例
带光孔螺母连接设计	右图 a 所示为一种旋入时斜插的带光孔螺母，在螺母斜向沿着光孔套进螺杆后，将螺母摆正，使螺母螺纹与螺杆螺纹啮合，即可实现连接；右图 b 所示为带光孔螺母套入或取出螺杆时的位置。带光孔螺母结构简单，适合轻型工况条件下快速拆卸连接	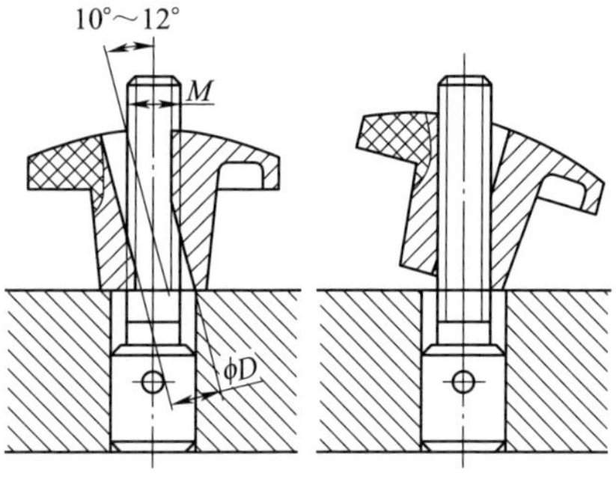
弹性开口螺母连接设计	右图为弹性开口螺母结构。螺母上开有横向穿通螺纹的缺口，在螺纹缺口相对面的背面开槽；在螺母外表面还设有环形槽，槽中置有弹性卡圈。安装时将螺母卡装到螺杆上，并径向转动螺杆，使螺母与螺杆啮合收紧，再在环形槽上装上弹性卡圈。该结构能大大减少装拆时间	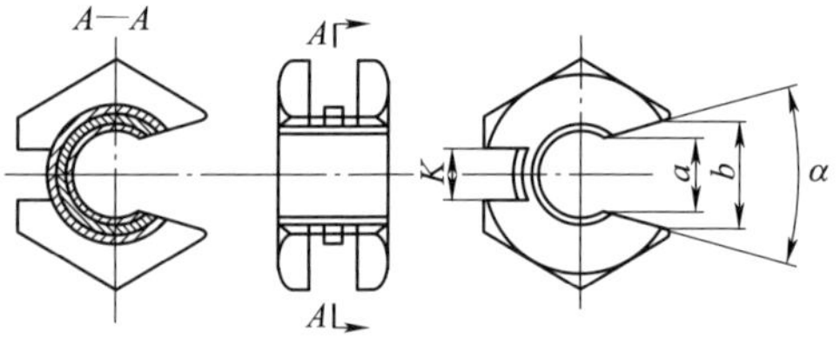
……	……	……

2）SF 连接结构是一种拆卸快速、由单一材料制成的环境友好型连接结构。

SF 连接结构通常有悬臂梁型和空心圆柱型两种形式；按组合方式分为集成型（SF 连接结构本身是零件的一部分）和非集成型（SF 连接结构独立存在）。

SF 连接结构的特点见表 2-8。

SF 连接结构主要应用于塑料件之间、塑料件与金属件之间的连接。目前 SF 连接结构在电子电器、汽车产品等领域已经得到广泛应用。

表 2-8　SF 连接结构的特点

SF 连接结构的优点	SF 连接结构的缺点
可减少零件和紧固件的数量	增加了零件的复杂度
可缩短结构的装拆时间	提高了单个零件的成本
可实现无损拆卸	对结构尺寸要求严格
可部分替代螺栓等紧固件连接	连接强度有限
可减少拆卸工具的种类和数量	连接结构可见性差，需要标记

3) 主动拆卸（Active Disassembly，AD）是一种利用可自行拆解的主动拆卸连接结构代替传统的螺纹、铆接等连接方式的技术。当主动拆卸连接结构受到一定的外界条件激发时，会产生形变动作，从而实现零部件的自动拆卸。这种技术主要是利用形状记忆材料（Shape Memory Material，SMM）的形变特性，因此又被称为使用智能材料的主动拆卸（Active Disassembly using Smart Material，ADSM）技术。

①主动拆卸连接结构的特点。ADSM 方法是利用形状记忆合金（Shape Memory Alloy，SMA）或形状记忆高分子材料（Shape Memory Polymer，SMP）在特定环境下能自动恢复原状的原理，制作智能驱动器或可自动分离扣件等主动拆卸连接结构，在产品装配时置入零部件连接中，当拆卸产品时，只需将产品置于一定的激发条件（如提高温度等）下，这些主动拆卸连接结构会使产品零件自行拆解，从而使产品的拆卸和回收处理非常方便。

②主动拆卸连接形式。主动拆卸连接结构按材料类型分为 SMA 型和 SMP 型。其中，SMA 型结构主要有铆钉、短销、开口销、弹簧、薄片、圆管等，该类连接结构能实现较大的拆卸驱动力；SMP 型结构主要有螺钉、螺母、铆钉、垫圈、卡扣等，该类连接结构能实现较大的变形量。

③主动拆卸连接结构设计的方法。在进行产品的主动拆卸连接结构设计时，首先应设计产品的初始结构，然后根据该初始结构和产品的使用环境选择合适的材料，并设计适当的主动拆卸连接结构，再将主动拆卸连接结构布置在产品零部件连接的合适位置，最后优化主动拆卸产品的结构和外观。产品主动拆卸连接结构设计流程如图 2-18 所示。

▶ 3. 可拆卸连接结构设计评价

可拆卸连接结构设计评价是指对实际产品、产品设计方案或产品模型中零部件连接结构的可拆卸性能和制造工艺性能进行分析和评估，以明确已有产品或产品模型的可拆卸性能和可制造性能，或是对比验证产品零部件连接结构设计前后可拆卸性能和可制造性能是否得到了改善。

（1）连接结构拆卸和制造工艺性能指标　进行产品零部件连接结构评价，需要确定连接结构拆卸性能和制造工艺性能的量化指标。

1）可操作性是指在进行人工或自动拆卸时，产品零部件连接结构易于拆卸操作或拆卸运动易于开展的程度。可由专家通过综合分析连接结构拆卸费力与否、拆卸运动通畅与否、拆卸效率的高低，对连接结构拆卸的可操作性进行打分，见表 2-9。

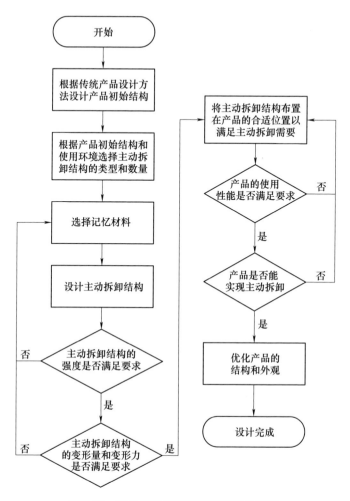

图 2-18　产品主动拆卸连接结构设计流程

表 2-9　连接结构拆卸的可操作性评分表

可操作程度	分值
较易操作	0.9
易操作	0.6
难操作	0.3
较难操作	0.2
很难操作	0.1

　　2）可达性是指通过统计产品中可达性好的连接结构数目，计算可达性好的连接结构比例来量化产品的拆卸性能，其量化的公式为

$$\lambda_r = \frac{N_r}{n} \tag{2-36}$$

式中，λ_r 是可达性好的连接结构比例；N_r 是产品中可达性好的连接结构数目；n 是产品中的连接结构总数。

3）相容性是指通过统计产品中材料相容性好的连接结构数目，计算材料相容性好的连接结构比例来量化产品的拆卸性能，其量化的公式为

$$\lambda_c = \frac{N_c}{n} \tag{2-37}$$

式中，λ_c 是材料相容性好的连接比例；N_c 是产品中材料相容性好的连接结构数目；n 是产品结构中总的连接数目。

4）连接类型反映产品连接结构拆卸的难易程度。连接结构内部连接关系越复杂，其拆卸性能越差。各种连接类型的拆卸性能量化公式为

$$CS = \frac{\sum_{i=1}^{n} C_i}{n} \tag{2-38}$$

式中，CS 是连接类型因数，其值越大表示拆卸性能越差；n 是产品结构中连接的总数量；C_i 是零部件连接交互系数。零部件连接交互系数见表 2-10。

表 2-10　零部件连接交互系数

连接类型	交互系数	连接类型	交互系数
注塑	1	轻压入	0.6
焊接	1	间隙	0.5
螺栓	0.8	盖	0.2
螺钉	0.7	限位	0.1
卡扣	0.6	无	0

5）产品零部件的结构深度表明了各零部件之间的相对位置。零部件拆卸的难易程度与其结构深度大小相关，零部件结构深度对其拆卸性能影响的量化公式为

$$DS = \frac{\sum_{i=1}^{m} D_i}{n} \tag{2-39}$$

式中，DS 是产品结构深度因数，其值越大表示拆卸性能越好；D_i 是零部件的结构深度值；n 是产品零部件总数量。

6）拆卸时间的长短直接反映了连接结构的拆卸难易程度。拆卸时间越长，

表示产品的拆卸性能越差。拆卸时间可表示为

$$T_{\mathrm{d}} = \sum_{i=1}^{n} t_{\mathrm{d}i} + \sum_{i=1}^{m} N_{\mathrm{f}i} t_{\mathrm{f}i} + t_{\mathrm{a}} \qquad (2\text{-}40)$$

式中，T_{d} 是总拆卸时间（min）；$t_{\mathrm{d}i}$ 是分离零件 i 花费的时间（min）；$N_{\mathrm{f}i}$ 是与零件 i 有连接的紧固件数量；n 是零件总数；m 为连接的数量；$t_{\mathrm{f}i}$ 是移开与零件 i 有连接的紧固件的时间（min）；t_{a} 是辅助时间（min），即为完成拆卸工作所做辅助工作花费的时间。

7）零部件的拆卸过程中必然消耗能量，能量消耗得越大，说明零部件间的连接越难拆卸。拆卸能耗对拆卸性能影响的量化公式为

$$E_{\mathrm{z}} = \sum_{i=1}^{n} E_i \qquad (2\text{-}41)$$

式中，E_{z} 是产品结构的拆卸能耗因数；n 是产品零部件间连接的总个数；E_i 是拆卸第 i 个连接所耗费的能量（J）。

对于零部件间各种类型的连接的拆卸能耗值 E_i，可通过估算、折算（拆卸力和位移）或实测的方式得出。

8）拆卸过程的环境影响主要表现为噪声及排放到环境中的污染物种类和数量。可按国家工业企业厂界环境噪声排放标准，对拆卸噪声进行打分。分值越高，表示噪声越大，拆卸过程的环境影响越大。拆卸噪声指标评分表见表 2-11。可按国家环境污染中的废气排放标准对拆卸过程中 CO_2 等气体的排放进行打分。分值越高，表示排放量越大，拆卸过程的环境影响越大。拆卸废气排放指标评分表见表 2-12。

表 2-11　拆卸噪声指标评分表

噪声范围	分值
工作噪声<65dB	0
65dB≤工作噪声<75dB	0.3
75dB≤工作噪声<85dB	0.5
85dB≤工作噪声<95dB	0.7
工作噪声≥95dB	1

表 2-12　拆卸废气排放指标评分表

废气排放量	分值
废气排放量<350μg	0
350μg≤废气排放量<700μg	0.3
700μg≤废气排放量<1000μg	0.5
1000μg≤废气排放量<1500μg	0.7
废气排放量≥1500μg	1

9）除了考虑连接结构拆卸性能，还应考虑零部件及其连接结构的制造工艺性和制造成本。零部件连接结构制造工艺性须采用专家评分的方法量化。专家须综合考虑连接结构制造过程中工艺的复杂程度、制造过程中的环境影响（噪声、污染物排放）情况，按照表 2-13 进行打分。

表 2-13 零部件连接结构制造工艺性能评分表

工艺状况	分值
工艺简单，环境友好	0.9
工艺复杂，环境友好	0.6
工艺简单，环境不友好	0.6
工艺复杂，环境不友好	0.3

10）产品结构中连接的制造成本可通过计算制造过程中人力、资源和能源的消耗成本进行量化，其量化公式为

$$V_t = \sum_{i=1}^{n} H_i + C_{ci} + ME_i \tag{2-42}$$

式中，V_t 是产品结构中连接的制造总成本（元）；H_i 是连接 i 的人力成本（元）；C_{ci} 是连接 i 的资源消耗成本（元）；ME_i 是连接 i 的能源消耗成本（元）；n 是产品结构中连接的总数。

（2）连接结构拆卸性能和制造工艺性能评价 产品零部件连接结构的拆卸性能和制造工艺性能评价的方式有两类：一类为定性评价，另一类为定量评价。

定性评价：当对产品设计方案或虚拟模型进行评价时，有时很难确定相应评价指标的值，如必须通过拆卸试验，进行实测才能得到的指标值等，此时就不能定量计算，只能选用单个或多个指标，并根据常识和专家经验对设计方案进行定性的分析。

定量评价：针对实际产品，可通过拆卸试验测定各项指标，按照定量计算的方式综合评价产品的拆卸性能和制造工艺性能。其主要步骤：首先选择连接结构的拆卸性能及制造工艺性能指标，根据指标的实际特点，通过计算或打分，或试验测试的方式确定所选指标的值；然后建立所选指标的层次结构，并确定各个指标的权重；最后利用拆卸-制造工艺度（Disassembly-Process Degree，DPD）计算公式（加权）计算拆卸和制造工艺性能。

1）建立指标的层次结构。根据产品或结构的实际特点，从上述介绍的指标中选择适当的指标进行评价。分别从技术性、经济性、环境性、制造工艺性四个方面，将上述各项指标进行归类，可建立如图 2-19 所示的各指标的层次结构。

2）确定各个指标的权重。指标的权重是指各指标在表达产品可拆卸性能及制造工艺性能时的重要程度。可采用模糊层次分析法（Fuzzy Analytical Hierarchy Process，FAHP）确定各性能指标的权重。

3）计算拆卸-制造工艺度值。拆卸-制造工艺度是指产品可拆卸性能和制造工艺性能的好坏程度。

需要特别注意的是，所选的各个性能指标值的大小所代表的可拆卸性能及

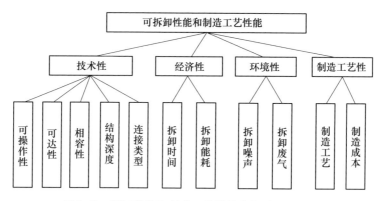

图 2-19　拆卸性能和制造工艺性能指标的层次结构

制造工艺性能的好坏程度可能会不一致。在计算拆卸-制造工艺度时，应解决指标值在表达可拆卸性能及制造工艺性能的好坏程度上的一致性问题。这里规定各指标值越大，其拆卸性能或制造工艺性能越好。经过一致性处理之后，拆卸-制造工艺度的计算公式为

$$DPD = \sum_{i=1}^{m} w_i a_i + \sum_{j=1}^{l} w_j \frac{1}{a_j} + \sum_{k=1}^{n} w_k (1 - a_k) \tag{2-43}$$

式中，a_i 是值越大拆卸和制造工艺性能越好的指标；m 是 a_i 的个数；a_j 是值越大拆卸性能和制造工艺性能越差的指标；l 是 a_j 的个数；a_k 是值在 $[0, 1]$ 之间且值越大拆卸性能和制造工艺性能越差的分值指标；n 是 a_k 的个数；w_i、w_j、w_k 分别表示指标 a_i、a_j、a_k 的相应权重值；$i \in 1, 2, \cdots, m$；$j \in 1, 2, \cdots, l$；$k \in 1, 2, \cdots, n$。

　　本节介绍了可拆卸设计的具体方法与过程。在主动再制造过程中，会遇到大量零部件的拆卸，按照本节所述方法进行可拆卸设计是主动再制造的一部分。

参 考 文 献

［1］刘志峰，李新宇，张洪潮．基于智能材料主动拆卸的产品设计方法 ［J］.机械工程学报，2009，45（10）：192-197.

［2］刘志峰，李新宇，赵流现，等.SMP 主动拆卸结构激发效果影响因素的试验研究 ［J］.中国机械工程，2010，21（18）：2243-2246.

［3］刘涛，刘光复，宋守许，等.面向主动再制造的产品可持续设计框架 ［J］.计算机集成制造系统，2011，17（11）：2317-2323.

［4］刘涛，刘光复，宋守许，等.面向主动再制造的产品模块化设计方法 ［J］.中国机械工程，2012，23（10）：1180-1187.

［5］宋守许，刘明，柯庆镝，等.基于强度冗余的零部件再制造优化设计方法 ［J］.机械工

程学报，2013，49（9）：121-127.

［6］宋守许，冯艳，柯庆镝，等. 基于寿命匹配的零部件再制造优化设计方法［J］. 中国机械工程，2015，00（10）：1323-1329.

［7］SONG S X, TAI Y Y, KE Q D. Establishment and application of service mapping model for proactive remanufacturing impeller［J］. Journal of Central South University, 2016, 23（12）: 3143-3152.

［8］宋守许，汪伟，柯庆镝. 基于结构功能衍生系数的主动再制造设计［J］. 机械工程学报，2017（11）：175-183.

［9］宋守许，汪伟，柯庆镝. 基于结构耦合矩阵的主动再制造优化设计［J］. 计算机集成制造系统，2017（4）：744-752.

［10］宋守许，邱权，卜建，等. 基于寿命匹配函数的主动再制造设计方法［J］. 中国机械工程，2018（17）：2094-2099.

［11］宋守许，汪伟，柯庆镝，等. 基于零件结构耦合关系的主动再制造设计方法［J］. 中国机械工程，2018，29（21）：2521-2526；2538.

［12］李新宇. 基于智能材料的主动拆卸结构设计理论与方法研究［D］. 合肥：合肥工业大学，2008.

［13］冯艳. 基于寿命匹配的主动再制造优化设计方法［D］. 合肥：合肥工业大学，2015.

［14］邰莹莹. 大型离心压缩机叶轮服役映射模型与主动再制造优化设计［D］. 合肥：合肥工业大学，2016.

［15］鄢子超. 机电产品主动再制造寿命匹配方法的研究［D］. 合肥：合肥工业大学，2016.

［16］汪伟. 基于零件结构耦合理论的主动再制造设计［D］. 合肥：合肥工业大学，2017.

第 3 章
———

机电产品状态分析与主动再制造时机预测

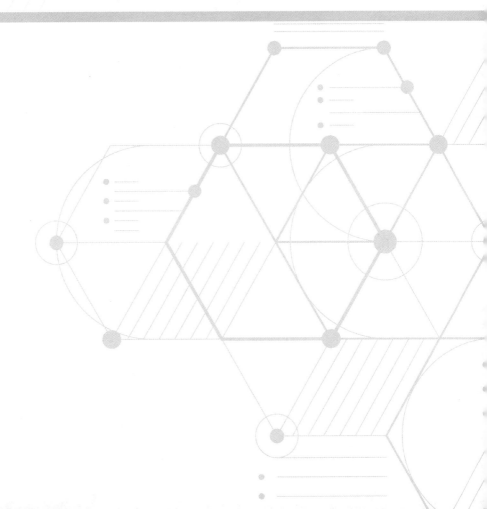

机电产品在服役过程中，其使用时间、使用工况、使用环境的差异性都将导致每台产品的再制造时间点的不同，通过理论计算得到的时间点与实际的再制造时间点有很大的差异，最终造成了再制造毛坯质量的差异性。因此，对机电产品进行状态监测、早期故障分析以及后期状态趋势分析技术进行研究，对实现其主动再制造时机预测至关重要。

3.1 机电产品状态分析概述

机电产品状态分析主要是对机电产品运行状态做实时监测，再通过基于解析模型、基于知识和基于数据分析的状态分析方法获取服役状态信息，最后通过回归分析法、神经网络、支持向量机等方法预测产品主动再制造时机。

3.1.1 机电产品状态分析

机电产品状态分析主要包括状态监测和状态分析。

1. 状态监测

机电产品状态监测的方法主要有不定期监测、巡回监测和连续在线监测。监测模式可分为单机监测、分布式监测和远程监测。纵观国内外状态监测技术的发展，其发展过程可以分为两个阶段。第一阶段是将传感器与动态测试相结合发展的阶段，此阶段主要是研究信号处理等相关方法。这一阶段已将该技术应用于大量的工程技术领域，可以监测到包括力、振动、温度、转速、噪声、光、电、磁等多种信息。第二阶段是信号分析与数值处理技术的发展，由于微型计算机的发展与普及，研究出了各种分析方法，如逻辑分析、状态空间分析、函数分析、统计和模糊分析等。近年来，人工智能技术的不断发展为设备的监测和故障诊断提供了有力的技术支持，同时各种数据处理软件、硬件的出现为后期的信号处理提供了便捷。

2. 状态分析

机电产品状态分析方法可分为基于解析模型的状态分析、基于知识的状态分析和基于数据分析的状态分析等方法。

（1）基于解析模型的状态分析　基于解析模型的状态分析方法又称为解析冗余法，需要已知系统的解析表达式。该方法以系统的数学模型为基础，利用状态观测器、卡尔曼滤波器、参数估计辨识和等价空间状态方程等方法产生残差，根据残差的产生方式可细分为状态观测法、参数估计法和等价关系法等。然后基于某种准则或阈值对残差进行分析与评价，以实现状态和故障诊断机理模型紧密结合，可以方便地实现状态监控、容错控制、故障重构等。然而，对于具有大量影响因素和变量的分布式复杂机电系统来说，这些变量之间只有少数在设计阶段具有确定的解析表达式，在运行阶段它们之间的影响关系复杂，实际应用中很难建立解析表达式。

（2）基于知识的状态分析　基于知识的状态分析方法是以领域专家的启发式经验或模型知识为核心，找到局部故障和系统异常状态之间的因果关系，主要有专家系统、模糊推理、神经网络、符号有向图、故障树和定性趋势分析等方法。这类方法在复杂机电系统状态分析中存在一些困难：主要依赖于系统的先验知识，其有效性依赖于知识的准确度和完整性，实现难度较大；为了实现知识的表达，在建模过程中往往采用系统的静态知识，无法反映系统的动态过程，或者动态过程的知识急速扩大了搜索空间，这需要计算机具有充足的计算和储存能力。

（3）基于数据分析的状态分析　基于数据分析的状态分析方法也称作数据驱动的方法。与前两类方法相比，这类方法对于系统的解析表达式和先验知识没有严格的要求，而是从系统的大量历史数据和实时系统变量间的影响关系获取知识，避免了基于解析模型的方法难以获取系统精确问题，以及基于知识的方法在分析推理过程中的先验知识的获取问题和动态知识的表达问题。基于数据驱动的复杂系统状态分析方法目前已经在化工、冶金、机械、物流等多个行业得到了广泛的应用。

▷▷ 3.1.2　机电产品状态分析与主动再制造时机预测

主动再制造与被动再制造相比，区别之一就是主动再制造具有时机最佳性的特征。产品的性能退化规律决定了其在使用过程中必然存在一个最佳的再制造时间区域，在该区域内进行再制造，恢复原设计功能和性能的技术性和经济性可达到最优。而被动再制造不确定性大、离散度大，难以保证其技术性、经济性等。

机电产品主动再制造的关键之一就是主动再制造时机的确定，主动再制造时机是通过分析产品全生命周期各性能指标随时间的退化规律，建立相关的映射模型来预测产品的主动再制造时机。因此确定主动再制造时机需要对产品的运行状态进行监测和分析。

为实现主动再制造时机预测，还需要针对再制造过程中经常出现的提前或过度使用后再制造情况，分析零部件本身的设计及强度参数，构建机电产品中关键零部件的多项服役状态指标与服役时间的映射关系，判断再制造可行性阈值并建立再制造最佳时机预测模型。同时基于机电产品监测与分析技术，构建服役信号和再制造特征向量的映射模型，实现对机电产品服役时主动再制造时机的有效预测。

3.2 机电产品状态分析方法

机电产品状态分析主要包括在线监测信号分类及获取、在线监测信号特征提取、基于在线监测信息的机电产品服役状态表征三部分内容。

3.2.1 机电产品在线监测方法

设备在线监测以现代科学理论中的系统论、控制论、可靠性理论、失效理论、信息论等为理论基础，以包括传感器在内的仪表设备、计算机、人工智能为技术手段，综合考虑各对象的特殊规律及客观要求，因此它具有现代科技系统先进性、应用性、复杂性和综合性的特征。各类在线监测系统可能由于应用场合和服务对象不同、采用技术的复杂程度不同而呈现较大的差异，但一般都有以下部分：数据采集部分、检测分析与诊断部分、结果输出与报警部分、数据传输与通信部分。

目前，在线监测正向高精度、高速度、高集成度等方向发展。整个系统向高可靠性、智能化、开放化以及与设备融为一体的方向发展，从单纯检测、分析、诊断向主动控制的方向发展；采集器向高精度、高速度、高集成度以及多通道的方向发展；采样方式从等时采样向等角度同步整周期采样的方向发展；通道数量由单通道向多通道的方向发展；信号类型从单一类型向多种类型的方向发展；数据的传输从串行口和并行口通信向网络通信的方向发展；检测系统向对用户友好的方向发展，显示直接化，操作方便化，采用多媒体技术实现大屏幕动态立体显示；分析系统向多功能的方向发展；诊断系统向智能化诊断多种故障的方向发展，由在线采集和离线诊断向在线采集和实时诊断的方向发展；数据存储向大容量的方向发展；存储方式向通用大型数据库的方向发展；诊断与监测的方式向基于 Internet/Intranet 远程诊断与监测的方向发展。

3.2.2 在线监测信号分类及获取

在一般的数据采集应用中，常见的信号可分为模拟信号和数字信号两大类。模拟信号是指幅值可取连续值的信号，而数字信号的幅值只能取离散值，即规定的某些值，一般为高电平或低电平。按照信号所能传递的信息种类进行细分，数字信号可分为开关信号和连续脉冲信号；模拟信号可分为直流信号、时域信号和频域信号。

数据采集是指从系统外部采集数据并进行转换后传输到系统内部的过程，能够提供这一功能的完整系统被称为数据采集系统。对于基于计算机的数据采集系统来说，所采集的数据信号一般为电信号，如电压、电流等，所能处理的信号一般为数字信号，所以需要将外部的模拟量转换为以电信号表示的数字量后交给分析程序处理，这一转换过程称为模拟输入。而有时系统需要向外部提供激励，所以有的数据采集系统也提供模拟输出功能，将内部的数字激励信号转换为模拟输出信号。

数据采集系统由硬件和软件两大部分构成。数据采集系统的硬件部分主要由传感器和变换器、信号调理设备、数据采集设备和计算机四部分构成。

1）传感器和变换器是数据采集系统的"耳目"，其主要功能是将系统外部各种类型的物理量转换为电信号，供数据采集系统进行采集和处理。常见的传感器和变换器见表 3-1。

表 3-1　常见的传感器和变换器

采集对象	传感器或变换器
温度	热电偶、电阻温度探测器、热敏电阻等
光	光电传感器、光导器件等
声	传声器等
力、压力、压强	应变仪、压电传感器等
位置、位移	电位计、光学编码器等
液体流量	流量计
酸碱度	pH 电极

2）信号调理设备能对信号进行放大、滤波、隔离、线性化和比例调节，使信号易于被数据采集设备读取。但如果信号本身已经满足采集要求，则信号调理步骤可以省略。

3）数据采集设备的功能是将数据转换为计算机可以处理的数字信号，并传输到计算机中。目前，根据采集需求和应用场合的不同，数据采集设备已经发展为许多不同类型，最常见的是插入式数据采集卡。

4）数据采集系统所使用计算机的性能将影响整个数据采集系统的运行性能，用户应关注计算机所支持的总线方式、硬盘性能和处理器速度。

基于虚拟软件的数据采集系统的软件部分一般由驱动程序、应用程序编程接口和虚拟仪器开发工具三部分组成。驱动程序提供对底层硬件设备的驱动功能，如 NI-DAQmx、NI-VISA 等；应用程序编程接口将常用的采集步骤封装为一系列 VI 或者子函数供用户使用，用户熟悉应用程序编程接口的使用方法后直接调用即可；而虚拟仪器开发工具，如 LabVIEW、LabWindows/CVI、Measurement Studio 等，作为顶层软件开发平台，可提供强大而灵活的开发功能，方便用户快速搭建数据采集和测量应用程序。

3.2.3　在线监测信号特征提取

信号特征提取方法可以分为时域分析、频域分析和时频域分析三种。

（1）时域分析　时域分析是直接利用时域信号进行分析并给出结果，是最简单、最直接的分析方法，特别是当信号中明显含有简谐成分、周期成分或瞬态脉冲成分时此分析法比较有效。时域分析常用的特征参量有幅值、周期、频率、偏度、峭度、波形因数、脉冲因数、峰值因数等。

（2）频域分析　频域分析是信号分析中常用的一种方法，它借助傅里叶变换将时域信号转换到频域中，然后根据信号的频率分布特征和变化趋势来判断故障类型和故障程度。

频域分析包括频谱分析、倒谱分析和包络分析等，功率谱分析是谱分析中的重要一环。频谱分析中，幅度谱常通过傅里叶变换求得，功率谱可通过幅度谱的平方求得，在对各种动力学过程的分析中，也可以通过相关函数的傅里叶变换求得。功率谱具有更加明显的效果，功率谱图中突出了故障的特征主频率，对于特征频率为高频的振动信号，其作用更加明显。

（3）时频域分析　时频域分析即时频联合域分析的简称，它适合于非平稳信号分析，既能反映信号的频率内容，又能反映该频率内容随时间变化的规律。时频域分析有 Gabor 变换、短时傅里叶变换、双线性时频分析法、小波变换、自适应信号分解法、Hilbert-Huang 时频分析法等。

3.2.4　基于在线监测信息的机电产品服役状态表征

选择合适的信号特征参量是准确表征机电产品服役状态必须解决的问题。选择合理的特征参量需要研究其有效性和相关性。

1. 备选特征参量的有效性

有效性是需要对备选特征参量进行考察的重要特性，简单来说就是使用特殊的评价指标对各种特征参量进行评分，以发现那些描述产品服役状态能力更强的特征。合适的特征评价准则会随着研究对象的不同而不同，例如，针对故障诊断的分类问题而使用的评价准则和设备退化问题的准则就存在差异，而且为了全面评价特征参量，对于评价特征参量有效性的评价准则往往不止一个。例如，滚动轴承的服役状态特征的有效性评价准则是单调性、稳健性和关联性。

（1）单调性　在针对设备退化问题上，一个"好"的特征的所有样本通常被认为是随时间单调不减或单调不增的，如图 3-1 所示。对于所有的 x 和 y，都满足当 $x>y$ 时，$f(x) \geq f(y)$ 或 $f(x) \leq f(y)$。实际工况中的特征数据往往包含复杂信息，单调性极差。为了对这样的特征数据进行单调性分析，必须提前将特征数据分为变化趋势和余量两个部分，其可用公式表示为

$$x(t_k) = x_T(t_k) + x_R(t_k) \tag{3-1}$$

式中，$x(t_k)$ 是特征数据；$x_T(t_k)$ 是变化趋势；$x_R(t_k)$ 是余量。

对特征数据进行单调性分析即是对它的变化趋势进行单调性分析，变化趋势的单调性更好的特征参量会在特征选择过程中更有优势。关于特征参量单调性的评价指标可定义为

$$Mon(x) = \frac{1}{k-1} \left| \sum_k \delta(x_T(t_{k+1}) - x_T(t_k)) - \sum_k \delta(x_T(t_k) - x_T(t_{k+1})) \right|$$

$$\tag{3-2}$$

由于将特征数据分为变化趋势和余量，可先用平滑的方法得到趋势，再计算余量，即

$$x_R(t_k) = x(t_k) - x_T(t_k) \tag{3-3}$$

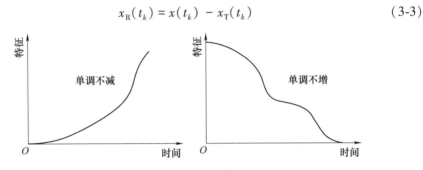

图 3-1　单调退化曲线

（2）稳健性　特征参量的稳健性是指一个特征参量在短时间内保持数据稳定的特性。关于特征参量稳健性的评价指标可定义为

$$Rob(x) = \frac{1}{k} \sum \exp\left(-\left|\frac{x_R t_k}{x t_k}\right|\right) \tag{3-4}$$

（3）关联性　退化状态和特征参量都是随时间变化的参量，特征参量变化趋势 $x_T(t_k)$ 表现出来的性质应该与时间 t_k 有较高的关联度。一般使用 Spearman 相关系数来衡量二者之间的线性关系，其可定义为

$$Corr(x,t) = \frac{\left| k \sum x_T(t_k) t_k - \sum x_T(t_k) \sum t_k \right|}{\sqrt{\left[k \sum x_T(t_k)^2 - \left(\sum x_T(t_k)\right)^2 \right] \left[k \sum t_k^2 - \left(\sum t_k\right)^2 \right]}} \tag{3-5}$$

▶▶ 2. 备选特征参量的相关性

评估特征参量之间的相关性则是考虑到部分优秀的特征参量包含的信息存在很大相似度的可能性，而这些冗余度较高的特征参量不但不能提高表征的精准度，还会增加表征服役状态的计算量。所以在评价完特征参量的有效性后，需对这些"好"的特征参量进行冗余度的评估，计算它们之间的相关性并将冗

余度较高的分离出来。

Pearson 相关系数是计算两个向量之间线性相关性的参数，使用该系数可以有效地发现冗余度高的类似特征参量。Pearson 相关系数数学定义为

$$\rho_{xy} = \frac{\sum_{i=1}^{n} (x_i - \bar{x})(y_i - \bar{y})}{\sqrt{\sum_{i=1}^{n} (x_i - \bar{x})^2} \sqrt{\sum_{i=1}^{n} (y_i - \bar{y})^2}} \tag{3-6}$$

选择合适的信号特征参量后可以基于隐马尔可夫模型、支持向量机、支持向量数据等对机电产品服役状态表征建模。

3.3 机电产品主动再制造时机预测

随着各种检测、在线监测、计算机技术及算法的发展，机电产品的状态预测也同样得到发展。此处对机电产品进行状态预测主要为零部件主动再制造时机预测。目前探讨的技术方法主要为基于疲劳和磨损理论的主动再制造时机预测，相信随着研究的深入和行业发展，机电产品的状态预测会越来越成熟。

3.3.1 基于疲劳累积的主动再制造时机预测

疲劳强度是衡量零部件疲劳性能优劣的重要参数指标。零部件在服役过程中，会承受周期性变化或非周期变化载荷的综合作用。随着零部件服役时间的增加，其内部疲劳损伤将不断累积，导致疲劳强度持续下降，疲劳性能不断退化。以目前的再制造技术，再制造对零部件疲劳损伤的修复效果并不明显，当零部件的剩余疲劳强度无法满足下一个生命周期要求时，零部件不适合再制造。因此，在零部件服役过程中存在一个适合再制造的疲劳损伤临界点，在该临界点需对零部件实施再制造。

对应零部件的 s 种失效形式，具有 s 个强度指标 I_k（$k = 1$, 2, $\cdots$, s）与之对应，对于每一个强度指标 I_k，如图 3-2 所示，定义在设计阶段的强度最大允许损伤量 D_0^k，服役时间 t_1 后的强度损伤量 $D^k(t_1)$，假设零部件在

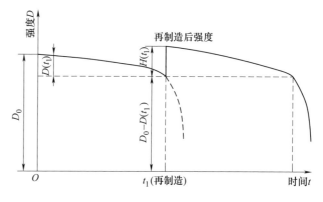

图 3-2　零部件强度随服役时间变化曲线

t_1时刻再制造，再制造能恢复的强度量为$H^k(t_1)$，则再制造后的总强度为$D_0^k -$
$D^k(t_1) + H^k(t_1)$。则可定义表示冗余强度相对大小的量（冗余因子）r_k为

$$r_k = \frac{D_0^k - D^k(t_1) + H^k(t_1)}{D^k(t_1)} \tag{3-7}$$

对于疲劳强度，由于目前再制造技术对疲劳损伤的修复效果不明显，即
$H(t) \approx 0$，由Palmgren-Miner疲劳损伤累积理论，假设服役时间t对应应力循环
n次，则对于等幅加载，n个应力循环造成的疲劳强度损伤量$D(t) = n/N_L$，则
疲劳强度冗余因子r可表示为

$$r = \frac{D_0 - D(t) + H(t)}{D_1} = \frac{N_L - n}{n} \tag{3-8}$$

式中，D_0是在设计阶段零部件的最大疲劳强度允许损伤量；$D(t)$是零部件服役t
时间后的疲劳强度损伤量；$H(t)$是零部件在t时刻再制造能恢复的疲劳强度量；
D_1是零部件每服役一个生命周期的疲劳强度损伤量；N_L是当前载荷下零部件的
疲劳寿命（以应力循环次数表征）；n是时间t对应的应力循环次数。

疲劳强度冗余因子为无量纲量，表征了零部件再制造前后剩余疲劳强度的
相对大小，其值只与零部件设计、服役及再制造阶段的疲劳强度变化有关。疲
劳强度冗余因子越小，表明零部件的剩余疲劳强度和寿命值越低。当疲劳强度
冗余因子小于某个临界阈值时，零部件的剩余疲劳强度和寿命已无法再支撑下
一个生命周期，故已不适合再制造。从零部件设计的角度，只需保证疲劳强度
冗余因子$r \geqslant 1$，零部件的剩余疲劳强度和寿命即可再服役下一个生命周期。但
从设计安全性的角度考虑，r需乘以一个安全系数。根据资料，取安全系数为
1.25，即以$r = 1.25$为疲劳强度冗余因子的再制造临界阈值。

随着疲劳损伤持续累积，
疲劳强度冗余因子不断减小。
疲劳强度冗余因子r随服役时
间t的变化曲线如图3-3所示。
当疲劳强度冗余因子r下降至
1.25时，零部件疲劳损伤达到
再制造临界阈值，此时需要对
零部件实施再制造。疲劳强度
冗余因子临界阈值对应的服役
时间t_1为预测的疲劳主动再制
造时机。

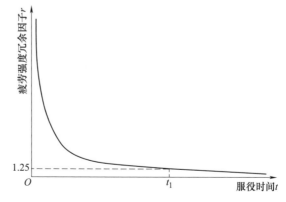

图3-3　疲劳强度冗余因子随服役时间的变化曲线

▶ 3.3.2 基于磨损损伤的主动再制造时机预测

磨损是机电产品的主要失效形式之一。根据某再制造企业对柴油机回转件的失效统计，磨损失效占柴油机失效的 60%~80%。机电产品中的回转件往往安装在轴承之上，轴承的润滑性能是评价轴承工作可靠性的基本依据，而最小油膜厚度是评价轴承润滑性能好坏的重要参数指标。随着回转件磨损量增加，轴承的磨损间隙将变大，导致润滑油泄漏量增加，轴承最小油膜厚度减小。当回转件在一个工作循环中的轴承最小油膜厚度超出某个临界阈值时，该处的润滑油膜将被破坏，从而引起轴承工作状态恶化，回转件轴颈磨损加剧以及轴颈对轴承的碰撞加剧，严重影响轴承的工作可靠性和机电产品的服役性能。因此以轴承最小油膜厚度作为润滑性能的评价指标，以最小油膜厚度达到临界阈值时对应的磨损量作为机电产品回转件的磨损再制造临界损伤阈值，并将该损伤阈值对应的回转件服役时间称为回转件的磨损主动再制造时机。

机电产品回转件在服役过程中一般会经历磨合、稳定磨损、剧烈磨损三个阶段，其磨损量随时间变化的曲线如图 3-4 所示。其中，$[\delta]$ 是轴承最小油膜厚度临界阈值对应的磨损量，即磨损再制造临界损伤阈值；t_2 是回转件的磨损主动再制造时机。

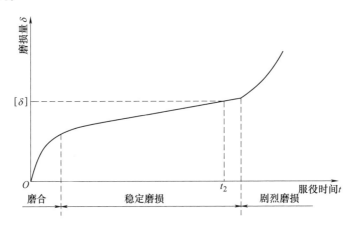

图 3-4　磨损量随时间变化的曲线

为确定轴承的润滑状态，采用膜厚比 λ_m 作为评价指标，其计算公式为

$$\lambda_m = \frac{h_{om}}{\sqrt{\sigma_1^2 + \sigma_2^2}} \qquad (3-9)$$

式中，h_{om} 是轴承润滑油膜厚度；σ_1 是轴瓦表面均方根粗糙度；σ_2 是轴颈表面粗糙度均方根。

根据膜厚比 λ_m 可以区分三种主要的润滑状态，即流体动压润滑（$\lambda_m \geqslant 5$）、混合润滑（$1 \leqslant \lambda_m < 5$）以及边界润滑（$\lambda_m < 1$）。最小油膜厚度对应轴承润滑油膜最容易发生破坏的位置，当最小油膜厚度对应的润滑状态为边界润滑时，因为边界润滑膜是一层很薄的吸附膜或化学反应膜，常会由于接触点处的温度升高等原因导致边界膜破裂，从而使轴颈与轴瓦的表面微凸体直接接触，造成轴颈磨损加剧，轴颈对轴承的碰撞加剧，甚至使接触表面产生胶合，严重影响机电产品的正常运行。因此，以 $\lambda_m = 1$ 时的最小油膜厚度 $[h_{min}]$ 作为临界阈值，即 $[h_{min}] = \sqrt{\sigma_1^2 + \sigma_2^2}$，以确定机电产品回转件的磨损再制造临界损伤阈值，进而确定磨损主动再制造时机。

3.4 柴油机状态监测与主动再制造时机预测

柴油机在工程中运用非常广泛，是现役机电产品中重要的动力装置之一。其结构复杂、布置紧凑，所处工作环境差，同时内部关键零部件较多，因此在服役过程中极易出现故障，其运行状态的好坏，将直接影响整套设备的运转。所以，在柴油机的服役过程中有必要对其运行状态进行有效监测，以及时掌握关键零部件服役状态以及整机性能状态，并对其维修和再制造的时机进行预测。

3.4.1 柴油机状态监测系统

对服役过程中的柴油机运行状态进行有效监测与预测需构建柴油机监测系统，通过监测系统准确获取柴油机关键件（如曲轴等）在不同退化状态下的工作参数。柴油机曲轴磨损导致的连杆轴瓦与曲轴轴颈间的配合间隙增大，使其在相对运转时的碰撞次数增多，其外在的表现为机体的振动、曲轴轴心轨迹的变化、油耗的增加等。为了能准确掌握因磨损导致柴油机性能的变化特征，需要了解任意时刻下柴油机的转速、输出转矩、输出功率、机体振动、曲轴轴心轨迹、活塞缸内气体的压力以及整机的耗油率等性能参数。

为准确获取某一型号柴油机在不同状态下的工作状态参数，需要搭建柴油机监测试验台架。试验台的模拟负载为磁粉测功机，柴油机的输出轴通过带轮与测功机的输入轴连接。在磁粉测功机内部有力传感器和转速传感器，控制器上有励磁电流旋钮用来调节测功机的磁滞力大小，磁滞力作用于测功机输入轴上等效于负载转矩。在设定的模拟工况下，测功机控制器的显示器屏幕上可以实时显示柴油机的转速、负载转矩和输出功率等参数信息。其中柴油机工况调节是通过改变供油油门开口大小以及磁粉测功机的励磁电流实现的。磁粉测功机在使用过程中会产生大量的热量，冷水机的作用是对测功机进行循环冷却。柴油机试验台架的整体结构如图 3-5 所示。

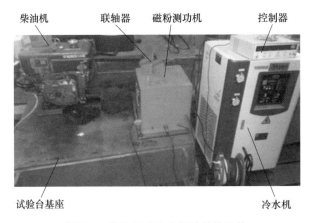

柴油机　　联轴器　　磁粉测功机　　　控制器

试验台基座　　　　　　　　　　　　　　冷水机

图 3-5　柴油机试验台架的整体结构

　　在搭建的试验台的基础上，添加了对柴油机性能变化的监测装置，包括柴油机机体的振动监测，曲轴轴心轨迹监测等。柴油机服役状态在线监测方法如图 3-6 所示。

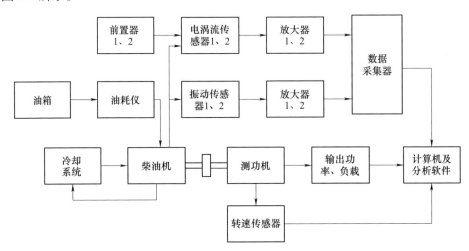

图 3-6　柴油机服役状态在线监测方法

3.4.2　柴油机状态特征信号

柴油机特征信号主要包括振动信号和轴心轨迹信号。

1. 振动信号监测

　　振动信号监测方案是同时对被监测物体的 x 轴、y 轴、z 轴三个方向的振动情况进行在线监测。在实际的振动信号监测中，敏感部位的选择直接影响采集信号的精准性，所以采用三个加速度传感器对曲轴的磨损特征进行监测，其安装位置分别是柴油机机体上部、机体的侧面以及轴承端盖的上部，以完成对该三个部位的振动强度特征的实时监测。

2. 轴心轨迹信号监测

曲轴的轴心轨迹信号可通过两个涡流传感器监测。两个涡流传感器呈90°位置放置，每个传感器可把曲轴表面到传感器的距离转变成电压信号，再经过放大器对信号进行放大之后输出，两个传感器的信号进行合成后可得出曲轴的轴心轨迹。涡流传感器的安装位置如图3-7所示。

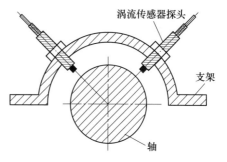

图 3-7　涡流传感器的安装位置

3.4.3　基于振动特征信号的柴油机磨损状态监测

曲轴在运转过程中，既要承受活塞往复运动的惯性力，还要承受高速旋转时产生的离心力，同时运转时轴颈接触表面的滑动速度约20m/s，润滑油的油温高达100℃，最高时能达到150℃，且黏度较低。曲轴轴颈磨损后，润滑油膜遭到破坏，轴颈与连杆的撞击程度加剧，不仅会加速轴颈的磨损，同时也会加大对整机的冲击力。基于连杆轴颈在运转过程中使用环境恶劣，润滑差、负荷大等特点，导致连杆轴颈的磨损比主轴颈要严重，对机体振动影响更为严重，所以监测时主要考虑连杆轴颈处的磨损。

1. 振动信号的采集

试验时，采集频率为20kHz，柴油机转速为2400r/min，负载为12N·m。在曲轴连杆轴颈磨损量 e 为 0mm、0.09mm、0.18mm、0.27mm、0.36mm 和 0.45mm 6 组磨损状态下，共采集了 18 组试验数据，每组截取 2048 个采样点，分析不同磨损量下柴油机振动情况。在每组试验中，分别采集了 3 个不同位置处的振动信号，分别为轴承端盖上部的传感器（测点 1）、柴油机机体上部的传感器（测点 2）、机体侧面的传感器（测点 3）。不同位置对磨损的反应程度有很大的差异性，要找出能准确反映柴油机机体特性的敏感位置，需要对采集的信号进行相关处理，分析出最佳的监测点位置。

2. 振动信号的降噪处理

经过分析对比，采用"dB4"小波基，4 层小波包分解，运用全局阈值进行降噪时降噪效果可以达到最佳。图 3-8 所示为曲轴轴颈不同磨损量下的原始振动波形和降噪波形。从图中可以看出采用小波包降噪的效果较明显，能有效地滤除杂波及高频的噪声信号，将信号中有用的部分从原始的振动波形中分离出来。

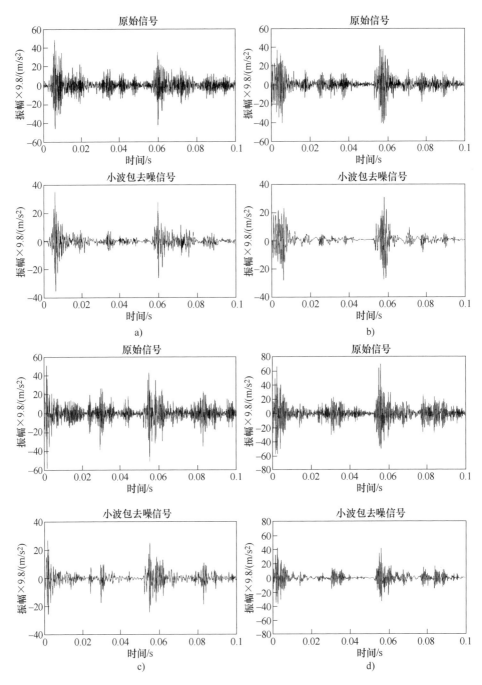

图 3-8 曲轴轴颈不同磨损量下的原始振动波形和降噪波形

a) $e=0.00mm$ b) $e=0.09mm$ c) $e=0.18mm$ d) $e=0.27mm$

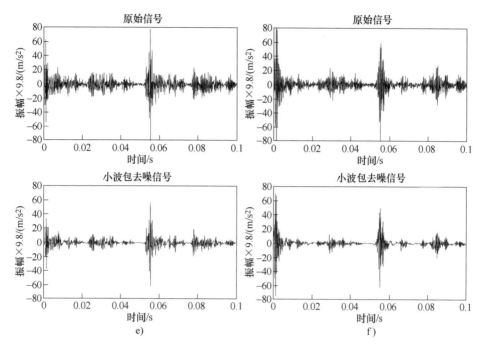

图 3-8 曲轴轴颈不同磨损量下的原始振动波形和降噪波形（续）

e）$e=0.36$mm f）$e=0.45$mm

通过对比降噪前后的波形图，在磨损量为 0.18mm 时，其振动幅值较无磨损时有明显提高；在磨损到 0.45mm 时，其幅值提高更明显。幅值较明显的增长表明测点处对连杆轴颈磨损导致的振动较敏感，同时表明随着曲轴轴颈磨损量的增加，其振动信号的幅值会明显增大。这说明了随着轴颈磨损量的加剧，连杆与曲轴间的配合间隙不断增大，其相互间的碰撞不断增强。机体振动强度的不断增大是柴油机内部曲轴连杆轴颈与连杆间碰撞强度增强的外在特性表现。

⟫ **3. 振动信号分析**

在机体振动信号中包含了大量反映柴油机机体特性的有用信号，其中时域特性可通过均值、均方根、方差、峰峰值、峭度和裕度等指标表示，而在频域中对信号分解频带的能量特性提取，可以直观地表示出柴油机工作状态的变化情况。为量化识别出各频带内振动信号能量的变化，选取小波包分解各节点内信号幅值的平方和作为能量的量化值，对于任意节点 $w_{(m, n)}$ 的能量表示为

$$E_v = \int |w_{(m,n)}(k)|^2 \mathrm{d}t = \sum_{k=1}^{l} |x_k|^2 \tag{3-10}$$

式中，m 是小波包分解的层数；n 是任意节点数；l 是节点内样本数据的长度；k

是样本内的任意点。

将各节点的能量进行归一化处理，其计算式为

$$S_{\mathrm{v}}(m,n) = \frac{E_{\mathrm{v}}(m,n)}{E_{\mathrm{v}}(m,0) + E_{\mathrm{v}}(m,1) + \cdots + E_{\mathrm{v}}(m,2^{m}-1)} \tag{3-11}$$

归一化的小波包分解系数能量向量为

$$\boldsymbol{T}_{\mathrm{v}} = [S_{\mathrm{v}}(m,0),S_{\mathrm{v}}(m,1),S_{\mathrm{v}}(m,2),\cdots,S_{\mathrm{v}}(m,2^{m}-1)] \tag{3-12}$$

降噪后的振动信号在 0~5kHz 频带上的功率谱如图 3-9 所示。

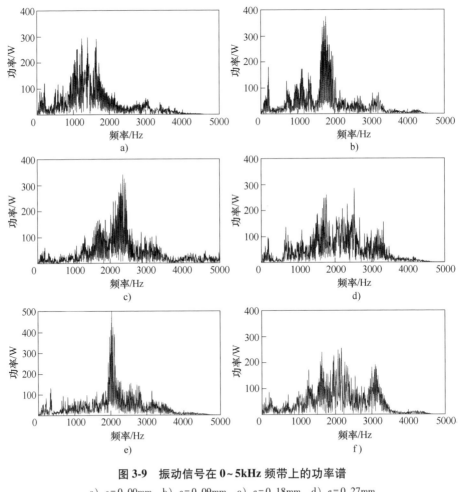

图 3-9　振动信号在 0~5kHz 频带上的功率谱

a) $e = 0.00\mathrm{mm}$　b) $e = 0.09\mathrm{mm}$　c) $e = 0.18\mathrm{mm}$　d) $e = 0.27\mathrm{mm}$

e) $e = 0.36\mathrm{mm}$　f) $e = 0.45\mathrm{mm}$

在无磨损时，振动信号的能量多集中在 1~1.7kHz 的频带上，相比磨损到 0.18mm 时，其振动信号的能量向高频移动，主要集中在 1.7~2.3kHz 的频带

上，低频信号的能量明显降低；当磨损到 0.45mm 时，可较明显地比较出能量逐渐由低频带向中高频带 2.0~3.0kHz 上转移。因此通过分析图 3-8 和图 3-9 可知，随着曲轴磨损程度的恶化，振动信号在时域上幅值逐渐增大，在频域上能量逐渐由低频向中高频的频带上移动。

为进一步量化振动信号在频域上能量的变化情况，得出其主要节点频带能量分布，如图 3-10 所示。其中每一个小波包节点频带宽度为 625Hz，根据小波包重构节点与频带分布的关系，节点（4，0）、（4，1）、…、（4，7）所表示的

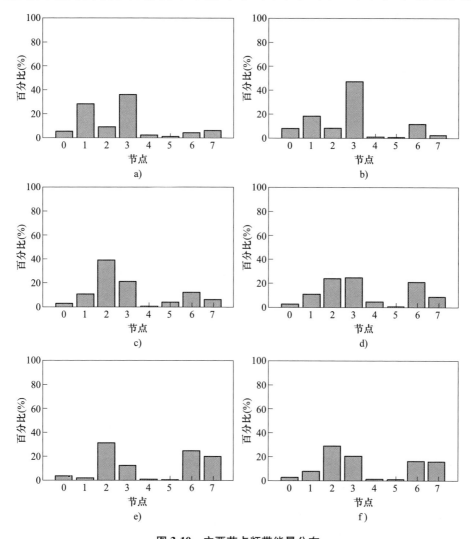

图 3-10　主要节点频带能量分布

a)、b) $e=0.09$mm　c) $e=0.18$mm　d) $e=0.27$mm　e) $e=0.36$mm　f) $e=0.45$mm

频带分别为（0，625）、（625，1250）、（1876，2500）、（1250，1876）、（3750，4375）、（4375，5000）、（3125，3750）、（2500，3125）。由柱状图的变化情况知，在曲轴轴颈磨损量较低时，低频节点（4，1）、（4，3）所占的能量较高，随着磨损量的增加，其所占的百分比逐渐降低，中低频节点（4，2）所占能量先增加再降低，中高频节点（4，6）、（4，7）所占的能量逐渐增大。通过对比小波包节点的能量分布图可知磨损对振动信号的影响，同时间接地说明了磨损对整机性能的影响。

3.4.4 基于轴心轨迹信号的柴油机磨损状态监测

旋转机械的轴心轨迹特征可以很直观地表征出其服役性能特征，在轨迹内包含很多重要的信息。主要表现在当因磨损导致配合间隙变大时，转子和轴承间的碰撞便会加剧，轴心轨迹就会发生较大的偏移。所以轴心轨迹特性的变化可作为表征曲轴失效的重要信号，以反映曲轴的服役状态。

1. 轴心轨迹信号的采集

通过两个互成 90° 的涡流传感器，监测曲轴在径向两处的位移变化。试验时，采集频率为 10kHz，柴油机转速为 2400r/min，负载为 12N·m，在曲轴连杆轴颈磨损量 e 为 0mm、0.09mm、0.27mm 和 0.36mm 4 组磨损状态下，共采集了 4 组试验数据，每组截取 512 个采样点，分析不同磨损量下柴油机曲轴轴心轨迹变化特性。

2. 轴心轨迹信号的降噪处理

四冲程柴油机完整的做功周期为 2 周，重构的 Hankel 矩阵行数 m 取 6、7、8、9、10、15，降噪处理需要分析其分解后的奇异值分布。在各组分析数据中，当 $m \geq 8$ 时，奇异值的变化相对较小，基本呈稳定变化的趋势；当 $m=8$ 时，前 3 个奇异值分量之和已经占整体分量和的 96% 以上。综合考虑对各组数据降噪的效果，取 $m=8$ 为轴心轨迹信号重构子矩阵的行数，则当 $m=8$ 时，各组数据前 2 个奇异值的能量与总体能量之比达到 98%，表明前 2 个的能量包含了信号的主体信息。根据前 k 次奇异值能量占优原则，取 $k=2$ 为奇异值分解的有效阶次，余下的奇异值置零，完成轨迹的降噪处理。图 3-11 所示为不同磨损状态降噪后的轴心轨迹。

3. 轴心轨迹特性分析

由图 3-11 可知，在曲轴连杆轴颈磨损量较小时，其轨迹形状类似于椭圆形，轨迹的中心约位于零点，且轨迹形状较规则，而随着曲轴磨损量的增加，轨迹向零点靠近且轨迹形状无规律可寻，同时曲轴轨迹的曲率半径不断减小。这是因为随着磨损量的增加，配合间隙增大，在柴油机的实际运转中，连杆与曲轴

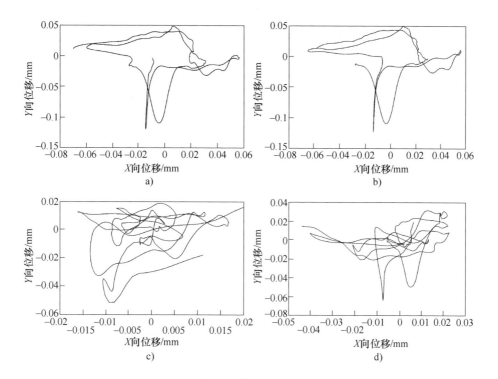

图 3-11 不同磨损状态降噪后的轴心轨迹

a）$e=0$mm　b）$e=0.09$mm　c）$e=0.27$mm　d）$e=0.36$mm

间的撞击力、撞击强度和撞击次数都进一步加大。撞击强度的增大在一定程度上增大了曲率半径，但由于撞击次数的增加，前一次撞击效果还未完全得到释放，又会再次受到撞击作用。由于每次撞击的位置不同、撞击频率的增大，最终随着磨损程度的加剧导致轨迹曲率半径的减小。由于冲击的作用，影响了曲轴的轴心轨迹，使其由椭圆形向密集型变化。可以通过提取轴心轨迹内的特征实现对曲轴磨损量的识别。

3.4.5　基于振动特征信号的柴油机主动再制造时机预测

在柴油机振动信号中包含了表征整机性能和曲轴磨损的大量特征，如轴承故障、曲轴磨损、缸套磨损、配气机构故障等。选择曲轴磨损量为变化参数，对振动信号的特征进行提取，可以建立曲轴磨损量与柴油机振动信号特征间的映射关系，得到曲轴连杆轴颈在任一磨损量下的柴油机机体振动的特征，通过拟合得到表征曲轴磨损的机体振动性能特征曲线，再利用曲轴再制造性分析方法，实现对柴油机曲轴毛坯的主动再制造时机预测。

第 **3** 章　机电产品状态分析与主动再制造时机预测

89

▶▶ 1. 机体振动加速度信号特征提取

将小波包降噪后得到的信号再进行小波包分析，并进行 m 层离散小波包分解，可构建特征矩阵 $\boldsymbol{A}_F$，其表达式为

$$\boldsymbol{A}_F = \begin{pmatrix} a_{0,1} & a_{0,2} & \cdots & a_{0,n} \\ a_{1,1} & a_{1,2} & \cdots & a_{1,n} \\ \vdots & \vdots & & \vdots \\ a_{m,1} & a_{m,2} & \cdots & a_{m,n} \end{pmatrix} \tag{3-13}$$

式中，n 是原始信号的采样点数。

为提高信号分析的精确度，层数 m 取值越大，频率分辨率越高，但同时增加了计算量，故 m 应按实际分析情况进行选择。

对矩阵 $\boldsymbol{A}_F$ 进行奇异值分解，可得到一组奇异值，而该组奇异值可以作为表征该信号的一组特征。因为矩阵 $\boldsymbol{A}_F$ 可表征信号的本质特征，而奇异值大小又可唯一地表现小波包系数重构信号矩阵的特征，所以奇异值可用来表示信号的变化情况。设特征参数为 k_1、k_2 和 k_3，通过特征参数可表征零部件磨损状态的变化，即

$$k_1 = \max(x) = \max(\delta_1, \delta_2, \cdots, \delta_r) \tag{3-14}$$

$$k_2 = \min(x) = \min(\delta_1, \delta_2, \cdots, \delta_r) \tag{3-15}$$

$$k_3 = \bar{x} = \frac{(\delta_1 + \delta_2 + \cdots + \delta_r)}{r} \tag{3-16}$$

▶▶ 2. 基于振动特征的主动再制造时机预测

振动信号经小波包分析、重构系数后，可构造小波包重构系数的特征矩阵为

$$\boldsymbol{A}_F = \begin{pmatrix} a(4,0) \\ a(4,1) \\ \vdots \\ a(4,15) \end{pmatrix} \tag{3-17}$$

由奇异值分解后得到振动信号特征参量，柴油机在设定的工况下，随着曲轴轴颈磨损量的增大，特征参量 k_1、k_2、k_3 都明显增大。其中 k_3 对柴油机运行状态的变化最为敏感。根据前文分析的振动信号频谱分布可知，特征参量的变化与振动信号能量频带变化有一致的对应关系，即随着柴油机曲轴轴颈磨损量的增加，振动信号的能量逐渐由低频带向中高频带上转移。特征参量 k_1、k_2 和 k_3 能够很好地反映出柴油机运行状态的变化特征，进而识别出柴油机曲轴轴颈的磨损状况。所以通过在线监测敏感部位的振动特征，可建立柴油机曲轴轴颈磨损量与特征参量的映射关系，利用特征参量能够准确地识别出曲轴轴颈的磨损

量大小。

利用曲轴的再制造性分析方法，当监测到该类柴油机产品的特征参量小于该特征量的临界值时，该产品未达到再制造要求可继续使用；当监测到特征参量接近或达到该特征量的临界值时，该产品需要进行再制造修复；当监测到特征参量超出该特征量的临界值时，即此时的再制造价值降低，该产品需进行退役回收处理。利用该映射关系，同时可以了解在任意时刻下的曲轴磨损失效情况，为曲轴的故障分析提供判断依据。当多个关键零部件都达到再制造时机时，通过关键零部件对性能影响的比重，确定柴油机的再制造时机。

▶ 3.4.6 基于轴心轨迹信号的柴油机主动再制造时机预测

在柴油机轴心轨迹信号中同样包含了表征整机性能和曲轴磨损的大量特征，但主要表现在曲轴的磨损与轴承的故障等方面。以曲轴磨损量为变化参量，对轴心轨迹信号进行特征提取，建立曲轴磨损量与轴心轨迹信号特征间的映射关系，可以得到曲轴连杆轴颈任一磨损量下的柴油机曲轴轴心轨迹的特征。利用得到的特征曲线与柴油机曲轴再制造性分析方法，可以判断出曲轴的最佳再制造时间点，实现对再制造曲轴毛坯质量的控制，解决再制造工艺中的复杂性与不确定性问题。

▶ 1. 轴心轨迹不变矩特征提取

曲轴的磨损对表征其运行状态的轴心轨迹形状有显著的影响，通过计算轨迹真实边缘的不变矩特征值，再配合先进的模式识别技术实现对磨损量的定量化识别。因此，不变矩特征值可以作为量化识别轴心轨迹变化的特征参量。

轨迹边缘提取后的图像区域 $f(x, y)$ 在平面上的 $(p+q)$ 阶矩为

原点矩 m_{pq} 为

$$m_{pq} = \iint_{\Omega} x^p y^q f(x,y) \, \mathrm{d}x \mathrm{d}y \tag{3-18}$$

中心矩 μ_{pq} 为

$$\mu_{pq} = \iint_{\Omega} (x - x_c)^p (y - y_c)^q f(x,y) \, \mathrm{d}x \mathrm{d}y \tag{3-19}$$

式中，Ω 是轴心轨迹边缘区域；x_c、y_c 为图像中心，$x_c = m_{10}/m_{00}$，$y_c = m_{01}/m_{00}$。

为确保中心矩相对于图像尺寸变化的不变性，可对中心矩归一化处理，$(p + q)$ 阶归一化的中心矩 η_{pq} 的计算式为

$$\eta_{pq} = \frac{\mu_{pq}}{\mu_{00}^{[1+(p+q)/2]}} = \frac{\mu_{pq}}{m_{00}^{[1+(p+q)/2]}} \tag{3-20}$$

由式（3-20）可得到 7 个不变矩：

$$
\begin{cases}
\phi_1 = \eta_{20} + \eta_{02} \\
\phi_2 = (\eta_{20} - \eta_{02})^2 + 4\eta_{11}^2 \\
\phi_3 = (\eta_{30} - 3\eta_{12})^2 + (\eta_{03} - 3\eta_{21})^2 \\
\phi_4 = (\eta_{30} + \eta_{12})^2 + (\eta_{03} + \eta_{21})^2 \\
\phi_5 = (\eta_{30} - 3\eta_{12})(\eta_{21} + \eta_{03})[(\eta_{30} + \eta_{12})^2 - 3(\eta_{03} + \eta_{21})^2] + (3\eta_{21} - \eta_{03}) \\
\qquad (\eta_{21} + \eta_{03})[3(\eta_{30} + \eta_{12})^2 - (\eta_{03} + \eta_{21})^2] \\
\phi_6 = (\eta_{20} - \eta_{02})[(\eta_{30} + \eta_{12})^2 - (\eta_{03} + \eta_{21})^2] + 4\eta_{11}^2(\eta_{30} + \eta_{12})(\eta_{03} + \eta_{21}) \\
\phi_7 = (3\eta_{21} - \eta_{03})(\eta_{30} + \eta_{12})[(\eta_{30} + \eta_{12})^2 - 3(\eta_{03} + \eta_{21})^2] - (\eta_{30} - 3\eta_{12}) \\
\qquad (\eta_{21} + \eta_{03})[3(\eta_{30} + \eta_{12})^2 - (\eta_{21} - \eta_{03})^2]
\end{cases}
$$

$$\text{(3-21)}$$

由于这 7 个不变矩的数值变化范围较大，为便于处理，利用取对数的处理方法对 7 个不变矩数据进行压缩，其方法为

$$I_k = \log_{10}{}^{|\phi_k|} (k = 1,2,3,\cdots,7) \tag{3-22}$$

由式（3-22）可得到 7 个改进的不变线性矩特征值，可以实现对待识别图像集合到不变线性矩集合的映射，每一磨损状态下轴心轨迹图形均可由唯一的不变矩特征表示，实现对轴心轨迹图形的识别。

⟫ 2. 基于轴心轨迹特征的主动再制造时机预测

基于二阶矩的不变矩对二维物体的描述具有旋转缩放和平移的不变性。不变矩中 I_1 是轴心轨迹发散程度的度量指标，轨迹的发散程度越小，其值相对越小；而 I_2 则是轴心轨迹对称性的度量指标，对称性越好，其值相对越小。I_1 与 I_2 都是由二阶矩组成的，对不变性保持较好，而其余不变矩对图像的识别不敏感，效果不明显。

从轴心轨迹图形中轨迹的变化可以发现，随着曲轴磨损量的增大，其轨迹的对称性逐渐变差，离散程度逐渐降低且相对变得集中，究其原因是间隙的增大加剧了曲轴与连杆间的碰撞。此外，根据研究，随着磨损量的增加，I_1 的数值逐渐减小，I_2 的数值逐渐增大，表明随着曲轴磨损的加剧，其轨迹的变化特征与奇异值大小变化趋势具有一致性，通过 I_1、I_2 与磨损量之间的变化规律，可构建磨损量与奇异值之间的映射关系。

由主动再制造理论可知，曲轴在服役期存在一个最佳的再制造时刻，该时刻对应一确定的磨损量，即可计算相应磨损量下的 I_1，I_2。当监测到某时刻的特征值达到或接近该值时，即可预测曲轴已达到了再制造的要求，此时进行再制造综合价值最大。

参 考 文 献

[1] 宋守许, 刘明, 柯庆镝, 等. 基于强度冗余的零部件再制造优化设计方法 [J]. 机械工程学报, 2013, 49 (9): 121-127.

[2] 刘光复, 刘涛, 柯庆镝, 等. 基于博弈论及神经网络的主动再制造时间区域抉择方法研究 [J]. 机械工程学报, 2013, 49 (7): 29-35.

[3] 柯庆镝, 王辉, 刘光复, 等. 基于性能参数的主动再制造时机分析方法 [J]. 中国机械工程, 2016, 27 (14): 1899-1904.

[4] 王玉琳, 胡锦强, 柯庆镝, 等. 基于轴心轨迹特征的发动机曲轴再制造性分析方法 [J]. 中国机械工程, 2017, 28 (13): 1601-1607.

[5] 王庆锋, 高金吉, 李中, 等. 机电设备在役再制造工程理论研究及应用 [J]. 机械工程学报, 2018, 54 (22): 1-7.

[6] 王金龙, 张元良, 赵清晨, 等. 再制造毛坯疲劳损伤临界阈值及可再制造性判断研究 [J]. 机械工程学报, 2017, 53 (5): 41-49.

[7] 高晨辉. 柴油机在线监测与主动再制造时机预测模型 [D]. 合肥: 合肥工业大学, 2016.

[8] 周洁. 柴油机曲轴主动再制造特征参数分析方法 [D]. 合肥: 合肥工业大学, 2016.

[9] 王辉. 基于服役性能的主动再制造时域决策方法 [D]. 合肥: 合肥工业大学, 2017.

[10] 胡锦强. 基于在线监测的柴油机曲轴主动再制造时机抉择方法研究 [D]. 合肥: 合肥工业大学, 2017.

[11] 范虹. 非平稳信号特征提取方法及其应用 [M]. 北京: 科学出版社, 2013.

第 4 章
———

机电产品主动再制造时机抉择

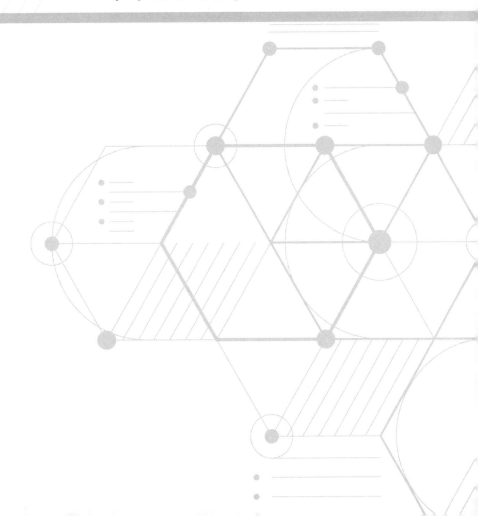

　　主动再制造时机抉择是主动再制造工程面临的关键问题，也是主动再制造的重点和难点。合理地确定主动再制造时间区域，开展主动再制造，可以避免"过度使用"和"提前再制造"情况的发生，从而降低资源、能源消耗，减小环境负荷，提高再制造的综合效益。

4.1　主动再制造时机抉择概述

▶▶ 4.1.1　主动再制造时机抉择指标

　　机电产品在服役过程中，产品主动再制造的时域和时机如图4-1所示。再制造时域 R 是在产品性能出现急剧退化点（IP）到完全失去可再制造价值点（TP）之间的时间区域，现阶段的再制造过程大多位于该区域。在产品性能退化拐点（IP）处实施再制造，不仅可以有效解决毛坯质量的不确定性，还可实现对产品的经济投入、技术要求以及环境排放等的综合最佳，再制造修复后产品性能可以达到或者超过新品，从而最大化地利用产品中的剩余价值。

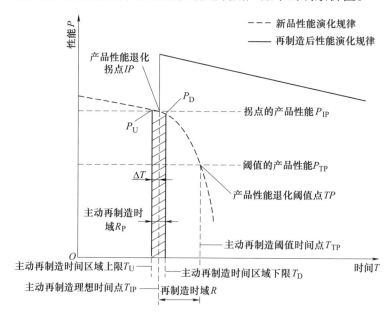

图 4-1　产品主动再制造的时域和时机

　　在确定对具有再制造价值的产品进行再制造时，如何合理选择产品主动再制造时间区域，避免出现提前再制造和过度使用后再制造的现象，需要从不同的角度（产品的使用能耗、经济成本、环境友好等方面）出发，也需要考虑产品的服役状况、使用周期、使用频率等实际工作状况，确定具体的再制造时间区域。

▶ 1. 主动再制造理想时间点 T_{IP}

由图 4-1 可知，拐点的产品性能 P_{IP} 对应的时间点 T_{IP} 即为产品的主动再制造理想时间点 T_{IP}。产品服役时，在其主要性能开始急剧劣化的时刻，对其进行再制造以恢复原始设计功能和性能，此时的技术性、经济性通常最优。一般要得到产品的主动再制造最佳时机，可通过确定产品全生命周期内各项性能指标的年均值作为度量，主要考虑的是能耗和环境以及产品的总服役时间，并将它们作为评价优化指标，最后根据产品零部件的年均能耗和平均环境因子的函数关系式来确定最终的理想时间点。

▶ 2. 主动再制造时间区域上限 T_U

产品性能退化拐点 IP 所对应的时间点为主动再制造的理想时间点，可以在此时刻对产品进行再制造。但机电产品是一个复杂的系统，由于其服役环境的多样性，很难保证其都在理想时间点进行再制造。如果在理想时间点两侧的 $[-\Delta T，+\Delta T]$ 时间区域内进行产品再制造，应该能够满足技术性、经济性的最优化。那么可以定义主动再制造的时间区域上限 T_U 为 $T_{IP}-\Delta T$，此时对应的产品的服役性能为 P_U。由于产品的服役性能并未到劣化的程度，如果在时间上限 T_U 之前再制造，即提前再制造，会造成产品在全生命周期内的技术、经济、环境等综合评价指标达不到最优状态，导致再制造产品在资源和能源上的浪费，其关系可表示为

$$t < T_U \rightarrow P(t) > P_U , \varphi_U(P(t)) > \max\varphi_U \tag{4-1}$$

式中，φ_U 是产品性能上限的评价指标函数（如产品服役过程中的能耗、再制造成本、环境性因素等）；$\max\varphi_U$ 是产品性能上限的极值。

▶ 3. 主动再制造时间区域下限 T_D

与主动再制造时间区域上限定义类似，可以定义主动再制造的时间区域下限 T_D 为 $T_{IP}+\Delta T$，对应的产品的服役性能为 P_D。此时产品的各项性能指标会随着使用时间 ΔT 的增加而急剧劣化，因此对于不同的产品进行主动再制造，ΔT 应有一个合理的取值。

如果产品的再制造时间点在 T_D 之后，由于产品中的零部件过度磨损、疲劳等，使得再制造的技术难度加大以及再制造成本急剧增加，产品丧失了主动再制造的价值，即过度使用现象，其关系可表示为

$$t > T_D \rightarrow P(t) < P_D , \varphi_D(P(t)) < \min\varphi_D \tag{4-2}$$

式中，φ_D 是产品性能下限的评价指标函数（如产品的结构功能失效、再制造经济性、环境性因素等）；$\min\varphi_D$ 是产品性能下限的极值。

▶ 4. 主动再制造时域 R_P

根据主动再制造时域上下限，定义主动再制造理想时间点 T_{IP} 前后的 $[-\Delta T, +\Delta T]$ 时间区域为产品的主动再制造时域 R_P。

在产品实际的服役过程中，并不能严格按照理想主动再制造时间点进行主动再制造修复，特别是一些大型工程设备，而是在理想时间点 T_{IP} 前后的一定范围内浮动。因此，合理的主动再制造时域，可使再制造工程活动满足产品的技术经济性要求，也给用户提供一定的再制造时间区域选择，从而更好地满足用户的实际需求。

▶ 5. 主动再制造阈值时间点 T_{TP}

由图 4-1 可知，定义产品性能退化阈值点 TP 所对应的时间点为主动再制造阈值时间点 T_{TP}，该点表示产品性能指标已经退化至极点，在目前技术条件下已经丧失了再制造价值，也是再制造的阈值时间点。

▶ 4.1.2　主动再制造时机抉择方法

主动再制造时机抉择的基本思路是首先建立整机主要性能参数 $(P_1, P_2, \cdots, P_m)$ 与服役时间 t 之间的映射关系 $P_1(t), P_2(t), \cdots, P_m(t)$，并由性能失效阈值得出临界服役时间 t_0，然后分析 t_0 时刻关键零部件 C 的再制造性。如果 t_0 时刻关键零部件适合再制造，那么 t_0 即可作为产品的主动再制造时机；若 t_0 时刻关键零部件不适合再制造，则需进一步分析关键零部件的再制造临界点 T_0。$T_0 \leq t_0$ 既可保证关键零部件适合再制造，又可保证整机性能未达到失效阈值，则可选择 T_0 为主动再制造时机。

对于不同的性能参数，其性能失效阈值不同，需要根据产品实际运行的性能要求确定，例如对于发动机，有功率、转矩、油耗等不同要求；关键零部件的再制造性需要综合评估其失效状态，而评价指标包括零部件的物理尺寸、残余应力、内部损伤等。产品的整机性能通过 m 个主要性能参数 $P_1, P_2, \cdots, P_m$ 来体现，如输出功率、输出转矩等，随着服役时间 t 的增大，整机性能逐渐降低，由统计数据可以得出各性能参数与服役时间之间的关系 $P_i(t)$，$i = 1, 2, 3, \cdots, m$。对于每个性能参数，通常分别规定一个失效阈值，而各性能参数达到失效阈值的服役时间分别为 $t_1, t_2, \cdots, t_m$。只要其中一个性能参数达到失效阈值就认为整机性能失效，取此时的服役时间为整机临界服役时间 t_0，即 $t_0 = \min(t_1, t_2, \cdots, t_m)$。产品的整机性能失效时间 t_0 一般可作为其被动再制造时机，是主动再制造时机选择的基准，也是对主动再制造时机的初步预估，其并不一定通过准确的函数关系得到，也可以根据实际服役经验或统计信息获得。

以上是从整机服役性能的角度进行产品主动再制造时机抉择，而机电产品种类繁多，型号多样，服役环境差异大，导致真正进行再制造时机抉择非常困难。目前研究探索的方法主要有三种：一是生命周期评价法，即从产品制造、服役、回收再制造以及再服役等阶段分别计算其环境影响和经济影响，再进行分析计算得出产品的再制造最佳时机；二是性能分析法，即分析产品或关键零部件的服役性能，进行多因素综合决策，以确定产品再制造时机；三是监测分析法，即应用在线监测获得产品服役状态信息，提取关键特征参数，建立零部件失效状态模型，以确定再制造时机。

4.2 基于生命周期评价的主动再制造时机抉择

基于生命周期评价的主动再制造时机抉择方法包括生命周期评价（Life Cycle Assessment，LCA）和生命周期成本分析（Life Cycle Cost Analysis，LCC）两部分。

4.2.1 生命周期评价方法

生命周期评价是指对产品整个生命周期内（矿石冶炼、原材料获取、产品设计、加工制造、运输、销售、服役、回收、报废和循环利用）的能耗与物耗以及排放的废弃物等进行识别和定量分析计算，以达到环境影响最优目标的一系列过程。生命周期评价是一个研究产品对环境影响的工具，可以对生态环境影响做出定量的评估，还能对整个生产过程中涉及的环境因素进行分析和评价。

LCA 被定义为对一个产品在整个生命周期内的输入、输出及环境影响做出的汇编及评价。整个评价过程被分为四步，分别是目标与范围定义、清单分析、影响评价和结果解释。LCA 的流程如图 4-2 所示。

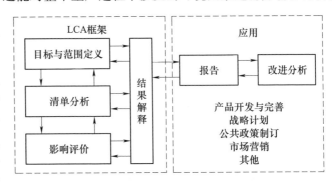

图 4-2 LCA 的流程

1. 目标与范围定义

目标与范围定义是整个 LCA 的开始阶段，也是整个 LCA 过程的出发点和立足点，决定了整个过程的可操作性以及结果的准确性和可应用性。在此阶段需要明确整个评价工作的背景、意义和目标；提出研究的系统边界及假设条件；同时，需要定义整个评价工作的功能单元。在此阶段，还需明确该评价工作所选用的研究方法。

2. 清单分析

清单分析是 LCA 工作中将符合系统边界内的全部输入（资源及能源等）和全部输出（污染排放等）进行量化的步骤，是整个 LCA 工作中发展最为完善的操作步骤。清单分析为整个 LCA 工作中最重要的一部分，其准确程度严重影响和制约着整个 LCA 工作的准确性。这些数据分为实景数据和背景数据两部分。实景数据是指在研究对象的设计制造使用过程中消耗的资源（水、钢铁、石油等）和排放物（如边角料、废气等）的具体数据；背景数据是指单位实景数据对环境的影响，如生产 1t 钢铁所造成的资源消耗及污染物排放数据。实景数据一般由试验人员现场收集，而背景数据一般从现有的数据库中直接调取。

3. 影响评价

在完成清单分析之后便是影响评价，影响评价所依赖的就是清单分析的数据。该步骤对清单分析中具体物质（如 CH_4）数据对具体环境类型（如全球气候变暖、光化学烟雾形成等）的影响程度进行映射，得到不同环境类型的影响程度。目前该步骤尚处于研讨探索阶段。国际上将环境影响类型分为全球气候变暖、水与土壤酸化和富营养化、臭氧空洞、光化学烟雾形成、生态毒性等。每种环境类型的污染物种类和污染权重因子已基本达成一致，并广泛应用于建筑、机械、矿产、医疗等领域。

4. 结果解释

结果解释是对清单分析和影响评价阶段的结果进行识别、判断、检验和评估，是评价工作中重要的一步。其目的主要是对评价对象的环境整体影响有一个总体认知，识别其中较大污染物、环境影响类型，同时对造成这些重大污染的生产阶段进行判断，在敏感性、完整性以及一致性上对数据进行验证，最后得出结论，并向决策者提供必要的改进意见。

4.2.2 生命周期成本分析

LCA 在再制造中具有重要的地位，LCA 可以对机电产品整个服役过程中的能耗和排放进行综合评价，从而确定对环境影响最低的时间点。现在更多的是将 LCA 和 LCC 一起综合考虑。

生命周期成本分析是指贯穿整个生命周期的一种成本分析方法，这其中包括从设计阶段开始，原材料加工、产品制造、服役阶段、报废阶段，甚至是回收、再制造、再服役阶段等的所有费用。LCC 是通过分解产品各个阶段的费用，经整合分析计算来评估产品的经济效益或决策方案修改的指导方针。

根据相关文献，产品生命周期成本可分为研制生产成本 C_s 和使用维护成本

C_u，则产品生命周期成本 C_t 可表示为

$$C_t = C_s + C_u \qquad (4-3)$$

研制生产成本 C_s 和使用维护成本 C_u 的详细内容见表4-1。

表4-1 产品生命周期成本构成

生产周期成本	成本类型	描 述
研制生产成本 C_s	设计成本	市场调查、可行性研究、试验费、专利使用、开发规划费用等
	制造成本	材料费、加工费、装配调试费、包装检验费、库存运输费、管理费等
使用维护成本 C_u	运行使用成本	人工费（培训、工时等）、能源动力费、物料消耗费、环境附加费等
	辅助维护成本	维护人工费、维护能源动力费、辅料费、升级改造费等
	回收、再制造成本	回收物流费、拆解、清洗、检测费、再制造费用等

▶ 4.2.3 主动再制造的系统边界

在进行 LCA 和 LCC 分析前，先要确定主动再制造的系统边界。整个主动再制造过程中，机电产品主动再制造系统边界包括原材料挖掘、机电产品新品制造、使用、回收、再制造、再使用、报废过程，如图4-3所示。

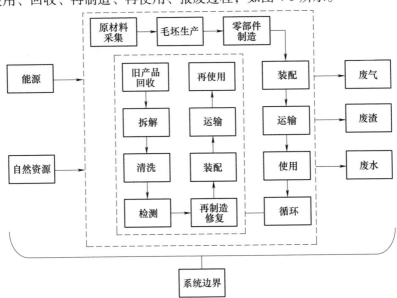

图4-3 机电产品主动再制造系统边界

4.2.4 基于生命周期评价的主动再制造时机抉择

1. 建立 LCA 模型

产品生命周期可分为原始制造、服役、再制造、再服役、报废处理五个阶段，假设所有产品原始制造的环境影响相同，再制造后的产品综合性能不低于原始产品。

产品样本 i 的整个生命周期中排放 j 物质的总数量 Q_{ij} 的计算公式为

$$Q_{ij} = A_j + \int_0^{t_i} f(t)\,\mathrm{d}t + B_{ij} + \int_0^{t_r} f(t)\,\mathrm{d}t + EOL_j \qquad (4\text{-}4)$$

式中，A_j、B_{ij}、$\int_0^{t_i} f(t)\,\mathrm{d}t$、$\int_0^{t_r} f(t)\,\mathrm{d}t$、$EOL_j$ 分别是第 i 个产品样本在其生命周期的五个阶段排放 j 物质的量；t_i、t_r 分别是产品样本 i 原始制造后的服役时间和再制造后的服役时间。

根据产品调研等获得的数据，计算其整个生命周期的能耗、物耗以及环境排放，整合得到生命周期清单。将排放物质按照环境影响类型进行分类并特征化，其分类如下：全球气候变暖（GWP）、水与土壤酸化（AP）、水体富营养化（EP）、资源消耗（$CADP$）及可吸入无机物（RI）。可采用式（4-5）对其进行特征化，即

$$EP_{in} = \sum Q_{ij} \times EF_j \qquad (4\text{-}5)$$

式中，EP_{in} 是第 i 个产品样本的第 n 种环境指标影响潜值；EF_j 是 j 物质的环境影响当量因子。

根据社会接受一定量资源生态环境功能退化而愿意支付的补偿，可以求得

$$WTP_i = \sum (EP_{in} \times EC_n) \qquad (4\text{-}6)$$

式中，WTP_i 是社会愿意对第 i 个样本资源生态环境功能退化支付的总补偿；EC_n 是第 n 种单位环境影响的支付补偿权重因子。

为了使环境影响与经济成本能进行叠加计算，基于社会对环境愿意支付补偿的价格将两者的单位统一，愿意支付补偿价格的转换因子见表 4-2。

表 4-2　愿意支付补偿价格的转换因子

环境影响	权重/元
$CADP$	0.0758
GWP	1.2
AP	14.2
EP	11.2
RI	98.4

⑂ 2. 建立 LCC 模型

产品的 LCC 模型如图 4-4 所示。

计算产品样本 i 整个生命周期内成本记为 C_i，即产品全生命周期的经济影响指标，其计算公式为

$$C_i = C_{om} + C_{oui} + C_t + C_{rmi} + C_{ru} + C_{eol} \tag{4-7}$$

式中，C_{om}、C_{oui}、C_t、C_{rmi}、C_{ru}、C_{eol} 分别是第 i 个产品样本的原始制造阶段的费用、服役阶段的费用、废旧零件回收的费用、再制造阶段的费用、再服役阶段的费用及报废处理阶段的费用。其中，C_t 和 C_{ru} 分别是服役时间 t_i 和 t_r 的函数。

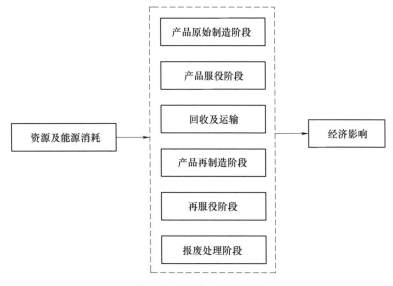

图 4-4 产品的 LCC 模型

⑂ 3. 模型建立及最佳时机求解

为了将经济和环境影响进行整合，将环境影响折算成社会愿意为其资源使用和污染排放而支付的金额，并建立主动再制造最佳时机抉择模型，其计算公式为

$$y(t_i, X_i) = \frac{WTP_i + C_i}{t_i + t_r} \tag{4-8}$$

式中，$y(t_i, X_i)$ 是第 i 个产品样本的总年均环境-经济影响；WTP_i 是社会愿意为第 i 个样本资源生态环境功能退化支付的总补偿；C_i 是第 i 个样本全生命周期经济成本；t_i 是第 i 个样本新品的服役时间；t_r 是再制造品的服役时间。

模型中的大部分初始数据具有随机性，可将其中的数据赋予不同的概率分

布，对其进行蒙特卡罗模拟，得到的模拟结果为在数据不确定条件下的每个样本的年均环境-经济影响，即 $y(t_i, X_i)$。当样本数量达到一定程度，可以利用最小二乘法拟合出曲线。研究表明，所得到的曲线都近似于二次曲线。通过计算其曲线拐点即可得到年均环境-经济影响最小的时机，即为主动再制造最佳时机。

4.2.5 发动机主动再制造时机抉择

对发动机主动再制造最佳时机的抉择，是在各零件新品制造、服役、回收、再制造以及再服役等阶段分别计算其环境影响和经济影响，再用蒙特卡罗模拟分析计算软件分析计算出该型号发动机再制造的最佳时机。

1. 发动机主动再制造系统边界

系统边界是指研究中所有环境影响、经济影响发生的阶段，根据不同的研究目标和精度，系统边界略有不同。发动机主动再制造系统边界包括新品制造阶段、新品的服役阶段、回收阶段、再制造阶段以及再服役阶段，如图 4-3 所示。其中新品制造阶段采用比能耗的计算方法，再制造阶段的数据来自市场调研。

2. 发动机主动再制造环境影响

选取 60 台不同服役时间和磨损情况的 WD615.87 发动机，只考虑曲轴、连杆、缸体、缸盖、齿轮室、飞轮壳六大总成件。发动机总质量为 839.84kg，六大总成质量占发动机总质量的 70%，占比较大，能很好地反映发动机整机的主动再制造时机。

根据发动机整个生命周期各阶段的能耗能否确定或相同，将发动机对环境的影响分为四个阶段，依次为新品制造及回收阶段（WTP_m）、初次服役阶段（WTP_{is}）、再制造阶段（WTP_{irm}）和再服役阶段（WTP_{irs}）。其中 WTP_m 唯一确定并且相同；WTP_{is} 不确定，但个体数据确定；WTP_{irm} 不确定，其数据是三角分布形式并且各不相同；WTP_{irs} 不确定，其再服役时间服从正态分布。发动机样本的环境影响可表示为

$$WTP_i = WTP_m + WTP_{is} + WTP_{irm} + WTP_{irs} \tag{4-9}$$

（1）新品制造及回收阶段　在发动机新品制造阶段，所有同一型号的样本发动机的工艺和路线是相同的，所以新品制造阶段对环境的影响相同。据统计，该型号发动机在回收阶段，平均每台运输过程中消耗柴油 12.64L。

（2）初次服役阶段　随着服役时间的增加，发动机的零件由于磨损产生漏油和漏气的现象，导致发动机平均油耗提高。发动机油耗 $x(L)$ 与服役时间 t 积

分曲线经拟合为

$$x(L) = 400e^{\frac{t-6}{2}} - 400e^{-3} + 25000t \qquad (4\text{-}10)$$

（3）再制造阶段 发动机进行再制造时，由于服役时间不同，不同的发动机样本的零件损耗情况也不同，所以再制造的工艺路线也有所区别，再制造过程对环境的影响也不同。

1）缸体再制造。由于发动机服役的时间不同，再制造时缸体的损伤情况也不同。缸体损伤主要包括主轴孔严重超差、主轴孔研伤、缸孔砂眼、缸孔上平面锈蚀等。对于不同的损伤，再制造修复的工艺流程不同。图 4-5 所示为依据不同损伤情况的缸体再制造工艺流程。

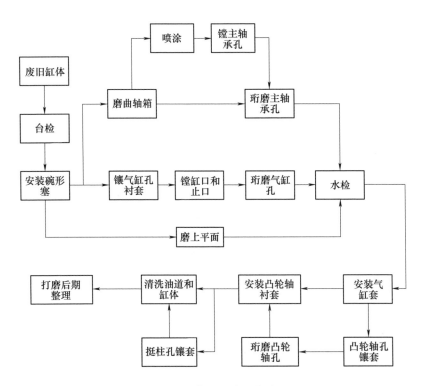

图 4-5 缸体再制造工艺流程

由于再制造的毛坯损伤状况的不确定性，导致加工的工艺流程以及加工的时长不同，每个毛坯再制造过程中能耗与物耗也不同。再制造过程中的能耗与物耗采用三角分布的数据统计形式进行计算，再制造用电和修复材料用量服从三角分布，即

$$f(x_k \mid a_k, b_k, c_k) = \begin{cases} \dfrac{2(x_k - a_k)}{(b_k - a_k)(c_k - a_k)}, a_k \leqslant x_k \leqslant c_k \\ \dfrac{2(b_k - x_k)}{(b_k - a_k)(b_k - c_k)}, c_k \leqslant x_k \leqslant b_k \end{cases} \tag{4-11}$$

式中, $f(x_k)$ 是再制造能耗或物耗 x_k 的概率密度函数; a_k、b_k、c_k 分别是 x_k 用量的最小值、最大值、最可能值。

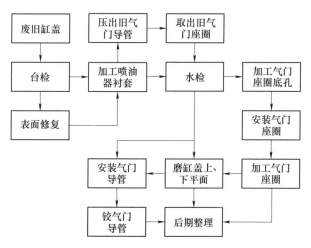

2) 缸盖再制造。缸盖的损伤情况主要分为座圈研伤(进)、座圈研伤(出)、气道水道污泥、导管超差、表面腐蚀等。针对不同的损伤情况,缸盖的再制造工艺流程如图 4-6 所示。

图 4-6 缸盖再制造工艺流程

3) 曲轴再制造。曲轴的损伤情况主要分为密封轴颈研伤、主轴颈研伤、连杆轴颈研伤,以及各轴颈的划伤、碰伤、花斑、抱瓦等情况,其再制造工艺流程如图 4-7 所示。

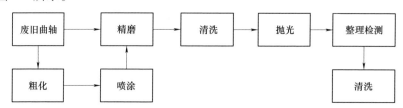

图 4-7 曲轴再制造工艺流程

4) 连杆再制造。连杆的损伤情况大体上分为轻微研伤和大头孔研伤两种情况,其再制造工艺流程如图 4-8 所示。

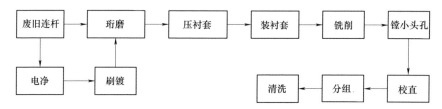

图 4-8 连杆再制造工艺流程

5）飞轮壳再制造。飞轮壳的损伤情况主要分为轻微裂纹和螺纹孔损坏两种情况，其再制造工艺流程如图 4-9 所示。

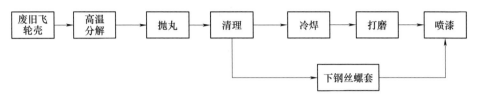

图 4-9　飞轮壳再制造工艺流程

6）齿轮室再制造。齿轮室的损伤情况分为轻微裂纹和螺纹孔损坏两种情况，其再制造工艺流程如图 4-10 所示。

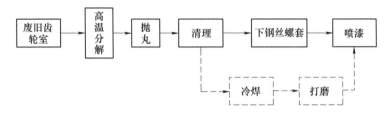

图 4-10　齿轮室再制造工艺流程

（4）再服役阶段　发动机再服役时间 t_r 服从正态分布，计算其能耗时采用随机数的形式带入式（4-10）进行求解。

（5）环境影响计算　原材料生产数据通过中国生命周期基础数据库（China Life Cycle Database，CLCD）获取，再根据新品和再制造品生产现场调研数据以及文献信息等获得以上计算过程数据。以新品制造及回收阶段（WTP_m）为例，先计算出这个阶段某个样本 i 消耗物质 k 的量 x_{ik} 及每单位物质的社会愿意补偿 EW_k，再利用式（4-12）可计算出该样本的环境生态环境功能退化支付的总补偿 WTP_m，即

$$WTP_m = \sum x_{ik} \times EW_k \tag{4-12}$$

3. 发动机主动再制造经济影响

与环境影响分析相似，发动机主动再制造的成本分析也从初始制造与回收阶段、服役阶段、再制造阶段、再服役阶段四个角度考虑。产品样本 i 整个生命周期内成本记为 C_i，计算公式为

$$C_i = C_m + C_{is} + C_{irm} + C_{irs} \tag{4-13}$$

式中，C_m、C_{is}、C_{irm}、C_{irs} 分别是第 i 个产品样本的初始制造与回收阶段、服役阶段、再制造阶段、再服役阶段的成本。

发动机初始制造与回收阶段的成本按照其回收采购成本进行计算，服役阶

段的成本和服役阶段的能耗具有一一对应关系，再服役阶段成本与其能耗相对应，其计算方法与服役阶段基本相同，利用随机数的形式和式（4-10）计算。

再制造阶段成本包括每个零件的再制造成本，零件的再制造成本可表示为

$$C_{rm} = C_l + C_c + C_d + C_e + C_r + C_a$$

$$(4-14)$$

式中，C_{rm} 是再制造费用；C_l 是人力费；C_c 是修复过程能耗费；C_d 是修复设备折旧费；C_e 是环保费；C_r 是研发费；C_a 是办公管理费。

▶ 4. 发动机再制造最佳时机求解

采用基于电子表格的 Crystal Ball 软件对发动机的最佳再制造时机进行求解。

首先，根据发动机主动再制造的生命周期阶段，将各个阶段的数据按照模型的方法进行汇总。再制造阶段和再服役阶段的数据存在不确定性，对其分布进行识别和定义，以随机数的方式参与模型运算，如缸体修复过程中的铁粉用量服从三角分布，发动机再服役年限服从 $N(4.15, 0.82^2)$ 等。

其次，利用式（4-12）和式（4-13），对各个发动机样本的年均环境成本以及经济成本进行计算，同时运用式（4-8）对各个样本的结果进行拟合，得到其年均环境成本和经济成本的曲线。并对该曲线进行求导，将求导所得结果作为观察值，并对拟合结果进行拟合优度分析。

最后，设定统计抽样 $N = 10^5$ 次，量化服役时间不确定性在模型中传递导致的最佳时机的不确定性，获得相关结果并分析。蒙特卡罗模拟分析流程如图 4-11 所示。

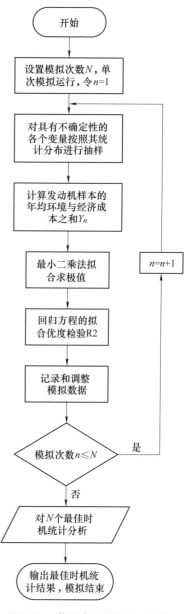

图 4-11　蒙特卡罗模拟分析流程

对 60 台发动机样本数据通过上述模型和方法模拟后，结果如图 4-12 所示，在 95% 的置信度下，发动机最佳再制造时机为（4.03，4.16）年。

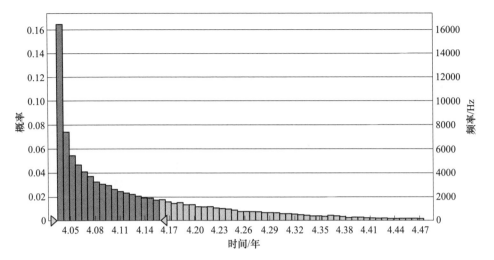

图 4-12　发动机主动再制造最佳时机模拟结果

4.3　基于服役性能的主动再制造时机抉择

4.3.1　全生命周期下产品服役性能分析

由于产品的性能状态参数在全生命周期内是不断变化的，随着服役时间的推移，其关键零部件的结构及表面会逐渐失效，导致其服役性能下降，同时直接或间接影响其再制造性。因此，从再制造时域分析的角度出发，需要分析产品在制造、服役、再制造、再服役这四个生命周期阶段中服役性能参数的变化规律。全生命周期下产品服役性能分析如图 4-13 所示。

机电产品的服役性能可以用其性能状态参数集合表示为

$$P(T) = \{F, W, C, \cdots\} \tag{4-15}$$

式中，F 是功能参数，且大部分情况下能耗 E 是产品功能的核心参数；W 是环境排放参数；C 是成本参数。

因此，从产品全生命周期的角度出发，分析产品在制造、服役、再制造、再服役这四个生命周期阶段中的服役性能［能耗参数（E）、环境排放参数（W）、成本参数（C）］变化规律，在此基础上进行综合寻优，即可进行产品的主动再制造时机抉择。以下内容将从能耗、环境排放、成本三方面对产品四个生命周期阶段中的服役性能进行分析。

1. 制造阶段产品服役性能

产品制造阶段包括原材料提取、毛坯制造、机械加工制造及装配等一系列

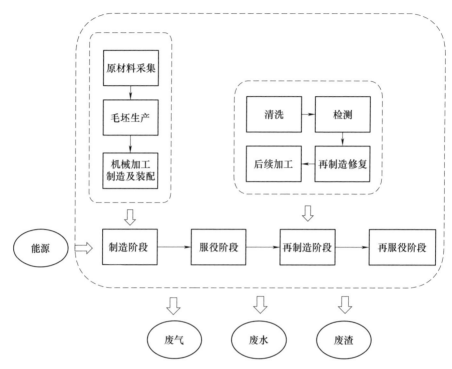

图 4-13 全生命周期下产品服役性能分析

过程。在制造阶段，产品的初始性能为 P_0，由于还未投入使用，其服役价值还没有体现，若其服役时间为 T，则其潜在的服役价值理论上为

$$V_0 = P_0 T$$

（1）能耗参数 根据产品的实际制造过程，将制造阶段总能耗分为两部分：毛坯制造能耗 E_b 和机械加工制造能耗 E_{manu}。

1）毛坯制造能耗 E_b。毛坯的获取一般要经过原材料提取、锻造或铸造等过程。设产品零件材料种类为 u，相应的第 $i(i = 1, 2, \cdots, u)$ 种材料的质量为 m_i，提取单位质量材料 i 所需能耗为 e_{mi}，铸造单位质量的毛坯所需能耗为 e_{ci}，锻造单位质量的毛坯所需能耗为 e_{fi}，因此，产品的毛坯制造能耗为

$$E_b = \sum_{i=1}^{u} m_i(e_{mi} + e_{ci} + e_{fi}) \tag{4-16}$$

2）机械加工制造能耗 E_{manu}。机械加工制造能耗是指通过机械加工系统使毛坯转变成产品这一过程中各种机床设备运行的总能耗。设零件加工工序总共为 v，相应的第 $j(j = 1, 2, \cdots, v)$ 道工序的比能耗为 e_j，工序 j 的材料去除率为 k_j，则制造阶段的能耗为

$$E_{\text{manu}} = \sum_{j=1}^{v} e_j k_j (m_{j-1} - m_j)$$ (4-17)

式中，m_j 是工序 j 之后的零件质量；m_{j-1} 是工序 j 之前的零件质量。

因此，制造阶段总能耗 E_m 为

$$E_m = \sum_{i=1}^{u} m_i (e_{mi} + e_{ci} + e_{fi}) + \sum_{j=1}^{v} e_j k_j (m_{j-1} - m_j)$$ (4-18)

（2）环境排放参数   原材料提取过程中的环境排放来源主要是消耗煤、原油以及天然气过程中对外排放的污染物质，以及生产毛坯和机械加工等过程所需电能 E_e 而产生的污染物。设产品零件材料有 $u(u \in \mathbf{N}_+)$ 种，第 i 种材料的质量为 m_i，在材料的提取冶炼和电能的生产过程中会产生的污染物有 l 种，w_k 为第 $k(k \in \mathbf{N})$ 种环境排放物的质量；v_i^k 是指单位质量第 i 种材料产生第 k 种污染物的质量；m_{ek} 为生产单位电能产生第 k 种污染物的质量。制造阶段的环境排放为

$$W_{\text{mc}} = (w_1 \quad w_2 \quad \cdots \quad w_k \quad w_l)^{\text{T}}$$

$$= E_e (m_{e1} \quad m_{e2} \quad \cdots \quad m_{ek} \quad m_{el})^{\text{T}} + \left(\sum_{i=1}^{u} m_i v_i^1 \quad \sum_{i=1}^{u} m_i v_i^2 \quad \cdots \quad \sum_{i=1}^{u} m_i v_i^k \quad \sum_{i=1}^{u} m_i v_i^l \right)^{\text{T}}$$

(4-19)

（3）成本参数   产品制造阶段的成本主要包括原材料的购买成本和电能使用成本。设单位质量原材料的价格为 a_i，单位电能的价格为 b，可得产品在制造阶段的成本为

$$C_m = E_m b + \sum_{i=1}^{u} m_i a_i$$ (4-20)

▶ 2. 服役阶段产品服役性能

随着服役时间的增加，产品及零部件结构逐渐产生失效，造成其服役状态变差，即产品的性能发生退化。产品的性能变化函数 $P(t)$ 可以表示为

$$P(t) = P_0 - k(\delta) t$$ (4-21)

式中，P_0 是产品的初始性能；$k(\delta)$ 是产品性能退化系数，它与产品服役过程中关键零部件结构特征的失效状态 δ 有关。

在性能退化的同时，产品的服役价值也逐渐变化。产品在使用阶段的服役价值可以表示为

$$V_U = \int_0^t [P_0 - k(\delta) t] \mathrm{d}t$$ (4-22)

（1）能耗参数   设产品有 n 个关键零部件，其中第 $i(i = 1, 2, 3, \cdots, n)$ 个零部件由关键零部件特征参数改变而导致的服役能耗变化函数为 $e_i(\delta, t)$，因此，在服役阶段的总能耗 $E_u(t)$ 为

$$E_u(t) = \sum_{i=1}^{n} \int_0^t e_i(\delta, t) \mathrm{d}t$$ (4-23)

（2）环境排放参数 设机电产品消耗的化学能有 $w(w \in \mathbf{N}^+)$ 种，m_{ci} 为第 k 种污染物的质量，b_i^k 为单位质量化学能消耗产生第 k 种污染物的质量。产品在服役阶段的环境排放为

$$\boldsymbol{W}_{uc}(t) = E_u(t) \cdot \begin{pmatrix} m_{e1} & m_{e2} & \cdots & m_{ek} & m_{el} \end{pmatrix}^T +$$

$$\left(\sum_{i=1}^{w} m_{ci} b_i^1 \quad \sum_{i=1}^{w} m_{ci} b_i^2 \quad \cdots \quad \sum_{i=1}^{w} m_{ci} b_i^k \quad \sum_{i=1}^{w} m_{ci} b_i^l \right)^T \qquad (4\text{-}24)$$

（3）成本参数 由于产品运行过程中消耗的是电能或化学能，该阶段的成本主要包括电能或化学能的使用成本。设单位质量化学能的使用价格为 c_i，可得产品在服役阶段的成本为

$$C_u(t) = E_u(t)b + \sum_{i=1}^{w} m_i c_i \qquad (4\text{-}25)$$

▶▶ 3. 再制造阶段产品服役性能

再制造过程中在拆解、清洗、初步检查替换、再制造修复、后续加工、入库检测清洗和再装配等工艺过程消耗了相关资源，使产品具备等同新品的服役价值。其所消耗的价值可以表示为 $V_{Re}(\delta)$。

（1）能耗参数 由于关键零部件一些特征参数随着服役时间变化，再制造修复工艺能耗也会发生变化。设产品有 n 个关键零部件，第 $i(i=1, 2, 3, \cdots, n)$ 个零部件经过拆解、清洗、检测、后续加工、再装配等工艺的总能耗为 E_{ai}，零部件需要再制造修复的体积为 $V_i(\delta, t)$，而单位体积再制造修复所消耗的能源为 e_R，因此，再制造阶段的总能耗 $E_R(t)$ 为

$$E_R(t) = \sum_{i=1}^{n} \left[E_{ai} + e_R V_i(\delta, t) \right] \qquad (4\text{-}26)$$

（2）环境排放参数 再制造修复工艺消耗的是修复材料和电能，环境排放包括电能的生产环境排放和修复材料的提取环境排放。设修复材料有 $m(m \in \mathbf{N}_+)$ 种，第 i 种修复材料的质量为 $m_i(\delta, t)$，其与零部件磨损体积有关，u_i^k 是指单位质量第 i 种修复材料产生第 k 种污染物的质量，消耗的电能为 E_{eR}。产品再制造阶段的环境排放为

$$\boldsymbol{W}_{Rc}(t) = E_{eR} \begin{pmatrix} m_{e1} & m_{e2} & \cdots & m_{ek} & m_{el} \end{pmatrix}^T +$$

$$\left(\sum_{i=1}^{m} m_i(\delta, t) u_i^1 \quad \sum_{i=1}^{m} m_i(\delta, t) u_i^2 \quad \cdots \quad \sum_{i=1}^{m} m_i(\delta, t) u_i^k \quad \sum_{i=1}^{m} m_i(\delta, t) u_i^l \right)^T$$

$$(4\text{-}27)$$

（3）成本参数 再制造阶段成本主要包括电能的使用成本和修复材料的采购成本。设单位质量修复材料的价格为 d_i，可得产品在再制造阶段的成本为

$$C_R(t) = E_{eR}b + \sum_{i=1}^{m} m_i(\delta, t) d_i \qquad (4\text{-}28)$$

▶ **4. 再服役阶段产品服役性能**

由于再制造产品各项服役性能保持与新品一致，则在使用工况不变的情况下，再制造产品的性能退化曲线与新品性能退化曲线可视为基本相同。产品在再服役阶段的服役价值可表示为

$$V_{RU} = V_U = \int_0^t [P_0 - k(\delta)t] dt \tag{4-29}$$

需要说明的是，在技术不断进步的情况下，如果对产品实施的是性能提升再制造，则再制造产品的服役性能会优于新品服役性能，即 $k_R(\delta) < k(\delta)$。

▶ **4.3.2 基于生命周期服役性能的主动再制造时机抉择方法**

▶ **1. 多因素下产品再制造时机抉择方法**

为使产品再制造在全生命周期内的技术要求、环境排放、经济投入等综合指标达到最优，经上述分析后，建立产品主动再制造时机抉择机制，如图 4-14 所示。

基于全生命周期下产品服役性能演化分析，产品的服役性能可以看作与零部件失效状态 (δ) 或服役时间 (t) 有关的函数。产品服役时间的延长可以提高产品服役价值，但同时会使产品失效状态不好而导致再制造能耗、环境排放及成本的增加，因此需要从整个服役周期角度综合衡量服役价值的大小，结合工程经济学及数值分析方法，可以用单位时间内产品服役价值作为抉择依据，即

$$F(t) = \frac{\int_0^T [P_0 - k(\delta)t] dt + \int_0^{T_R} [P_0 - k_R(\delta)t] dt - V_{Re}(\delta)}{t} \tag{4-30}$$

根据式 (4-30) 可知，当产品的时均服役价值处于最大值时，即可认为产品在整个服役周期内的服役价值最佳。而产品时均服役价值处于最大值时的时间点则为再制造理想时间点 T_{IP}，而该时间点前后一定范围内时域则为主动再制造最佳时域。综上所述，通过产品时均服役价值最优化模型得出主动再制造时域，可表达为

$$\begin{cases} F(t) \to \max \\ T_{IP} - \Delta T \leqslant t < T_{IP} + \Delta T \end{cases} \tag{4-31}$$

式中，T_{IP} 是再制造理想时间点，且当 $t = T_{IP}$ 时，$F(t)$ 处于最大值。

结合产品全生命周期服役性能分析，能耗参数 (E)、环境排放参数 (W)、成本参数 (C) 可作为产品服役性能核心参数，则单位时间内以能耗、环境排放、成本作为该主动再制造抉择核心指标，可分别表示为

$$F_1(t) = \frac{E}{t}, \ F_2(t) = \frac{W}{t}, \ F_3(t) = \frac{C}{t}$$

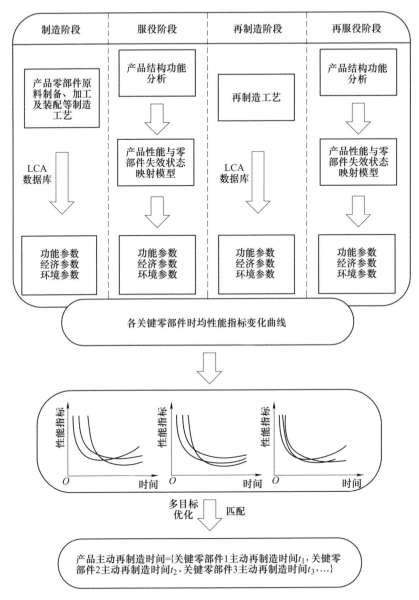

图 4-14　产品主动再制造时机抉择机制

若同时考虑能耗、环境排放、成本这三个性能参数，则会得到三个不同的再制造理想时间点。为此，以各性能指标波动范围为表征，构建多因素下再制造时域分析及抉择方法，以获得理想主动再制造时域。

首先，设时均能耗 $F_1(t)$、时均环境排放 $F_2(t)$、时均成本 $F_3(t)$ 分别为主动再制造时机抉择的优化目标函数，其中 t 为时间变量，其取值集合为 $T = \{t_1,$

t_2，…，t_i}，对应于不同变量值的 $F_1(t)$ 值、$F_2(t)$ 值、$F_3(t)$ 值，构成可行集 $F = \{[F_1(t_1), F_2(t_1), F_3(t_1)], [F_1(t_2), F_2(t_2), F_3(t_2)], …, [F_1(t_i), F_2(t_i), F_3(t_i)]\}$，分别求出 $\min F_1(t)$、$\min F_2(t)$ 和 $\min F_3(t)$ 时的变量值 t_{min1}、t_{min2} 和 t_{min3}。由于多因素下某个主动再制造时间点使三个性能指标都能达到最优是不可能的，则主动再制造时间点应该处在某一个区域 $[t^-, t^+]$，使三个性能指标的波动都能在合理的范围内。

其次，设性能指标波动的合理范围为 EP，则可以表示为

$$EP = \frac{F(t) - F(t_{min})}{F(t_{min})} \tag{4-32}$$

式中，$F(t)$ 是再制造时间点 $t[t \in (t^-, t^+)]$ 所对应的性能指标值；$F(t_{min})$ 是性能指标值的最低点。

最后，构建该多目标优化函数模型，寻找最佳主动再制造时间区域，其基本流程如下：

1) 设定 EP 的初始值为 $a\%$，步长为 $h\%$。

2) 开始搜索，当 $EP=a\%$ 时，由时均能耗、时均环境排放、时均成本所确定的主动再制造时间区域 $[t_1^-, t_1^+]$，$[t_2^-, t_2^+]$，$[t_3^-, t_3^+]$。

3) 若 $[t_1^-, t_1^+] \cap [t_2^-, t_2^+] \cap [t_3^-, t_3^+] = [t^-, t^+] \neq \varnothing$，则此时 $[t^-, t^+]$ 为产品主动再制造时间区域，搜索停止；若 $[t_1^-, t_1^+] \cap [t_2^-, t_2^+] \cap [t_3^-, t_3^+] = \varnothing$，则继续搜索下一个波动范围（$EP = a\% + h\%$），直到找到满足要求的产品主动再制造时间区域。

⫸ 2. 基于关键零部件时域匹配的主动再制造时域抉择

（1）产品性能与关键零部件失效的关系　产品是由多个零部件组成的有机整体，其功能实现与多个零部件有关。随着服役时间的积累，产品的性能退化主要是由其关键零部件的结构及表面失效造成的，而产品的关键零部件一般有若干个，且各关键零部件失效对产品性能退化影响程度不同。通过对产品进行功能、结构分析，可以得到各关键零部件失效对产品性能退化的影响。

设产品有 $n(n \in \mathbf{N}_+)$ 个功能单元，其中功能单元可由单个关键零部件组成的有 n_1 个，由若干个关键零部件组成的有 n_2 个。根据产品结构、功能分析，在由单个零部件组成的功能单元中，关键零部件 i 的失效量为 δ_i，因其失效造成的产品性能退化量 ΔP_i 可以表示为

$$\Delta P_i = k(\delta_i)t$$

在由 m 个零部件组成的功能单元中，其失效量分别为 δ_{j1}，δ_{j2}，…，δ_{jm}，则因这几个零部件失效造成的产品性能退化量 ΔP_j 可以表示为

$$\Delta P_j = k(\delta_{j1}, \delta_{j2}, …, \delta_{jm})t$$

$k(\delta_i)$、$k(\delta_{j1},\delta_{j2},$ $\cdots,\delta_{jm})$ 根据产品结构、功能分析得到,与关键零部件失效量 δ_i、$(\delta_{j1},\delta_{j2},\cdots,\delta_{jm})$ 可以是线性关系,也可以是非线性关系。产品及其关键零部件性能退化曲线如图 4-15 所示。产品整机的性能退化可以表示为

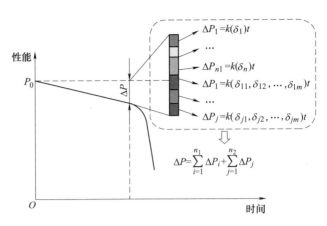

图 4-15 产品及其关键零部件性能退化曲线

$$\Delta P = \sum_{i=1}^{n_1} \Delta P_i + \sum_{j=1}^{n_2} \Delta P_j \tag{4-33}$$

(2) 关键零部件主动再制造时域匹配与抉择 由于产品内各个零部件失效及产品性能退化量的差异性,会导致零部件各自具有不同的主动再制造时域,这会导致整个产品的再制造次数增加,从而影响产品在全生命周期内的技术性、经济性、环境性。因此,产品内各个零部件的主动再制造时域应该相互匹配,使产品在全生命周期内的技术性、经济性、环境性得到进一步优化。

1) 由于再制造时域是一个时间区域,不便于匹配,因此选择再制造时域中间值进行匹配,其具体匹配原则如下:

① 对于装配在一起的零部件主动再制造时域相差不大的情况,采用等值匹配方法。等值匹配方法是将各个零部件的主动再制造时域进行统计,取等值作为最佳再制造时域匹配点,即 $T_1 = T_2 = \cdots = T_n$,如图 4-16a 所示。若零部件的主动再制造时域相差不大,可以通过延长零部件主动再制造时域,或者减少零部件主动再制造时域,使参与匹配的零部件主动再制造时域趋向一个等值,同时也不会对零部件的功能产生过大影响。当零件数量较多时,可通过统计计算取得合理的均值。

② 对于装配在一起的零部件主动再制造时域相差较大的情况,应采用倍数匹配方法。倍数匹配方法是指在设计时使参与匹配的零部件主动再制造时域依次呈倍数关系,即 $T_m = \lambda T_n$,如图 4-16b 所示。倍数匹配适合于主动再制造时域相差很大的零部件之间,当其中的易损零部件功能失效时,对其予以更换或再制造,而其他零部件尚未完全失效,若同时更换或再制造,就会造成资源、能源的浪费。当易损零部件进行若干次更换或再制造时,对其他零部件进行更换或再制造,可使产品的整体价值得到更有效利用。

2) 匹配方法可以分为两种:定基准匹配和变基准匹配。

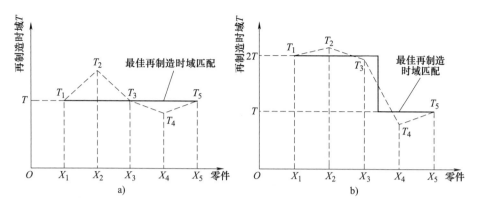

图 4-16 等值匹配与倍数匹配

a）等值匹配　b）倍数匹配

① 定基准匹配是指根据某些原则选定匹配基准，其他零部件以此为基准进行匹配的方法。这种方法计算量较少，但优化结果可能不是最优，适合匹配零件多的情况。该方法最重要的部分是匹配基准的选取，通常选取对产品性能影响最大的失效零部件为基准。

设产品有 n 个关键零部件需要进行匹配，按照匹配选取原则选定对产品性能影响最大的失效零部件主动再制造时域中间值 t_1 为匹配基准，其他零部件的主动再制造时域与之匹配，以参与匹配零部件的时均能耗之和、时均环境排放之和、时均成本之和最小作为三个目标函数 $F_1(\boldsymbol{T})$、$F_2(\boldsymbol{T})$、$F_3(\boldsymbol{T})$，$\boldsymbol{T}$ 为匹配后各零部件主动再制造时域矩阵，数学表达式为

$$\min y = \left[\, F_1(\boldsymbol{T}),\ F_2(\boldsymbol{T}),\ F_3(\boldsymbol{T})\,\right] = \left[\ \sum_{i=1}^{n} F_1(t_i),\ \sum_{i=1}^{n} F_2(t_i),\ \sum_{i=1}^{n} F_3(t_i)\ \right]$$

$$t_i = k_i t_1 \quad (i \in \mathbf{N}_+, k_i \in \mathbf{N}_+) \tag{4-34}$$

式中，t_i 是第 i 个零部件的匹配再制造时域中间值；t_1 是匹配基准再制造时域中间值。

按照前面提出的多目标优化方法进行求解，寻找最优匹配比例，使三个性能指标的波动都能在合理的范围内。

② 变基准匹配是指分别以各个零部件主动再制造时域作为匹配基准而得到不同的匹配方案，综合比较后选择最优匹配方案的方法。这种方法优化结果精确，但计算量较大，适合匹配零件少的情况。

设产品有 n 个零部件需要进行匹配，匹配目标函数有三个（时均能耗、时均环境排放、时均成本），其匹配步骤如下：

a. 任意选定某个零部件主动再制造时域中间值 t_1 为匹配基准，其他零部件

主动再制造时域中间值 $(t_2, t_3, \cdots, t_n)$ 与之匹配，以匹配零部件的时均能耗之和、时均环境排放之和、时均成本之和最小作为三个目标函数 $F_1(T)$、$F_2(T)$、$F_3(T)$，T 为匹配后各零部件主动再制造时域矩阵，得到该基准下的最优匹配方案。数学表达式为

$$\min y = \left[F_1(T), F_2(T), F_3(T) \right] = \left[\sum_{i=1}^{n} F_1(t_i), \sum_{i=1}^{n} F_2(t_i), \sum_{i=1}^{n} F_3(t_i) \right]$$

$$t_1 : t_2 : \cdots : t_n = k_1 : k_2 : \cdots : k_n \quad (k_1, k_2, \cdots, k_n \in \mathbf{N}_+) \tag{4-35}$$

b. 再选定另一个零部件主动再制造时域中间值 t_2 为匹配基准，其他零部件主动再制造时域中间值 $(t_1, t_3, \cdots, t)$ 与之匹配，以匹配零部件的时均能耗之和、时均环境排放之和、时均成本之和最小作为三个目标函数，得到该基准下的最优匹配方案。依此类推，得到 n 组不同的匹配方案。

c. 最后以各个零部件时均性能指标（能耗、环境排放、成本）总和作为匹配目标函数，综合比较选择最优的匹配方案。

经上述匹配后的最优方案，即最佳主动再制造时机，能够较好地保证在产品生命周期内服役性能状态参数（能耗参数、环境排放参数、成本参数等）最优。

4.4 基于监测分析的主动再制造时机抉择

基于状态监测分析的主动再制造时机抉择方法是通过对机电产品运行状态进行实时监测和趋势分析，结合产品服役历史数据，提取关键特征参数，建立零部件失效状态模型，分析设备运行状态并预测其剩余寿命，以确定再制造时机。

监测分析首先要确定需要监测的能够表征产品性能退化规律的特征参数，例如电子产品中的电压、电流，机械产品中的应力、应变、磨损量、裂纹、振动信号等。然后是对监测的数据进行处理分析，将分析结果作为主动再制造时机抉择的依据。

4.4.1 主动监测下零部件服役状态分析

1. 发动机关键零部件历史数据分析

产品服役的历史数据可以为主动再制造时机抉择提供参考。通过调研相关发动机再制造企业，针对发动机中曲轴部件，统计了曲轴旧件记录清单中磨损和断裂这两类失效形式，分析得出某款发动机曲轴主轴颈和连杆轴颈尺寸

数据分布情况，如图 4-17 所示。从发动机曲轴零部件失效状态统计数据可以看出，主轴颈与连杆轴颈磨损都与其所受负载大小以及工作时间相关。基于统计检测数据发现，由于作用于轴颈上的力沿圆周方向分布不均匀，轴颈表面的磨损分布不均匀，同时由于曲轴在第六连杆轴颈和前轴头部位容易产生应力集中现象，在较长服役时间后易产生裂纹，导致曲轴断裂，这基本为长期运行后的疲劳断裂。

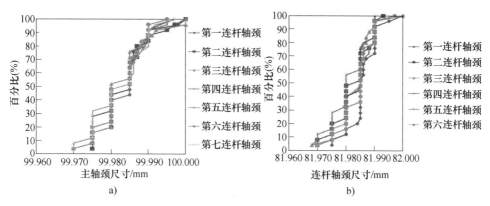

图 4-17　曲轴主轴颈与连杆轴颈尺寸数据分布统计

a) 曲轴主轴颈　b) 连杆轴颈

▶▶ 2. 发动机主动监测试验及特征参量提取

为了弥补产品历史服役数据的不足，搭建第 3 章中的发动机疲劳试验主动监测试验平台，进行模拟服役加载台架试验，台架如图 4-18 所示。通过监测其在一定功率设定下，不同磨损失效状态时曲轴部件振动、功率以及能耗等状态变化，分析其服役状态演化规律。

曲轴磨损后，其外在的特征表现在振动强度的加剧、轴心轨迹的变化、油耗率增加等。通过

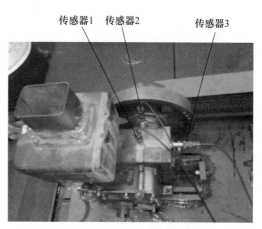

图 4-18　柴油机主动监测平台

上述建立的监测系统对柴油机进行模拟工况的监测，对监测得到的试验数据处理后可以得到表征柴油机性能退化的特征曲线，建立曲轴磨损与特征参量间的映射关系，获取柴油机服役状态变化，为寻求曲轴服役期内最佳再制造时机提

供判别依据。

试验主要采集两类信号：轴心轨迹信号和振动信号。

轴心轨迹信号通过两个互成 90°安置的涡流传感器采集，监测曲轴在径向两处的位移变化。试验时采集频率为 10kHz，柴油机转速为 2400r/min，负载为 12N·m，在连杆轴径尺寸分别磨损 0mm、0.09mm、0.18mm、0.27mm、0.36mm 和 0.45mm 的状态下，共采集了 6 组试验数据，每组截取 512 个采样点，分析不同磨损量下柴油机曲轴轴心轨迹变化特性。图 4-19 所示为不同磨损量下的轴心轨迹。

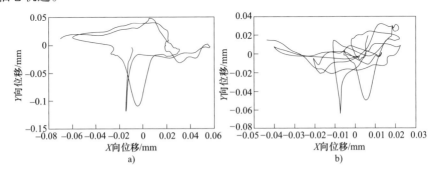

图 4-19 不同磨损量下的轴心轨迹

a）磨损量 0.00mm　b）磨损量 0.36mm

振动信号采集试验时，采集频率为 20kHz，柴油机转速为 2400r/min，负载为 12N·m。在 6 组磨损状态下，共采集了 18 组试验数据，每组截取 2048 个采样点，分析不同磨损量下柴油机振动情况。图 4-20 所示为磨损量为 0.27mm 时振动监测原始信号。

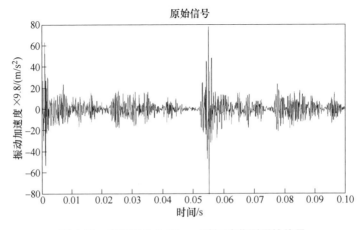

图 4-20 磨损量为 0.27mm 时振动监测原始信号

4.4.2 主动监测下零部件主动再制造时机抉择

1. 基于轴心轨迹特征的主动再制造时机抉择

在柴油机轴心轨迹信号中包含了表征整机性能和曲轴磨损的大量特征，通过对轴心轨迹信号的特征提取，构建特征曲线与柴油机曲轴再制造性的相关关系，可以判断出曲轴的最佳再制造时间点。

在曲轴不同磨损量下，得到 6 组待识别图片的特征量数据样本，经统计处理后样本的不变矩数值见表 4-3。

表 4-3 不变矩数值

待识别样本	I_1	I_2	I_3	I_4	I_5	I_6	I_7	磨损量 e/mm
1	0.9339	0.9614	1.5900	1.5578	1.956	1.7485	1.8479	0
2	0.8531	1.0169	1.5331	1.5500	1.8535	1.6401	1.7719	0.09
3	0.8142	1.2836	1.5311	1.5521	1.6514	1.6387	1.7821	0.18
4	0.7611	1.2920	1.5530	1.5370	1.7508	1.6445	1.7874	0.27
5	0.6234	1.3450	1.5901	1.5307	1.8321	1.5430	1.7693	0.36
6	0.6187	1.3660	1.6168	1.5276	1.7310	1.5084	1.5671	0.45

从表 4-3 中奇异值的变化情况可以看出，随着磨损量的增加，奇异值 I_1 的数值逐渐减小，I_2 的数值逐渐增大，表明随着曲轴磨损的加剧，其轨迹的变化特征与奇异值大小变化趋势具有一致性。

将 I_1 与磨损量 e 导入 MATLAB 软件中，应用最小二乘法进行曲线拟合，得到图 4-21 所示的拟合曲线；同时将 I_1、I_2 与磨损量 e 进行曲面拟合，得到图 4-22 所示的拟合曲面。

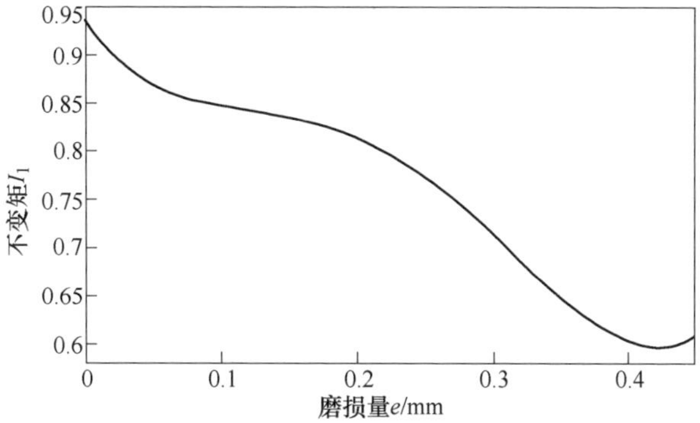

曲轴磨损与不变矩 I_1 的关系为

图 4-21 磨损量与不变矩 I_1 的拟合曲线

$$e = 74.21I_1^4 - 73.36I_1^3 + 17.23I_1^2 - 2.039I_1 + 0.9349 \quad (4-36)$$

磨损量（e）与不变矩（I_1，I_2）之间的映射关系为

$$e = -17.19 + 30.5I_1 + 9.056I_2 - 11.86I_1^2 - 10.75I_2^2 \quad (4-37)$$

基于该量化映射关系，可得到不同磨损状态下对应的轴心轨迹信号特征参

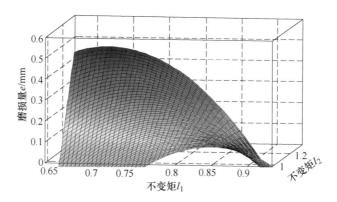

图 4-22 磨损量与不变矩 I_1、I_2 的拟合曲面

量 K_σ，并将其作为判断发动机曲轴再制造时机的评判标准，为在发动机服役期间性能预测以及再制造时机抉择提供准确的分析量化依据。

根据曲轴的再制造分析可知，在其性能退化拐点处的失效状态对应着一个磨损量。对于 R175b 型柴油机，由曲轴全生命周期的能耗模型可知，该型号柴油机曲轴的最佳再制造时间所对应的磨损量 $e = 0.33\text{mm}$，通过式（4-36）与截取的等高线，得到在最佳再制造时间点处所对应的特征量为 $(I_1, I_2) = (0.681, 1.2963)$。当监测到某时刻的特征值达到或接近该值时，即可判断曲轴已达到了再制造的时机，此时进行再制造综合价值最大。

⫸ 2. 基于振动特征的主动再制造时机抉择

针对包含曲轴等关键件特征的振动监测信号，进行小波包分析，构建特征矩阵 A_F，对矩阵 A_F 进行奇异值分解，可得到一组奇异值，而该组奇异值可以作为表征该信号的一组特征，由奇异值分解后得到振动信号特征参量，见表 4-4。

表 4-4 振动信号特征参量

磨损量 e/mm	特征参量		
	g_1	g_2	g_3
0	95.5	31.0	57.4
0.09	101.3	39.7	62.0
0.18	103.1	44.8	73.0
0.27	140.9	51.5	88.2
0.36	193.6	49.6	103.8
0.45	248.8	55.9	131.2

通过分析，选择特征参量 g_3 来建立特征参量与曲轴轴颈磨损量 e 之间的映

射关系，即

$$g_3 = 198.1e^3 + 158.1e^2 + 52.42e + 56.98 \qquad (4\text{-}38)$$

式中，e 是磨损量；g_3 是特征参量。

磨损量与特征参量 g_3 的映射关系如图 4-23 所示。与轴心轨迹信号量化映射关系类似，所获得不同磨损状态下对应的振动信号特征参量 K_σ 可作为判断发动机曲轴再制造时机的评判标准，实现对柴油机曲轴的主动再制造时机抉择。例如：当柴油机曲轴的最佳再制造时间所

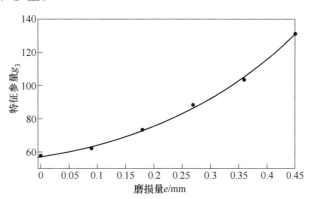

图 4-23　磨损量与特征参量 g_3 的映射关系

对应的磨损量 $e = 0.33$mm，其所对应的特征参量为 $g_3 = 97.04$。当监测到某时刻的特征参量达到或接近该值时，即可判断曲轴已达到了再制造的要求，此时进行再制造综合价值最大。

⟫ 3. 面向主动监测的零部件失效状态分析

通过曲轴、连杆轴颈的磨损对柴油机机体振动信号影响的分析可知，随着轴颈的磨损，柴油机机体的振动强度不断提高，在频域上信号的能量由中低频向中高频上移动。为分析曲轴轴颈磨损与柴油机机体振动信号之间的映射关系，建立曲轴运动碰撞动力学模型，如图 4-24 所示。

该运动碰撞动力学模型可以描述运动副间隙内轴销与套筒的位置状态。模型以一局部浮动的笛卡儿坐标系为基础，将套筒中心设定为起点，并以轴销的中心为终点，保证轴销与套

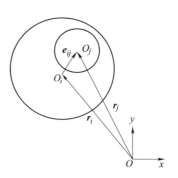

图 4-24　曲轴运动碰撞
动力学模型

筒中心位置矢量的大小限制在轴套和销轴半径之差的间隙圆内。轴销与套筒中心位置矢量为 r_i 和 r_j，并引入间隙矢量 e_{ij}，通过间隙矢量的大小就可以辨别出铰链机构的运行状态。

根据上述碰撞动力学模型及原理，建立不同磨损间隙与其相应碰撞能耗变化的映射关系，具体表达为

$$E = \frac{(1 - e_c^2)}{\pi(\lambda_i + \lambda_j)} \sqrt{\frac{R_i R_j}{R_i + R_j}} \frac{\delta^{1.5} \dot{\delta}}{\dot{\delta}_0} \tag{4-39}$$

$$\Delta E = \int_0^{0.025} \left(\frac{\delta_\sigma^{1.5} \dot{\delta}_\sigma}{\dot{\delta}_{\sigma 0}} - \frac{\delta_{\sigma 0}^{1.5} \dot{\delta}_{\sigma 0}}{\dot{\delta}_{\sigma 0}} \right) \mathrm{d}t \tag{4-40}$$

式中，ΔE 是因磨损导致的能耗变化；λ_i、λ_j 分别是轴套和轴销材料的等效弹性模量；R_i、R_j 分别是轴套和轴销的半径；δ 是碰撞方向上两碰撞体相对挤压深度；$\dot{\delta}_0$、$\dot{\delta}$ 分别是碰撞初速度及速度；e_c 是碰撞后的恢复系数；$\delta_{\sigma 0}$ 是无磨损时碰撞方向上两碰撞体相对挤压深度；δ_σ 是任意磨损状态下碰撞方向上两碰撞体相对挤压深度；$\dot{\delta}_{\sigma 0}$、$\dot{\delta}_{\sigma 0}$ 分别是无磨损时的碰撞初速度及速度；$\dot{\delta}_{\sigma 0}$、$\dot{\delta}_\sigma$ 分别是任意磨损状态下的碰撞初速度及速度。

图 4-25 所示为 ΔE 与振动监测能耗随磨损量变化关系。由图 4-25 可见，随着磨损量的增加，碰撞能耗也不断增加，在稳定磨损期内，随着磨损间隙的增大，曲轴与连杆间的碰撞损失能量不断提高，特别在磨损量接近 0.3mm 时，能量明显增大。这表明在该磨损状态下，由于配合间隙增大，导致碰撞的次数和碰撞强度都增加，加剧了碰撞时的能量损耗，进一步验证了通过主动监测试验数据所获取的柴油机轴心轨迹、机体振动与曲轴磨损之间存在量化映射关系。

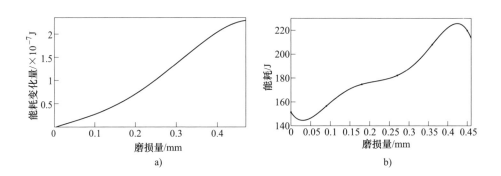

图 4-25 ΔE 与振动监测能耗随磨损量变化关系

a）ΔE 随磨损量变化关系 b）振动监测能耗随磨损量变化关系

运用以上映射关系，可实现对服役期内产品及零部件失效程度的监测与判定，即通过主动监测技术实现对产品及零部件主动再制造时机的分析与评价，不需要考虑零部件使用环境与工况等因素的差异，可使退役时的零部件质量控制在同一等级上，在一定程度上解决了再制造毛坯质量的不确定性问题。

参 考 文 献

[1] HU M K. Visual pattern recognition by moment invariants [J]. IRE Transactions on Information Theory, 1962, 8 (2): 179-187.

[2] KE Q D, WANG H, SONG S X, et al. A timing decision-making method for product and its key components in procative remanufacturing [J]. 23rd CIRP Conference on Life Cycle Engineering, 2016, 48: 182-187.

[3] 王玉琳, 胡锦强, 柯庆镝, 等. 基于轴心轨迹特征的发动机曲轴再制造性分析方法 [J]. 中国机械工程, 2017, 28 (13): 1601-1607.

[4] 柯庆镝, 詹伟, 宋守许, 等. 基于磨损间隙下碰撞能耗模型的发动机曲轴服役-再制造状态分析方法 [J]. 机械工程学报, 2019, 55 (5): 148-155.

[5] 高旺. 重卡发动机主动再制造最佳时机点选择方法 [D]. 大连: 大连理工大学, 2017.

[6] 江乐果. 基于发动机曲轴磨损量的主动再制造时机分析方法 [D]. 合肥: 合肥工业大学, 2015.

[7] 胡锦强. 基于在线监测的柴油机曲轴主动再制造时机抉择方法研究 [D]. 合肥: 合肥工业大学, 2017.

[8] 刘韶光. 汽车曲轴再制造评价技术研究 [D]. 武汉: 武汉理工大学, 2010.

第 5 章

——

机电产品主动再制造时机调控

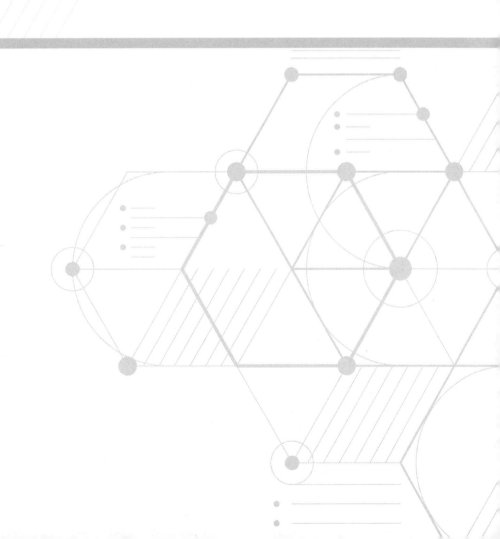

目前的再制造模式是在产品退役后，经回收、拆解、检测、评估，再根据产品具体的失效情况分别制定再制造方案，这种再制造模式是被动再制造。本章在分析产品及关键零部件主动再制造时机的基础上，进一步探讨再制造时机的主动调控机制及方法。首先，基于主动再制造内涵，提出机电产品及其关键零部件划分方法，研究产品综合性能拐点与关键零部件再制造临界点的关系，构建关键零部件主动再制造时机的调控机制。其次，针对产品综合性能拐点与关键零部件再制造临界点不一致问题，提出关键零部件主动再制造时机的调控方法与技术。最后，分析关键零部件的设计参数、产品服役性能、再制造性和再制造临界点的相互关系，提出产品主动再制造时机调控机制方法。

5.1 机电产品主动再制造时机调控理论基础

5.1.1 机电产品与关键零部件的再制造时机

机电产品是由多个零部件组成的，且零部件有易损件与关键零部件之分，如图 5-1 所示。易损件是产品在正常服役过程中容易损坏和在规定期间需要更换的零部件，在生命周期结束后通常直接进行材料回收。关键零部件是产品中精度高、制造难度大、加工工艺复杂、价值高、在设备中起关键作用的零部件。关键零部件出现故障或失效会导致产品无法正常使用，且一般都具有很高的再制造价值，如发动机的曲轴和连杆、减速器的传动轴和齿轮、空气压缩机的叶轮等都是典型的关键零部件。

产品的关键零部件划分需要综合考虑零部件的质量特性、生产性能要求、加工难易程度、装配和拆卸的优先性、维修保养的便捷性、零部件故障影响以及价值高低等多方面因素。对于面向再制造的关键零部件划分，首先要结合失效统计、生产经验判定零部件是否可以再制造，再着重考虑零部件的再制造价值。零部件的再制造价值是指新品零部件价值与报废零部件材料价值的比值。新品零部件的价值包括零部件的材料价值和制造过程中形成的附加值两部分，该附加值是在零部件材料价值的基础上，通过制造过程新创造的价值，即附加在零部件材料价值上的新价值，而再制造可以最大限度地保留零部件制造过程中形成的附加值，减少零部件的二次加工。

在产品再制造时机对其进行主动再制造，需要拆解相应产品，选取其关键零部件开展清洗、检测、再制造修复各个环节作业，现阶段一般会出现两种情况：一种是关键零部件的再制造性退化较快，超过再制造临界阈值，但尚未发生失效，此时该类零部件又因为过度使用，再制造价值低，即零部件滞后再制造；另一种是关键零部件的性能退化较慢，未达到再制造临界阈值，此时仍具

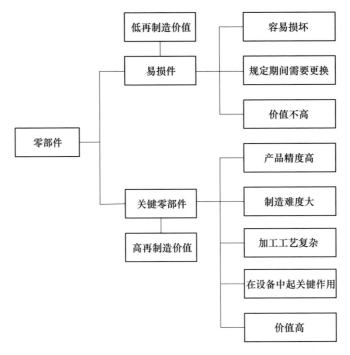

图 5-1 零部件概念图

有很好的性能，对其进行再制造，会因技术、经济等投入过早造成资源浪费，即零部件提前再制造。

主动再制造设计需要综合考虑产品和关键零部件两个方面，因为关键零部件之间的差异性可能导致一部分零部件提前再制造，而另一部分零部件滞后再制造，难以实现关键零部件之间以及零部件和产品的最优配合。因此，关键零部件主动再制造时机调控需要面向这些滞后再制造和提前再制造的零部件，通过优化这些关键零部件设计参数、改变零部件服役性能等，使零部件再制造时机延后或提前，并与产品综合性能退化拐点（即产品主动再制造理想时间点）实现合理的匹配，如图 5-2 所示。

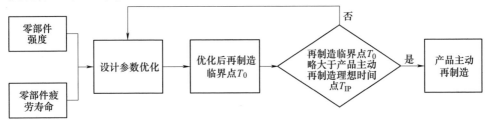

图 5-2 主动再制造时机调控图

关键零部件的再制造性主要受限于其各项服役性能指标的阈值，例如零部件的尺寸、精度、强度、疲劳、损伤等，可定义关键零部件的再制造临界点 T_0 为零部件的再制造性能退化指标达到临界阈值时对应的时刻。超过这一时刻，零部件的再制造性能退化指标经过再制造后的恢复量不足以完成下一个生命周期，即零部件失去再制造价值。同时，由于设计不合理等原因，当产品综合性能参数达到其综合性能退化拐点 IP，关键零部件会出现两种情况：关键零部件的再制造性能退化指标未达到临界点，具有很高的再制造余量，实施再制造会造成价值浪费；关键零部件的再制造性能退化指标已超过再制造临界阈值（零部件未失效），基于成本、技术、环境等因素综合考虑，零部件再制造价值较低不适合再制造。某些机电产品在 T_0 时刻实施再制造虽然达不到整体综合最优，但其产品整机尚未失效，关键零部件也适合再制造，选择 T_0 作为主动再制造时机较合理，可以表示为

$$\begin{cases} T_0 \geqslant T_{\mathrm{IP}} \text{ 时,} T_{\mathrm{IP}} \text{ 为主动再制造时机} \\ T_0 < T_{\mathrm{IP}} \text{ 时,} T_0 \text{ 为主动再制造时机} \end{cases} \tag{5-1}$$

一般来说，在实际工程应用中，可用产品整机服役失效时间 T_{F} 代替产品主动再制造理想时间点 T_{IP}，初步预估产品主动再制造时机，并可定义产品整机服役失效时间 T_{F} 为产品服役参数到达失效阈值的时间。若产品有若干服役参数，则 T_{F} 取其中达失效阈值的最小时间。产品主动再制造时机的选择如图 5-3 所示。例如对于柴油机，选用油耗、转矩、转速、振动等指标为服役参数，随服役时间增加柴油机性能逐渐降低，当油耗或其他任意参数下降到阈值时，即判定柴油机整机性能失效，这段时间即为柴油机的整机失效时间 T_{F}。

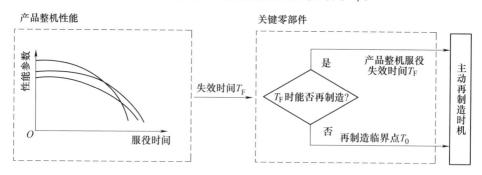

图 5-3 产品主动再制造时机的选择

5.1.2 关键零部件主动再制造时机调控机制

要实现关键零部件再制造时机的主动调控，首先要建立零部件设计参数 DP 与服役性能 SP 的映射模型。通过试验、数据统计、仿真模拟、理论计算等方式

可构建两者的回归方程 $SP = \phi(DP)$，即

$$\begin{cases} SP_1 = \phi_1(x_1, x_2, \cdots, x_n) \\ SP_2 = \phi_2(x_1, x_2, \cdots, x_n) \\ \cdots \end{cases} \tag{5-2}$$

零部件的设计参数、服役性能、再制造性和再制造临界点间相互关联。在服役环境等外界条件不变的情况下，零部件服役性能随服役时间而不断劣化，其性能劣化曲线决定着零部件在任意时刻的再制造性。同时，零部件关键结构的设计参数对零部件的服役性能起着决定性的作用，这些设计参数变化影响服役性能随时间的劣化曲线，即在同一时刻，设计参数不同，零部件的再制造性是不同的。再制造性的变化影响着零部件再制造临界点的变化，两者存在一一对应的关系。根据零部件性能劣化曲线分析零部件服役性能 SP、再制造性 P 和再制造临界点 T_0 的相互关系为

$$\begin{cases} T_0 = \varphi(P_i) \\ P_i = \tau(SP_i) \\ SP_i = \phi(DP_i) \end{cases} \tag{5-3}$$

式中，再制造临界点、再制造性、服役性能、设计参数之间的关系分别用函数 $\varphi(P_i)$、$\tau(SP_i)$、和 $\phi(DP_i)$ 表示。

可以进一步建立关键结构设计参数 DP 与再制造临界点的映射关系为

$$T_0 = \varphi(P_i) = \varphi(\tau(SP_i)) = \varphi(\tau(\phi(DP_i))) \tag{5-4}$$

由此建立零件设计参数与再制造临界点的映射关系，通过改变设计参数可以调整零件再制造临界点，实现零部件再制造临界点的延后或提前。由此可通过调整设计参数使零件再制造临界时机趋近于产品主动再制理想时间点 T_{IP}，进一步实现产品最佳的主动再制造，达到综合效果最优。

关键零部件主动再制造时机调控是通过优化零件设计参数、改变零件服役性能等方式来影响再制造性变化，使零件再制造临界点延后或提前以趋近于产品主动再制理想时间点，实现主动再制造时机的调控，如图5-4所示。

主动再制造设计必须要综合考虑产品和关键零部件两个方面。首先，要保证关键零部件再制造临界点大于产品主动再制造理想时间点，即 $T_0 > T_{IP}$；但如果关键零部件的再制造临界点相对产品的主动再制造时机超出过多，就要求零部件相应地具有很高的可再制造性，可再制造性的提高必然会使生产成本增加。因此，在满足功能需求和再制造要求的基础上，应尽可能减少再制造性余量以减少成本。关键零部件的再制造临界点 T_0 应该略大于产品主动再制造理想时间点 T_{IP}，即

$$0 < T_0 - T_{IP} < \varepsilon \quad (\varepsilon > 0) \tag{5-5}$$

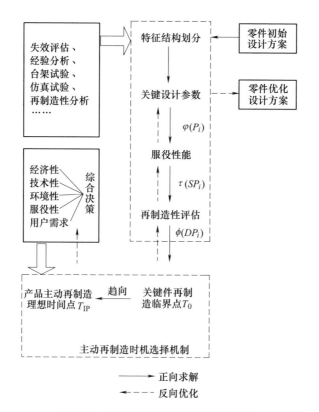

图 5-4　主动再制造时机调控机制流程

其次，关键零部件再制造临界点 T_0 大于且趋近于产品主动再制造理想时间点 T_{IP}，在产品到达主动再制造时域时，关键零部件既保证足够高的可再制造性，又避免再制造性余量过大造成的浪费，减小成本。因此，需进一步要求零部件的再制造临界点趋近于产品主动再制造理想时间点，即到达产品主动再制造理想时间点时，零件的再制造性也即将到达其临界点。

因此，产品及其关键零部件再制造状态分析是进行主动再制造时机调控的前提。以内燃机产品为例，经过钢材、铸铁、合金等原材料的运输、提取，以及气缸、曲轴、连杆、凸轮轴、活塞等零部件制造、装配等一系列过程，使其具备了将化学能转化为机械能的能力。在服役过程中，其经济影响和环境影响都是伴随着能量消耗进行的，所以对产品能耗进行分析可以更加直观地评估产品服役状态。此外，考虑内燃机产品的再制造多生命周期过程，对能耗进行时间上的量化，更具有规律性和可执行性，所以生命周期能耗可作为产品综合性能的评估指标。若内燃机产品的服役能耗为 $E(t)$，包含制造能耗 $E_m(t)$、服役能耗 $E_s(t)$ 和再制造能耗 $E_r(t)$，则产品的年均服役能耗可表示为

$$f(t) = \frac{E(t)}{t} = \frac{E_{\mathrm{m}}(t) + E_{\mathrm{s}}(t) + E_{\mathrm{r}}(t)}{t} \qquad (5\text{-}6)$$

其中,产品的制造能耗是原材料提取、运输和生产加工阶段产生能耗总和,所以初期年均能耗非常高。而当产品服役后,经历短暂的磨合期,进入稳定运转期,年均能耗将逐步下降。到了服役末期,产品内部零部件陆续失效。产品运行质量和效率下降,年均能耗将再次增加。产品年均能耗变化规律如图 5-5 所示。同时,进一步根据内燃机能耗随服役时间变化规律,可标定产品年均能耗变化的拐点时刻作为产品主动

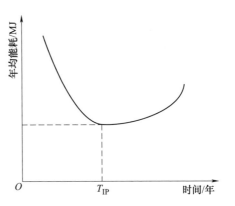

图 5-5 产品年均能耗变化规律

再制造理想时间点 T_{IP},并将其用于关键零部件再制造状态判断的时机基准。

对于内燃机中的关键零部件,可选取其冗余强度值退化到临界阈值时对应的时刻作为关键零部件的主动再制造时机。即选取零部件初始参数下的疲劳寿命 L_0,并代入冗余强度计算公式中,当冗余强度值退化到临界值 $r = 1.25$ 时,所对应的时间即为零部件初始主动再制造时机 T_0,可表示为

$$\frac{L_0 - T_0}{T_0} = 1.25 \qquad (5\text{-}7)$$

计算出各关键零部件的初始主动再制造时机 T_0 后,若 $T_0 - T_{\mathrm{IP}} > \varepsilon_0$ ($\varepsilon_0 > 0$),则关键零部件属于滞后再制造,如图 5-6 所示,其初始主动再制造时机为 T_1,采取的方法是使其主动再制造时机延后,从而在产品主动再制造理想时间点 T_{IP} 进行再制造时,该零部件也正好适合进行再制造,所以调控该零部件主动再制造时机为 $T_1' = T_{\mathrm{IP}}$。

若 $T_0 - T_{\mathrm{IP}} < \varepsilon_0$ ($\varepsilon_0 < 0$),则关键零部件属于提前再制造,如图 5-7 所示,若零部件 C_2 的初始主动再制造时机 T_2 与产品主动再制造理想时间点 T_{IP} 非常靠近,即满足 $[T_2/T_{\mathrm{IP}} + 0.5] = 1$($[X]$ 表示不超过 X 的最大整数),可以在产品主动再制造时机进行再制造,即 $T_2 = T_{\mathrm{IP}}$,T_{IP} 为该零部件调控后的主动再制造时机;若零部件 C_3 的初始主动再制造时机 T_3 与产品主动再制造理想时间点 T_{IP} 相差较大,即满足 $[T_3/T_{\mathrm{IP}} + 0.5] = n$ ($n = 2, 3 \cdots$),采取的方法是在内燃机产品第 n 次主动再制造时,对该零部件进行再制造,即调控该零部件主动再制造时机为 $T_3' = nT_{\mathrm{IP}}$。

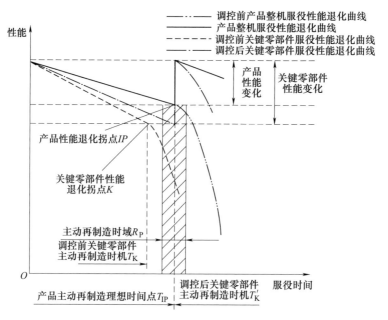

图 5-6 关键零部件滞后再制造

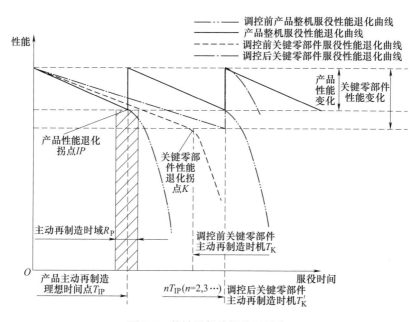

图 5-7 关键零部件提前再制造

5.2 关键零部件主动再制造时机调控

在机电产品主动再制造时机下对关键零部件进行再制造，零部件状态往往具有很大的不确定性。因此，需要对关键零部件的主动再制造时机和机电产品的主动再制造时机进行合理调控与匹配，进一步提升关键零部件的再制造性，以实现机电产品服役状态与零部件状态的最优化，目前，主要有基于结构功能梯度和基于接触耦合分析的主动再制造时机调控方法。

5.2.1 基于结构功能梯度的主动再制造时机调控方法

1. 结构功能梯度概念及模型

功能特征结构是指零部件中承担某一特定功能或作用（如承受载荷、传递运动和动力等）的特征结构，如轴颈、圆角、键槽、通孔等，零部件的其他通用结构划归为辅助结构。辅助结构按常规的结构设计即可满足功能、安全设计要求；功能特征结构对应于再制造，是需重点关注进行参数化改进的结构。从广义模块化的观点，机械零件可以抽象为一系列功能特征结构组成的耦合系统，如图 5-8 所示，零件整体再制造性的提高可通过功能特征结构的优化实现。面向再制造的机械零件功能特征结构信息模型可表示为

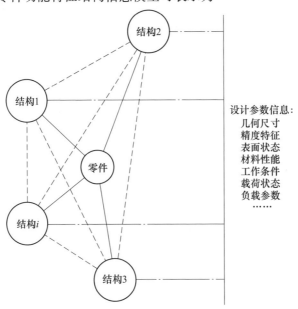

图 5-8　零件的功能特征结构组成

$$\begin{cases} S = S_1 \cup S_2 \cup \cdots \cup S_i \\ S_i = \text{Info}\{MI, DI, LO, FI\} \end{cases} \qquad (5\text{-}8)$$

式中，S 是机械零件的基本结构设计；S_i 是功能特征结构；MI 是材料特性参数；DI 是具体几何结构信息（如尺寸、表面状态等）；LO 是载荷负载参数（如力、转矩等）；FI 是服役过程中各类失效信息。

功能特征结构具有以下特点：

1）完成特定功能的特征结构，包含功能属性和几何结构属性。

2）可理解为结构上不可分，仅具有 CAD 下分割意义的虚拟模块。

3）各功能特征结构间具有交互作用，可视为通过布尔运算组合成整个零件的结构模型。

4）功能特征结构特征包含形状特征、尺寸特征和精度特征信息。

功能特征结构承担特定功能或作用，也是零部件服役过程中易导致零部件失效的危险结构、不稳定结构、关键结构等支承、配合、啮合部分。通过对零部件设计信息、功能需求、失效状态的关系分析，以及对大量零部件失效数据的统计处理可以实现功能特征结构的提取。例如，轴类零部件的过渡圆角、齿轮零部件的齿面、带孔零部件的圆孔等。箱体的功能特征结构提取如图 5-9 所示。

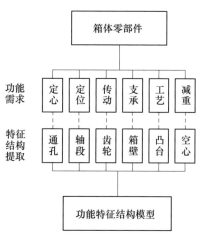

图 5-9　箱体的功能特征结构提取

功能特征结构对再制造性的影响较大，确定功能特征结构模型后，分析其对应的关键设计参数变化对特征结构和零部件整体的再制造性的影响。在满足原有功能需求的前提下，通过调控关键设计参数，进一步提高零部件再制造可行性。

结构功能梯度（Structure-Function Gradient，SFG）是将零部件划分为不同功能特征结构组成的耦合系统，表征不同功能特征结构的不同位置的再制造可行性分布，是衡量零部件整体再制造性的信息集合。在满足原有设计功能的前提下，通过改变特征结构的设计参数，可以在提高零部件再制造性的同时保证零部件再制造性整体分布均衡。结构功能梯度用矩阵形式可表示为

$$S = \begin{pmatrix} P_1 \\ \vdots \\ P_n \end{pmatrix} = \begin{pmatrix} P_{11} & \cdots & P_{1m} \\ \vdots & & \vdots \\ P_{n1} & \cdots & P_{nm} \end{pmatrix} \qquad (5\text{-}9)$$

式中，n 是零部件中功能特征结构的种类；m 是零部件中各功能特征结构数量的

总和；P_{ij}是第 i 个功能特征结构的 j 位置的再制造性。

结构功能梯度表征的再制造性分布具有层次性。

1）行分布性。每一行的元素表示相同功能特征结构对零部件整体再制造性的影响分布，不同行代表不同的功能特征结构对零部件整体再制造性的影响分布，其各自的影响程度是不一样的，可以用权重因子 ω_i 表征影响程度。

2）列分布性。相同行中的各列元素表征同一功能特征结构内的不同位置对零部件整体再制造性的影响分布，其各自的影响程度也是不一样的，可以用权重因子 λ_j 表征影响程度。为具有普遍性和可靠性，某功能特征结构内某个位置的再制造性可用其周围离散位置点进行表征分析。权重因子的集合可以通过菲尔德法、模糊层次法和理想点逼近法等方法确定。

功能特征结构对应不同的设计参数 $\boldsymbol{DP} = (x_1 \quad x_2 \quad \cdots \quad x_n)^{\mathrm{T}}$，由此建立再制造性分布与设计参数的联系，通过改变功能特征结构的设计参数可以反馈实现零部件再制造性的提高和整体优化分布。零部件的结构功能梯度模型如图 5-10 所示。

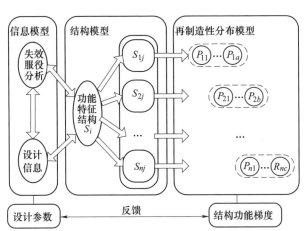

图 5-10　零部件的结构功能梯度模型

如图 5-11 所示，对于某轴类零件，选取其中的轴颈和过渡圆角两种功能特征结构，则 $n=2$，其数量分别为 3、2，则 $m=5$。因此，该轴类零件的结构功能梯度可表示为

$$S = \begin{pmatrix} \{P_{11}, P_{12}, P_{13}\} & O \\ O & \{P_{24}, P_{25}\} \end{pmatrix}$$

$$\begin{pmatrix} \{\phi(DP_{11}), \phi(DP_{12}), \phi(DP_{13})\} & O \\ O & \{\phi(DP_{24}), \phi(DP_{25})\} \end{pmatrix} \tag{5-10}$$

零部件是由若干功能特征结构组成的耦合系统，若有一个功能特征结构的

再制造性低于阈值，无论其他结构再制造性多高，零部件均无法再制造。即零部件再制造性受限于各功能特征结构的再制造性，这是结构功能梯度的最小值效应，取功能特征结构中再制造性的最小值为零件的再制造性，即 $P = \min(P_{ij})$。此外，对各功能特征结构的再制造性进行

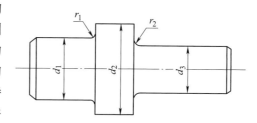

图 5-11　轴类零件中的功能特征结构

加权求和可反映各结构的交互作用和累加效应，其加权值可用来评判零部件再制造性整体分布的好坏，这是结构功能梯度的交互累加效应。通过结构功能梯度矩阵可以定性描述零部件再制造性整体分布情况。为了进行定量描述，根据结构功能梯度的交互累加效应定义梯度因子 g_f 为零部件再制造性整体分布情况的代表值。

设定一个零件有 n 个功能结构特征，其权重因子为 ω_i；每个结构特征上分别有若干个位置，共 m 个，每个结构特征上不同位置的权重因子分别为 λ_j。则零部件服役 t 时间后，定义梯度因子 g_f 的表达式为

$$g_f = \begin{pmatrix} \omega_1 & \omega_2 & \cdots & \omega_n \end{pmatrix} \begin{pmatrix} P_1 \\ P_1 \\ \vdots \\ P_n \end{pmatrix} = \sum_{i=1}^{n} \omega_i P_i = \sum_{i=1}^{n} \sum_{j=1}^{m_j} \omega_i P_{ij} \lambda_{ij} \qquad (5\text{-}11)$$

梯度因子 g_f 值越大，表示零部件再制造性整体分布相对越好。在进行设计参数改进时，可用梯度因子进行参数筛选。

判定分析：当 $\Delta g_f \geq 0$ 时整体再制造性能提高（或不变），设计参数相对较优；当 $\Delta g_f < 0$ 时整体再制造性能降低，设计参数需再改进。

再制造能否实施的关键是产品在服役期末端时是否仍具有良好的再制造能力。在宏观上，再制造性是综合考虑技术、经济和环境等因素的影响对产品进行综合评判；在微观上，再制造性主要考虑零部件通过修复改造后性能恢复的能力，即其服役性能的再制造可行性。再制造性的指标有很多，针对不同的要求可以选定不同的指标进行特定的分析。

结构功能梯度是针对主动再制造设计中的零部件级设计问题，注重零部件结构功能的实现和结构参数的优化，结合零部件再制造前后的服役性能劣化规律，选取冗余强度作为表征零件再制造可行性的参数指标。零部件再制造前后的服役性能变化曲线如图 5-12 所示。在复合服役周期内，零部件的服役性能指标经过"设计—服役—再制造"三个阶段。设计方案决定了初始服役性能，在服役时间 t 后，各服役性能指标会出现不同程度的变化，经过再制造，零部件的

性能得到恢复。

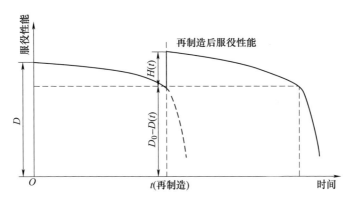

图 5-12　零部件再制造前后的服役性能变化曲线

定义服役时间 t 后，在功能特征结构 S_i 处，冗余强度 $r_i(t)$ 为

$$r_i(t) = \frac{D_0^i - D^i(t) + H^i(t)}{D_1^i} \tag{5-12}$$

式中，D_0^i 是零部件设计阶段定义的最大允许服役性能损伤；$D^i(t)$ 是经过 t 时间的服役后产生的服役性能损伤；$H^i(t)$ 是在 t 时刻进行再制造性能恢复量；$D_0^i - D^i(t) + H^i(t)$ 是零部件的总服役性能。

由此，结构功能梯度可表述为将零部件划分为不同功能特征结构组成的耦合系统，表征不同功能特征结构的不同位置的冗余强度分布，是衡量零部件整体再制造性的信息集合。由式（5-9），结构功能梯度的矩阵表达式可写为

$$S = \begin{pmatrix} P_1 \\ \vdots \\ P_n \end{pmatrix} \begin{pmatrix} r_{11} & \cdots & r_{1m} \\ \vdots & & \vdots \\ r_{n1} & \cdots & r_{nm} \end{pmatrix} \tag{5-13}$$

由式（5-11），可将梯度因子的表达式整理为

$$g_f = \sum_{i=1}^{n} \omega_i P_i = \sum_{i=1}^{n} \sum_{j=1}^{m_j} \omega_i r_{ij} \lambda_{ij} \tag{5-14}$$

▶ 2. 基于结构功能梯度的零部件再制造优化设计

要使产品中关键零部件在产品主动再制造时域内可再制造，必须保证零部件在产品主动再制造时机或者服役期末端具有良好的再制造性。基于结构功能梯度的零部件主动再制造设计就是在满足零部件原有功能的同时，通过结构设计参数的优化提高在预设时机零部件的再制造性，同时保证再制造性整体分布良好。通过结构功能梯度矩阵模型、冗余强度和梯度因子建立零部件特征设计参数与零部件再制造性的定性、定量映射关系。

基于结构功能梯度的零部件主动再制造优化设计框架可以划分为三步：功能特征结构选取、量化分析、反馈寻优，如图 5-13 所示。

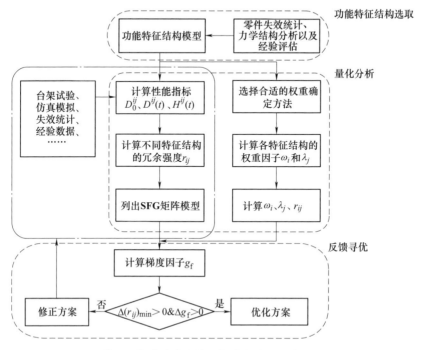

图 5-13　基于结构功能梯度的零部件主动再制造优化设计框架

（1）功能特征结构选取　零部件的再制造可行性和其设计参数、服役特性、失效形式是相互关联的。在构建功能特征结构模型的基础上，根据零件的失效数据统计、力学结构分析以及经验评估选取危险结构、不稳定结构和关键结构作为功能特征结构 S_i。例如，轴类零件的轴颈大小影响其结构强度，若轴肩和轴颈处的圆角应力集中，易发生疲劳失效，因此应选取轴颈和圆角作为轴类零件的功能特征结构 S_i。

（2）量化分析　结构功能梯度对应的是零部件级设计，应研究零部件结构设计参数和再制造性的映射关系，通过设计参数的优化改进实现再制造性的优化。选用冗余强度作为结构功能梯度中的再制造性参数指标，根据最小值效应，各功能特征结构的最小冗余强度即为零部件的冗余强度。

根据冗余强度 r_{ij} 的表达式 $r_{ij}(t)=\dfrac{D_0^{ij}-D^{ij}(t)+H^{ij}(t)}{D_1^{ij}}$，首先要确定 D_0^{ij}、$D^{ij}(t)$ 和 $H^{ij}(t)$ 的值。冗余强度从不同的强度指标方面表征再制造性，如强度、刚度、磨损、疲劳等。零部件的设计信息、服役特性和失效形式三者密切相关，根据零部件的失效形式划分（假定 k 种失效形式）可以选取 k 种性能强度指标，然后确定每种性能强度指标对应的 D_0^{ij}、$D^{ij}(t)$ 和 $H^{ij}(t)$ 的值，进而求出相应的冗余强度 r_{ij}^r，取其中最小者作为该点的冗余强度值，即

$$r_{ij} = \min(r_{ij}^1 \quad r_{ij}^2 \quad \cdots \quad r_{ij}^k) \tag{5-15}$$

例如，轴类零件的主要失效形式是疲劳和磨损，相应选取疲劳寿命和磨损量为指标，通过仿真模拟、试验测定、经验数据等可以分别确定相应的 D_0^{ij}、$D^{ij}(t)$ 和 $H^{ij}(t)$ 的值，进而计算出对应的冗余强度。分别计算出各位置的冗余强度 r_{ij} 后，可以得出结构功能梯度的分布矩阵，总体认知零部件整体再制造可行性的分布情况。

各功能特征结构的交互影响可能会掩盖或歪曲单一功能特征结构的主效应，导致片面追求各结构参数的优化而未实现零部件整体的优化。需要确定各功能特征结构 S_i 对整体性能影响的权重关系集合 $\{\omega_i, \lambda_j\}$。权重的确定方法有很多，如菲尔德法、模糊层次法和理想点逼近法等方法。

下面介绍一种简单客观的权重确定方法，具体过程如下。

1）请专家对各指标的权重进行评分，得到原始权重 a_{ij}，所有指标原始权重之和等于 1，即 $\sum a_{ij} = 1$（a_{ij} 表示第 i 个专家对第 j 个指标评定的原始权重，$i=1$, 2, $\cdots$, r；$j=1$, 2, $\cdots$, k）。

2）计算每个指标的平均权重，第 j 个指标的平均权重为

$$a_j = \frac{\sum\limits_{i=1}^r ij}{r} \tag{5-16}$$

3）计算原始权重的偏移值

$$ij^* = |ij - a_j| \tag{5-17}$$

偏移值越小，指标权重在实际权重中所占比例越大。

4）确定新权重

$$a_{ij}^* = \frac{\max\limits_i (ij)^* - (ij)^*}{\max\limits_i (ij)^* - \min\limits_i (ij)^*} \tag{5-18}$$

$$j_0 = \frac{\sum\limits_{i=1}^r (ij \cdot a_{ij}^*)}{\sum\limits_{i=1}^r (a_{ij}^*)} \tag{5-19}$$

5）对 $j_0 = (1_0, 2_0, \cdots, k_0)$ 进行归一化处理

$$j = \frac{j_0}{\sum\limits_{j=1}^r j_0} \tag{5-20}$$

即可得到新的权重 ω_1, ω_2, $\cdots$, ω_k。

上述方法计算简单易行，与其他权重确定方法相比，较为客观。在确定各点冗余强度 r_{ij} 大小和各功能特征结构 S_i 间权重关系 $\{\omega_i, \lambda_{ij}\}$ 的基础上，可以计算出相应的梯度因子 g_f，以此定量表征零部件再制造性的整体分布。

（3）反馈寻优　用结构功能梯度矩阵中最小的冗余强度 r_{ij} 代表零件再制造性，用梯度因子的差值 Δg_f 判定设计参数改进是否能保证再制造性整体分布不劣化。如果不考虑其他限制条件，仅考虑结构尺寸参数 $S = (x_1 \ x_2 \cdots x_n)^T$ 及其约束集合 MC，则可以 $(r_{ij})_{\min}$ 作为目标函数，参数改进前后的两次梯度因子的差值 Δg_f 作为模型的优化判定标准，建立数学模型，即

$$
\begin{cases}
\max\left\{r_{ij}(t)\right\}_{\min} = \dfrac{D_0^{ij} - D^{ij}(t) + H^{ij}(t)}{D_1^{ij}} \\[2mm]
\text{s. t.} \quad g_f = \displaystyle\sum_{i=1}^{n}\sum_{j=1}^{m_j} \omega_i R_{ij} \lambda_{ij} \\[2mm]
\Delta g_f = g_f^i - g_f^0 \geqslant 0 \\[2mm]
(x_1 \quad x_2 \quad \cdots \quad x_n)^T \in MC
\end{cases}
\tag{5-21}
$$

经过不断反馈寻优，最后得到最优化的解，此时对应的设计参数在保证零部件具有很高的再制造性的同时，也具有良好的再制造性整体分布。

▶▶ **3. 基于结构功能梯度的曲轴零部件再制造优化设计应用**

曲轴是发动机的核心部件，曲轴的再制造具有重大研究意义和经济效益。以 6L240 型四缸柴油机曲轴为对象，进行基于结构功能梯度的优化设计。6L240 型柴油机按照使用寿命为 30 年，每年工作 365 天，每天工作 20h，曲轴转速为 1000r/min 的使用要求，则一个生命周期内曲轴受到的应力循环次数为 $1000 \times 60 \times 20 \times 365 \times 30/2 = 6.57 \times 10^9$（次）。曲轴的相关初始参数见表 5-1 和表 5-2。

表 5-1　曲轴主要结构尺寸参数　　　　　　　　　　（单位：mm）

项目	气缸直径	主轴颈	主轴颈圆角	主轴颈宽	连杆轴颈
初始参数	105	80	3	35	66
项目	连杆轴颈宽	曲柄臂厚	曲柄半径	油孔直径	连杆轴颈圆角
初始参数	40	24.5	59	4	4

表 5-2　曲轴主要力学性能参数

材质、性能	材质	弹性模量 E/GPa	泊松比 v	屈服强度 σ_s/MPa	抗拉强度 R_m/MPa	屈服点延伸率 A_e（%）	断面收缩率 Z（%）
参数	42CrMoA	206	0.3	≥638	≥834	≥14	≥50

不规则的几何结构、复杂的载荷和材料性能的限制是影响曲轴失效的三大因素。因此，要提高曲轴的疲劳寿命，应考虑结构、载荷和材料三方面。一般

而言，机械载荷由发动机性能决定，基本上固定难以更改；曲轴材料一般是铸钢或铸铁，新材料研究和运用进展缓慢；曲轴疲劳失效主要是受应力局部集中的影响，而应力集中系数与结构有很大的关系。因此，通过优化局部结构来提高曲轴疲劳寿命是有效的方法之一。

（1）功能特征结构提取　多缸曲轴结构复杂、计算量大，根据以往的计算结果，曲轴单拐与整体曲轴的计算结果相近，因此仅以曲轴 1/4 的单拐建立模型进行计算分析。选取曲轴的油孔 S_1、圆角 S_2 和轴颈 S_3 为功能特征结构，则曲轴的结构功能梯度矩阵可写为

$$S = \begin{pmatrix} r_1 \\ r_2 \\ r_3 \end{pmatrix} = \begin{pmatrix} \{r_{11}\} & O & O \\ O & \{r_{22}, r_{23}, r_{24}, r_{25}\} & O \\ O & O & \{r_{36}, r_{37}, r_{38}\} \end{pmatrix} \tag{5-22}$$

相应的主要结构设计参数有油孔直径 d、主轴颈圆角半径 r_{ec}、连杆轴颈圆角 r_{sc}、主轴颈直径 d_1、主轴颈宽 L_1、连杆轴颈直径 d_2、连杆轴颈宽度 L_2。曲轴的三维模型如图 5-14 所示。

（2）量化分析　曲轴工况载荷分析是进行仿真模拟的首要步骤。由曲轴的受力分析可知，随曲轴转动角度的变化，连杆轴颈上的受力也跟着变

图 5-14　曲轴的三维模型

化。连杆对连杆轴颈的作用力可分解为法向力和切向力，两个力都是分布载荷：载荷沿连杆轴颈轴向分布为二次抛物线分布，载荷沿连杆轴颈圆周方向分布为余弦分布，分布范围为 120°，如图 5-15 所示。

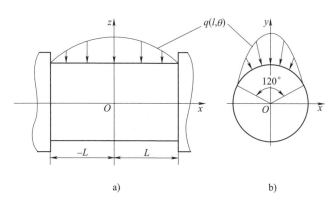

图 5-15　连杆轴颈表面载荷分布

a）轴向分布　b）圆周方向分布

根据分析，载荷方程为

$$q(l,\theta) = \frac{9F_1}{16Lr}\left(1 - \frac{x^2}{L^2}\right)\cos\left(\frac{3\theta}{2}\right) \tag{5-23}$$

式中，F_1是作用在连杆轴颈上的连杆力；r是连杆轴颈的半径；l是连杆轴颈上载荷作用区域有效长度的一半，$l \in (-L, L)$；θ是载荷分布范围，$\theta \in (-60°, 60°)$。

利用 Abaqus 软件进行仿真分析，获得曲轴在最大压力下的应力云图，如图 5-16 所示。由图 5-16 可知，最大应力出现在主轴颈圆角处，轴颈、圆角、油孔都是应力集中的区域，与理论分析一致，说明该模型合理，应力结果可用于疲劳分析。

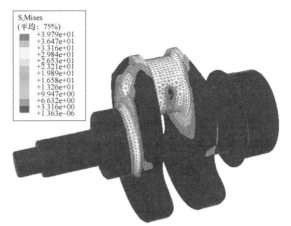

图 5-16　曲轴在最大压力下的应力云图

通过可视化模块观察曲轴的寿命云图分布，如图 5-17 所示。疲劳寿命最小点出现在主轴颈圆角处，轴颈、圆角和油孔区域的疲劳寿命都较低。对比图 5-16 和图 5-17，可见寿命较低的区域分布与高应力区域分布是相关的。

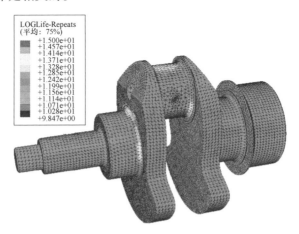

图 5-17　曲轴的寿命云图

可用冗余强度表征再制造性，在进行以冗余强度为目标的优化时，为方便表达，采用分析化简后的疲劳寿命代替冗余强度进行目标表示。由 Miner 理论，通过再制造的零部件性能得到提高，但并没有消除其疲劳损伤，损伤会一直叠加，直至零部件失效。即疲劳强度恢复量 $H=0$。根据 Miner 疲劳累积损伤理论，n 个循环造成的损伤 $D=n/N$，其中，N 是对应于当前疲劳载荷水平的设计疲劳寿命。假设服役时间 t 后，转化的疲劳寿命为 n，所允许的疲劳损伤为 1。

则服役时间 t 后，对应的冗余强度为

$$r_{ij}(t) = \frac{D_0^{ij} - D^{ij}(t) + H^{ij}(t)}{D_1^{ij}} = \frac{1 - \dfrac{n}{N}}{\dfrac{n}{N}} = \frac{N - n}{n} \tag{5-24}$$

其对应的梯度因子 g_f 可化简为

$$g_f = \sum_{i=1}^{n} \omega_i P_i = \sum_{i=1}^{n} \sum_{j=1}^{m_j} \omega_i R_{ij} \lambda_{ij} = \sum_{i=1}^{n} \sum_{j=1}^{m_j} \omega_i \lambda_{ij} \frac{N - n}{n} \tag{5-25}$$

图 5-17 中，对每个功能特征结构分别在其周围区域取若干个离散的点，将其中最小值作为该功能特征结构的代表值 N_{ij}，再代入式（5-24）计算相应的冗余强度 r_{ij}，仿真结果见表 5-3。

表 5-3 仿真结果

功能特征结构	油孔	圆角				轴颈		
		主轴颈圆角 1	主轴颈圆角 2	连杆轴颈圆角 1	连杆轴颈圆角 2	主轴颈 1	主轴颈 2	连杆轴颈
疲劳寿命/h	N_{11}	N_{22}	N_{23}	N_{24}	N_{25}	N_{36}	N_{37}	N_{38}
	$1.08×10^{13}$	$9.05×10^{9}$	$1.07×10^{10}$	$1.23×10^{10}$	$1.15×10^{10}$	$5.19×10^{12}$	$4.72×10^{12}$	$4.22×10^{12}$
强度冗余	r_{11}	r_{22}	r_{23}	r_{24}	r_{25}	r_{36}	r_{37}	r_{38}
	1611.50	0.35	0.59	0.83	0.72	774.35	703.20	629.38

由表 5-3 可知，表征曲轴的油孔、圆角和轴颈不同位置的强度冗余分布的结构功能梯度矩阵为

$$S = \begin{pmatrix} \{1611.50\} & O & O \\ O & \{0.35, 0.59, 0.93, 0.88\} & O \\ O & O & \{774.35, 703.2, 629.38\} \end{pmatrix}$$

$$\tag{5-26}$$

其中，最薄弱的位置为主轴颈圆角 1，最小强度冗余为 0.35。

由式（5-26）可知，曲轴的三个功能特征结构中油孔和轴颈的再制造强度冗余量相较圆角处大很多，数值的比值均超过 500；圆角再制造强度冗余量的变化对油孔和轴颈的影响很小。因此取油孔、圆角、轴颈的权重因子分别为 $\omega_i =$

{0, 1, 0}，代入式（5-25）得

$$g_f = \sum_{i=1}^{n} \sum_{j=1}^{m_j} \omega_i \lambda_{ij} r_{ij} = \sum_{j=1}^{m_j} \lambda_{2j} r_{2j} \tag{5-27}$$

相同行中的各列元素表征同一半径特征结构内的不同位置对零部件整体再制造性的影响分布，计算其各自的权重因子 λ_{2j} 得

$$\{\lambda_{22}, \lambda_{23}, \lambda_{24}, \lambda_{25}\} = \{0.2829, 0.2529, 0.2229, 0.2413\}$$

由式（5-27）计算初始梯度因子

$$g_f = \sum_{i=1}^{3} \sum_{j=2}^{5} \omega_i \lambda_{ij} r_{ij} = \sum_{j=2}^{5} \lambda_{2j} r_{2j} = \lambda_{22} r_{22} + \lambda_{23} r_{23} + \lambda_{24} r_{24} + \lambda_{25} r_{25} = 0.668$$

针对油孔、圆角和轴颈三大半径特征结构，主要的结构尺寸参数有油孔直径 d、主轴颈圆角半径 r_{ec}、连杆轴颈圆角半径 r_{sc}、主轴颈直径 d_1、主轴颈宽 L_1、连杆轴颈直径 d_2、连杆轴颈宽度 L_2。根据经验，初步选取油孔直径 d、主轴颈圆角半径 r_{ec} 和连杆轴颈半径 r_{sc} 进行改进：油孔直径 d 减小 0.2mm，主轴颈圆角半径增加 2mm，连杆轴颈半径减小 2mm。经过分析计算得到改进后的结构功能梯度矩阵为

$$S = \begin{pmatrix} \{2420.03\} & O & O \\ O & \{0.51, 0.62, 0.75, 0.64\} & O \\ O & O & \{401.78, 423.85, 457.23\} \end{pmatrix} \tag{5-28}$$

（3）反馈寻优 曲轴是发动机中传递动力、承受冲击载荷的重要零部件，所处工作条件恶劣，形状和加工工艺复杂，精度、表面粗糙度、热处理和表面强化等要求严格，毛坯成本、加工费用相对较高，具有很高的再制造价值。假设发动机的再制造理想时间点为 T_{IP}，曲轴初始的再制造临界点为 T_0。若 $T_0 \geq T_{IP}$，则主动再制造时机为发动机的再制造理想时间点 T_{IP}，但此时曲轴的再制造性余量还有很多，曲轴再制造会产生价值浪费；若 $T_0 < T_{IP}$，则主动再制造时机为曲轴再制造临界点 T_0，此时发动机尚未达到再制造理想时间点，达不到理想的再制造综合最优效果。以上这两种情况都达不到发动机再制造的全生命周期综合指标最优，必须对原始曲轴再制造临界点进行优化。

曲轴的主要失效形式为疲劳断裂和磨损，以当前的技术水平可以完全修复曲轴的磨损。根据 Miner 疲劳累积损伤理论，零部件再制造后，性能得到提高，但并没有消除其疲劳损伤，疲劳损伤不可修复，损伤会一直叠加下去，直至零部件失效。即曲轴再制造后，其疲劳强度恢复量 $H = 0$。故仅考虑曲轴的疲劳失效，以疲劳寿命作为曲轴的服役性能指标。根据上述分析，曲轴的冗余强度为

$$r \big|_{t=n} = \frac{1 - n/N + 0}{n/N} = \frac{N - n}{n} \tag{5-29}$$

式中，N 是曲轴的设计疲劳寿命；n 是曲轴的原始服役寿命（或换算成应力循环次数）。

假定曲轴仅再制造一次，当到达发动机再制造理想时间点 T_{IP} 时，对曲轴进行再制造，曲轴原始服役周期结束，曲轴的原始服役寿命 n 等于发动机再制造理想时间点 T_{IP}。由式（5-29）可得，曲轴的冗余强度需满足的条件为

$$\begin{cases} r\big|_{t=n} > 1 \\ |r-1| < \varepsilon, \varepsilon > 0 \end{cases} \tag{5-30}$$

实际中为安全起见，需考虑安全系数，可以取 $r\big|_{t=n} = 1.25$。

由式（5-29）和式（5-30）得 $N = 2.25n$。

由上述分析可得，曲轴原始结构参数对应的初始设计疲劳寿命为 $N = 7.03 \times 10^9$ 次，相应的初始再制造临界点为 $T_0 = n = N/2.25 = 3.12 \times 10^9$ 次。实际应用中，用发动机的技术寿命作为发动机再制造理想时间点的预估值，发动机技术寿命为 25 年，换算成应力循环次数为 5.475×10^9 次。

所以 $T_0 \leqslant T_{IP}$，主动再制造时机为曲轴再制造临界点 3.12×10^9 次，此时发动机尚未达到再制造理想时间点，达不到理想的再制造综合最优效果，需对初始结构参数进行反馈优化设计。

由此，问题转换成，在已知发动机再制造理想时间点 $T_{IP} = 5.475 \times 10^9$ 次，在满足关键零部件曲轴性能要求的前提下，对曲轴的设计疲劳寿命 N 进行以 $N = 2.25n$（$T_{IP} = n$）为目标的结构优化设计，则 $N = 2.25 \times 5.475 \times 10^9 \approx 1.23 \times 10^{10}$ 次，实现曲轴的再制造时机趋向于发动机再制造理想时间点，使主动再制造综合效果最优。

通过仿真试验建立曲轴关键设计参数 $\boldsymbol{DP} = (x_1 \quad x_2 \quad \cdots \quad x_n)^T$ 与曲轴疲劳寿命 N 的映射模型 $N = \phi(\boldsymbol{DP})$。曲轴结构型式复杂、结构设计参数很多，根据功能特征结构模型进行筛选，将曲轴划分为油孔 DP_1、圆角 DP_2 和轴颈 DP_3 三个结构功能特征，相应的结构设计参数主要有

$DP_1 = $（油孔型式，油孔直径，油孔角度）

$DP_2 = $（连杆轴颈处圆角类型，连杆轴颈处圆角半径，主轴颈处圆角类型，主轴颈处圆角半径）

$DP_3 = $（连杆轴颈直径，连杆轴颈宽度，主轴颈直径，主轴颈宽度）

筛选后设计参数还是很多，为简化说明，结合经验设计，仅选取 5 个结构尺寸参数作为关键设计参数，分别为油孔直径 x_1、主轴颈处圆角半径 x_2、连杆轴颈处圆角半径 x_3、主轴颈直径 x_4、连杆轴颈直径 x_5。

按照每组试验方案要求依次改变曲轴各尺寸参数，进行 Abaqus/Fe-safe 联合有限元疲劳仿真分析。试验方案和仿真分析结果见表 5-4。

表 5-4　试验方案和仿真分析结果

试验序号	x_1/mm	x_2/mm	x_3/mm	x_4/mm	x_5/mm	疲劳寿命（应力循环次数）N/次	常用对数表示 $\lg N$
1	4.0	3.0	4.0	80	66	7.03×10^9	9.847
2	4.0	2.8	3.8	78	64	3.96×10^9	9.598
3	4.0	3.2	4.2	82	68	9.51×10^9	9.978
4	3.8	3.0	4.0	78	64	5.42×10^9	9.734
5	3.8	2.8	3.8	82	68	4.00×10^9	9.602
6	3.8	3.2	4.2	80	66	1.05×10^{10}	10.02
7	4.2	3.0	3.8	80	68	3.04×10^9	9.483
8	4.2	2.8	4.2	78	66	3.11×10^8	8.493
9	4.2	3.2	4.0	82	64	2.88×10^{10}	10.46
10	4.0	3.0	4.2	82	64	2.40×10^{10}	10.38
11	4.0	2.8	4.0	80	68	5.71×10^9	9.757
12	4.0	3.2	3.8	78	66	9.66×10^9	9.985
13	3.8	3.0	3.8	82	66	3.93×10^9	9.594
14	3.8	2.8	4.2	80	64	8.73×10^9	9.941
15	3.8	3.2	4.0	78	68	5.52×10^9	9.742
16	4.2	3.0	4.2	78	68	8.30×10^9	9.919
17	4.2	2.8	4.0	82	66	8.18×10^8	8.913
18	4.2	3.2	3.8	80	64	9.57×10^9	9.981

　　取显著性水平 0.25，查 F 分布临界值表可知 $F_{0.25}(2,4)=2$。当 $F>F_{0.25}$（2，4）$=2$ 时，称变量显著；当 $F<F_{0.25}(2,4)=2$ 时，称变量不显著。曲轴疲劳寿命的方差分析结果见表 5-5。

表 5-5　曲轴疲劳寿命的方差分析结果

因素	偏差平方和	贡献度	自由度	F 值	显著性
x_1	0.445	15.4%	2	1.417	不显著
x_2	1.301	44.9%	2	4.413	显著
x_3	0.020	0.7%	2	0.064	不显著
x_4	0.253	8.7%	2	0.806	不显著
x_5	0.876	30.3%	2	2.790	显著
误差	0.630		4		

　　由表 5-5 可知，目标值的显著因素有两个（x_2，x_5），不显著因素有三个（x_1，

x_3, x_4），两个显著因素贡献度之和高达 75.2%，影响要远大于不显著因素。因此，不显著因素对目标值的波动影响很小，可以忽略。筛选出 x_2 和 x_5 作为重要的结构参数，根据表 5-4 的试验数据，对曲轴的设计疲劳寿命最小值进行拟合，构建回归方程。采用具有较高准确度的多元二次回归分析构建回归方程为

$$\lg N = b_0 + b_1 x_2 + b_2 x_5 + b_3 x_2^2 + b_4 x_2 x_5 + b_5 x_5^2 \tag{5-31}$$

其中，系数 $b_0 = 390.6577$，$b_1 = 30.8173$，$b_2 = -12.9553$，$b_3 = -3.0083$，$b_4 = -0.1691$，$b_5 = 0.1015$。

下面对回归方程进行检验：

相关系数 $r^2 = 0.84527$，接近 1，回归方程显著；$F = 11.3271$，$F_{0.95}(2,4) = 5.9443$，$F > F_{0.95}$ 回归方程显著；$p = 0.02103 < 0.05$（默认置信水平），所以回归模型成立。该模型拟合效果检验结果如图 5-18 所示，图中只有一个异常值，因此该模型的拟合效果较好。

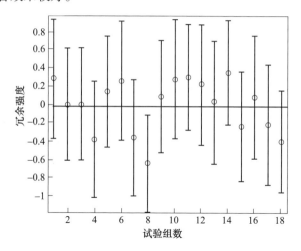

图 5-18 拟合效果检验结果

将曲轴的目标优化疲劳寿命 $N = 1.23 \times 10^{10}$ 次代入式（5-31），根据设计经验，在原始结构尺寸的基础上限定各关键结构设计参数的取值范围，借助 Matlab 优化工具箱得到设计参数（x_2，x_5）有三组解：（2.9，68）、（3.0，67）和（3.1，66）。

以这三组解作为初始设计参数，分别进行疲劳仿真试验，得到相应的梯度因子分别为 1.78、1.42、1.58，相应的疲劳寿命分别为 1.23×10^{10} 次、1.19×10^{10} 次、1.24×10^{10} 次。其中，解集（2.9，68）对应的梯度因子最大，表明该设计参数对应的曲轴在满足目标设计疲劳寿命的同时，整体再制造性分布较其他两组好，是优化解集。

最后，在曲轴初始设计参数优化为（3，2.9，4，80，68）时，实现发动机

主动再制造时机的最佳调控。

▶ 5.2.2 基于接触耦合分析的主动再制造时机调控方法

▶ 1. 关键零部件接触耦合模型及其主动再制造时机调控方法

考虑到机电产品是由多个关键零部件组合而成的,对单一零部件的特征结构参数进行优化,往往容易引起与之装配零部件的结构参数改变,会导致一连串相关零部件的参数都需要修改,最终导致整个产品性能发生变化。因此在对关键零部件特征结构参数进行优化之前,有必要分析关键零部件之间的相互影响。

耦合作为联结系统中各子系统的桥梁与纽带是复杂机电系统不可缺少的功能形成机制,通过子系统间的耦合作用,整个系统才得以完成能量转化、信息交互等工作。而且由于现代机电产品的构成越来越复杂精密,整个系统中的耦合方式越来越多,耦合作用也更加多变。对于机械产品而言,其组成零部件之间由于装配作用,一定会产生相互影响。

零部件接触耦合是指具有公差配合的零部件彼此由于相互接触产生交互影响,在装配尺寸和冗余强度约束下,关键零部件特征结构参数的改变对其自身性能、相接触零部件性能、产品整体性能产生作用,如图 5-19 所示。

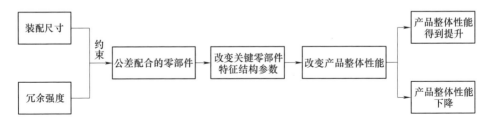

图 5-19　零部件接触耦合概念

机电产品往往由多个关键零部件组成,要同时考虑各零部件的设计要求以及它们的接触耦合关系,如图 5-20 所示。

关键零部件 C_1 和 C_2 相接触,C_2 和 C_3 相接触。P_1^C、P_2^C、P_3^C 分别表示其再制造性能特征:P_1^C 中有 x_{11}、x_{12}、x_{13} 三个特征结构参数,P_2^C 中有 x_{21}、x_{22}、x_{23} 三个特征结构参数,P_3^C 中有 x_{31}、x_{32}、x_{33} 三个特征结构参数。D_1、D_2、D_3 表示特征结构参数间的约束关系。x_{13} 和 x_{21} 对应关键零部件 C_1 和 C_2 相接触部位的特征结构参数,x_{22} 和 x_{31} 对应关键零部件 C_2 和 C_3 相接触部位的特征结构参数。P_1^C、P_2^C 和 P_3^C 之间的关系通过约束 D_4、D_5 和 D_6 实现,而 D_4、D_5、D_6 是通过 x_{13}、x_{21}、x_{12}、x_{23}、x_{32}、x_{22}、x_{31} 起作用的。如果特征结构参数 x_{13} 改变,经由 D_4 会影响到特征结构参数 x_{21},进而影响到特征结构参数 x_{22}、x_{23};x_{22} 发生改变后,又能够通过

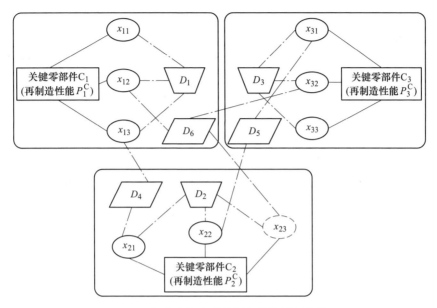

图 5-20   机电产品中关键零部件接触耦合关系

D_5 影响 x_{31} 的取值；x_{23} 的改变反过来会通过 D_6 影响到 x_{12} 和 x_{32} 的取值，从而影响关键零部件 C_1；关键零部件 C_1 性能变化影响到关键零部件 C_2、C_3，产品整体性能相应也会发生变化。整个耦合过程是通过 x_{12}、x_{13}、x_{21}、x_{22}、x_{23}、x_{31}、x_{32} 在多个零部件性能间的传递来实现的，因此可以对耦合关系中的关键零部件特征结构参数进行如下分类和定义：

（1）耦合特征参数   因为组成产品的关键零部件之间是非独立的，一定会有因接触而相互影响的结构参数。假设关键零部件 C_2 与 C_1 相接触部位的结构参数集为 X_{12}，C_2 与 C_3 相接触部位的结构参数集为 X_{23}，则 X_{12}、X_{23} 耦合变量集为 $XP(XP=X_{12}\cup X_{23})$，构成 XP 的参数称为耦合特征参数，如图 5-20 中 x_{13}、x_{21}、x_{22}、x_{31}。

（2）关联特征参数   关联特征参数是指只出现在单个关键零部件中，但与耦合特征参数存在约束关系，同时因产品功能约束并对其产生影响的零部件之间非接触部位的特征参数，如图 5-20 中的 x_{12}、x_{23}、x_{32}。

（3）独立特征参数   独立特征参数是指只出现在单个关键零部件中，不受产品功能约束，它的取值不会影响产品功能，可以在零部件中独立进行优化的特征参数，如图 5-20 中的 x_{11}、x_{33}。

关键零部件之间的接触耦合是通过耦合特征参数和关联特征参数传递来实现的，耦合特征参数、关联特征参数的改变不仅影响所属零部件的设计结果，还对与其配合的关键零部件和产品的设计结果产生影响。因此，针对该类耦合影响关系，需要进一步构建包含多种特征结构参数的产品与关键零部件再制造性能模型。

时机调控的本质是对零部件特征结构参数优化的过程，对于耦合特征参数，以产品整体性能作为优化目标，优化结果应保证自身和接触件具有良好的再制造性能；对于关联特征参数，以产品性能作为优化目标，同时应满足自身冗余强度条件；对于独立特征参数，在优化时取初始设计值。对耦合特征参数还需考虑关键零部件之间的装配因素，避免零部件因结构尺寸的改变而无法装配。对于耦合特征参数之间属于间隙配合的情况，因为其存在初始设计间隙值，所以应使得零部件的尺寸与配合零部件的尺寸之差不小于初始间隙值 δ。在不改变各结构参数尺寸偏差的情况下，若特征结构参数 x_{11}，x_{12}，x_{21}，…的优化区间分别为 $[u_1, v_1]$，$[u_2, v_2]$，$[u_3, v_3]$，…，则可构建多个关键零部件的时机调控函数，即

$$
\begin{cases}
\max N_e^i \\
r_1^i(x_{11}, x_{12}, x_{13}, \cdots) \geqslant 1.25 \\
r_2^i(x_{21}, x_{22}, x_{23}, \cdots) \geqslant 1.25 \\
r_3^i(x_{31}, x_{32}, x_{33}, \cdots) \geqslant 1.25 \\
\qquad\qquad \vdots \\
u_1 \leqslant x_{11} \leqslant v_1, u_2 \leqslant x_{12} \leqslant v_2, u_3 \leqslant x_{13} \leqslant v_3, \cdots \\
x_{21} - x_{12} \geqslant \delta_1, x_{31} - x_{22} \geqslant \delta_2, \cdots \\
x_{11} \geqslant 0, x_{12} \geqslant 0, x_{21} \geqslant 0, x_{31} \geqslant 0, \cdots
\end{cases}
\tag{5-32}
$$

式中，N_e^i 是产品的整体功率。

对式（5-32）进行最优化求解，确定关键零部件的最优参数组合值，从而完成关键零部件主动再制造时机调控过程。

▶ 2. 基于接触耦合分析的曲轴零部件再制造优化设计应用

对于内燃机产品而言，功率是其动力性能的表征量，功率不足将会导致整机运行变慢，同时也会伴随着油耗的增大、成本的增加，所以选取有效功率作为内燃机产品的主要服役性能表征。目前内燃机产品中柴油机、汽油机等多是使用四冲程发动机作为动力源，根据设计手册，四冲程发动机的有效功率为

$$
N_e = \frac{p_e V_h n z}{0.90}
\tag{5-33}
$$

式中，V_h 是发动机气缸工作容积；n 是发动机转速；z 是气缸数；p_e 是发动机平均有效压力。

发动机气缸工作容积为

$$V_{\mathrm{h}} = \frac{\pi D^2 s}{4} \qquad (5\text{-}34)$$

式中，s 是活塞行程；D 是气缸直径。

发动机的平均有效压力为

$$p_{\mathrm{e}} = p_i \eta_{\mathrm{m}} = \varphi_{\mathrm{f}} p_i' \eta_{\mathrm{m}} \qquad (5\text{-}35)$$

式中，η_{m} 是机械效率；φ_{f} 是示功图丰满系数；p_i' 是平均指示压力。

理论平均指示压力为

$$p_i' = \frac{p_c}{\varepsilon - 1}\left\{\lambda_0(\rho - 1) + \frac{\lambda_0\rho}{n_2 - 1}\left[1 - \left(\frac{\rho}{\varepsilon}\right)^{n_2-1}\right] - \frac{1}{n_2 - 1}\left(1 - \frac{1}{\varepsilon^{n_1-1}}\right)\right\}$$

$$(5\text{-}36)$$

式中，p_c 是压缩气缸终点压力；n_1 是压缩对边指数；n_2 是膨胀对边指数；λ_0 是压力升高比，$\lambda_0 = p_z/p_c$；ρ 是初期膨胀比；ε 是发动机压缩比。

压缩比表示内燃机气缸中空气或者可燃混合气体在压缩过程中被压缩的程度，是活塞运行至下止点时气缸工作容积与活塞运行到上止点时气缸工作最小容积之比。压缩比的计算公式为

$$\varepsilon = \frac{V_c + V_{\mathrm{h}}}{V_c} \qquad (5\text{-}37)$$

式中，V_c 是燃烧室容积。

燃烧室容积包括活塞燃烧室容积 V_1、缸盖燃烧室容积 V_2、缸垫孔容积 V_3、活塞位于上止点时活塞顶面到缸体上表面之间的空间 V_4、缸筒与活塞配缸间隙容积 V_5 五个部分，如图 5-21 所示。其中

$$V_3 = \frac{\pi d_{\mathrm{n}}^2 h_{\mathrm{n}}}{4} \qquad (5\text{-}38)$$

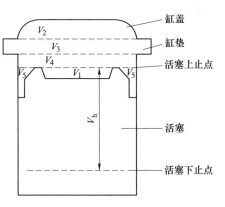

图 5-21　发动机气缸简化图

式中，d_{n} 是缸垫孔直径；h_{n} 是缸垫压缩后高度。

$$V_4 = \frac{\pi d^2 h_{\mathrm{m}}}{4} \qquad (5\text{-}39)$$

式中，d 是气缸直径；h_{m} 是活塞位于上止点时活塞上表面与缸体上表面的距离。

$$V_5 = \frac{\pi l}{4}\left[d^2 - \frac{1}{3}(d_1^2 + d_1 d_2 + d_2^2)\right] \qquad (5\text{-}40)$$

式中，l 是气缸高度；d_1 是活塞顶面边线圆直径；d_2 是活塞第一道气环的环槽上环岸圆直径。

缸盖燃烧室和活塞燃烧室一般为铸造加工，目前工程上都是通过滴定法或者光学测量法来获得缸盖燃烧室和活塞燃烧室的容积，在计算时可作为自变量代入初始设计值，则压缩比计算可转化为

$$\varepsilon = 1 + \frac{6\pi r_c D^2}{12(V_1 + V_2) + 3\pi(d_n^2 h_n + D^2 h_m) + \pi m\left[3D^2 - (d_1^2 + d_1 d_2 + d_2^2)\right]}$$

(5-41)

式中，m 是活塞第一道气环到顶面边线的距离。

为建立关键零部件特征结构参数与整机功率的关系，应用装配尺寸链对式（5-39）中的 h_m 进行替换。不考虑曲轴主轴颈、连杆头部和活塞销座的油膜厚度，则发动机曲轴-连杆-活塞装配系统的闭环尺寸链如图 5-22 所示。

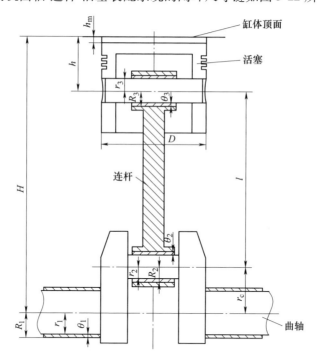

图 5-22　曲轴-连杆-活塞装配系统的闭环尺寸链

由尺寸链公式可得

$$h_m = H + R_1 - r_1 - \theta_1 - r_c + R_2 - r_2 - \theta_2 - l + R_3 - r_3 - \theta_3 - h \quad (5\text{-}42)$$

式中，H 是曲轴孔中心距缸体顶面的距离；R_1 是主轴承孔半径；r_1 是主轴颈半径；θ_1 是主轴瓦厚度；r_c 是曲柄圆心至曲轴圆心的距离；R_2 是连杆大头孔半径；r_2 是曲柄销半径；θ_2 是连杆大头轴瓦厚度；l 是连杆中心距；R_3 是连杆小头半径；r_3 是活塞销半径；θ_3 是连杆小头衬套厚度；h 是活塞的压缩高。

式（5-41）、式（5-42）中涉及的结构参数较多，难以对每一个参数都进行优化设计，且每个结构尺寸的改变对压缩比影响差异很大，因此为了确定特征结构和非特征结构，须进行结构参数的敏感性分析。

对于内燃机产品，在对其中的某一结构参数 x_{ij}（i 表示某零部件，j 表示该零部件中的某一种特征结构）进行敏感性分析时，可将其余结构参数取其名义值。具体过程如下。

1）在结构参数 x_{ij} 的优化区间内进行等分取值，选取 p 个等分点。为了避免等分点陷入局部集中现象，可取 $p>g$（g 表示压缩比计算公式中包含的结构总数）。计算 p 个等分点处设计变量 x_{ij} 与压缩比 ε_{ij} 的单因素敏感度值 $\dfrac{\partial \varepsilon_{ij}}{\partial x_{ij}}$。

2）信息熵是用来衡量一个随机变量出现的期望值，为更准确地确定敏感度大小，用敏感度的绝对信息熵值 $\left| \dfrac{\partial \varepsilon_{ij}}{\partial x_{ij}} \right| \ln \left| \dfrac{\partial \varepsilon_{ij}}{\partial x_{ij}} \right|$ 对敏感度值 $\dfrac{\partial \varepsilon_{ij}}{\partial x_{ij}}$ 进行代替，并计算 p 个设计点敏感度绝对信息熵的平均值 w_{ij}，其计算公式为

$$w_{ij} = \frac{1}{p} \sum_{h=1}^{p} \left| \left(\frac{\partial \varepsilon_{ij}}{\partial x_{ij}} \right)_h \right| \ln \left| \left(\frac{\partial \varepsilon_{ij}}{\partial x_{ij}} \right)_h \right| \qquad (5\text{-}43)$$

3）计算每个结构参数的 w_{ij} 值。

根据结构参数对压缩比的敏感度值大小，从实际设计角度出发，选取影响压缩比的关键结构参数作为特征结构参数，其他参数则作为非特征结构参数，在计算压缩比时代入初始设计名义值，再把压缩比代入功率计算公式中，由此，内燃机整机功率模型与特征结构映射模型建成，可表示为

$$N_e = N_e \{ \varepsilon (x_{11}, x_{12}, \cdots, x_{1j}, x_{21}, x_{22}, \cdots, x_{i1}, x_{i2}, \cdots, x_{ij}) \} \qquad (5\text{-}44)$$

式中，i 是某零部件；j 是该零部件中的某一特征结构。

对于关键零部件而言，零部件本体上的应力分布、弯扭强度会因为特征结构参数改变而改变，最直接的体现是服役寿命的变化，而且零部件服役寿命主要取决于零部件的磨损和疲劳程度。当前再制造技术可以修复磨损，但是疲劳损伤却难以修复，内部损伤裂纹难以检测且危险程度更高。为了避免疲劳损伤致使零部件失效而无法再制造，选取疲劳强度作为关键零部件的强度指标，从而确定具体的冗余强度值来表征零部件的再制造性。

对于构成内燃机产品的关键零部件，通过失效分析获取该零部件的薄弱结构 $(S_1, S_2, \cdots, S_g)$ 对应的初始设计参数 $(x_1, x_2, x_3, \cdots, x_g)$，对其进行台架试验或仿真分析，并进行正交试验，获取不同参数组合下的关键零部件疲劳寿命数值 L_x，并将调控后的该零部件主动再制造时机作为零部件在一个生命周期内所损耗的疲劳寿命，代入式（5-45）中。

$$r_x^i = \frac{L_x - L_x'}{T_x'} \tag{5-45}$$

则可求得关键零部件主动再制造时机调控后每组特征结构参数下该零部件的冗余强度值。通过 Matlab 软件进行数据分析并建立关键零部件时机调控后的冗余强度值和特征结构参数的映射函数模型 $r^i(x_1,x_2,x_3,\cdots,x_g)$，考虑多个特征结构参数之间存在的交互作用，并为避免函数拟合阶数过高产生振荡，选取二次回归方程拟合，映射函数模型的表达式为

$$r^i(x_1,x_2,x_3,\cdots,x_g) = a + \sum_{j=1}^{g} b_j x_j + \sum_{j=1}^{g} b_{jj} x_j^2 + \sum_{j<k} b_{jk} x_j x_k \tag{5-46}$$

根据发动机整机功率计算式（5-44）以及其关键零部件的冗余强度值计算式（5-24），可建立多个关键零部件的接触耦合模型，如图 5-23 所示。建立关键零部件接触耦合模型的目的是根据特征结构参数分类来确定接触耦合模型中内

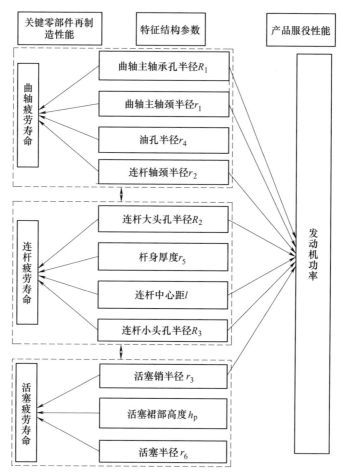

图 5-23 关键零部件接触耦合模型

燃机关键零部件多个特征结构参数的具体归属，从而构建包含这些特征结构参数的时机调控函数。

5.3　机电产品主动再制造时机调控方法

5.3.1　机电产品服役性能与其设计参数的映射关系

为建立机电产品设计参数与其服役特性的映射关系，需要明确零部件设计参数的变化对服役特性的影响。用试验的方法逐一研究每项设计参数与服役特性的映射关系，这将需要花费大量的物力、人力，且在短时间内很难完成。因此，选取零部件合适的设计参数及性能，以设计参数为优化变量，对零部件进行有限元分析，获取相应的服役性能仿真结果，依据仿真结果建立设计参数与服役特性的映射模型，进行试验验证。零部件设计参数与服役特性映射关系的建模流程如图 5-24 所示。

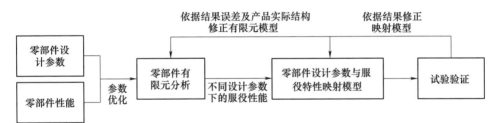

图 5-24　零部件设计参数与服役特性映射关系的建模流程

1. 零部件设计参数与服役特性的关系

机电产品的初始设计、变量设计和适应性设计等均是基于原始产品设计方案的，而再制造零部件优化设计是满足新产品再制造需求，并保持原零部件优良特性的一种改进设计。因此，收集已有的设计信息是进行优化设计的基础。

一方面，零部件主要失效形式可以通过对退役零部件的失效情况统计分析得到，根据主要的失效形式得到对应的关键结构。例如，对于一般的轴类零部件，其主要失效形式为磨损和疲劳断裂，而疲劳断裂主要是因为在过渡圆角等部位存在应力集中现象，在其服役过程中受到外界环境和交变应力的不断影响，最终导致断裂。因此对于轴类零部件可以选取轴颈过渡圆角作为优化的对象。在进行零部件优化设计的过程中还应注意装配尺寸的约束，避免引起装配零部件尺寸的改变。

另一方面，服役特性是指性能随服役时间的变化规律，主要表现在材料晶体转化、结构变形、裂纹萌生以及表面磨损等方面。由上述分析可知，对产品失效形式进行分析是分析服役特性的主要方法。故障树分析法是判断产品失效根本原因的主要方法，系统的故障必然是由组件的故障引起的，而组件的故障又必然是由次组件的故障引起，依此类推，自上而下、层层寻找顶事件的直接原因和间接原因，产品的失效必定是由一个或者多个零部件的失效造成的。为了便于操作，通常用树状图的方式把这种故障的判断方法和失效零部件表示出来。

对零部件失效分析的主要内容有调查检测、分析诊断、处置与预测等。检测主要包括力学方面（载荷、变形、应力等）、材质方面（材料种类、化学分析、组织状况等）、表面状态（磨损、裂纹等），在检测的基础上再分析诊断零部件的状态、大体工作过程、失效类型模式、基本原因、决定性因素等。经过分析诊断，判定其失效对应的性能指标。例如，对于不考虑偶然因素服役一个周期后退役的产品，一般零部件的失效形式主要表现为腐蚀、磨损、变形、断裂等缓慢过程引起的零部件性能或者形状的改变；而刚度是指零部件在受力时抵抗弹性变形的能力，强度是指零部件抵抗变形或者断裂的能力，塑性是指材料断裂前发生塑性变形的能力，因此对于变形、断裂的零部件来说可以选取刚度、强度、塑性作为分析的性能指标。最后，通过失效对应的性能指标得到需要分析的服役特性，如图 5-25 所示。

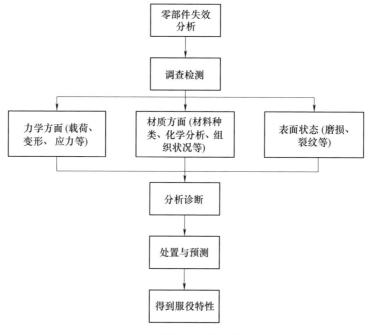

图 5-25　服役特性分析流程

▶ 2. 零部件设计参数与其服役特性的映射模型

建立零部件设计参数与服役特性之间的映射模型实质上是建立零部件性能与服役时间及设计参数之间的关系，这种关系可用一系列空间直角坐标系表示。应用控制变量法研究零部件设计参数与服役特性之间的映射关系，将零部件的服役时间 n 等分，并以零部件设计参数为自变量，通过对零部件的仿真分析，得到性能在每个节点处变化的规律，从而建立选定的设计参数与服役特性之间的关系。具体如下：

在某一个服役时间节点 $t_i(i=1,2,3,\cdots)$ 处，根据多项式拟合的最小二乘法，零部件某项服役性能 $F_{(t_i,i)}$ 与某项设计参数 x_i 之间的关系可表示为

$$F_{(t_i,i)}(x_i) = a_0 x^0 + a_1 x^1 + a_2 x^2 + \cdots + a_n x^n \tag{5-47}$$

由此，可以依次建立零部件设计参数 x_i 与多项服役性能之间的关系，即

$$\begin{cases} F_{(t_i,1)}(x_i) = a_{10} x_i^0 + a_{11} x_i^1 + a_{12} x_i^2 + \cdots + a_{1n} x_i^n \\ F_{(t_i,2)}(x_i) = a_{20} x_i^0 + a_{21} x_i^1 + a_{22} x_i^2 + \cdots + a_{2n} x_i^n \\ \qquad\qquad\qquad\qquad\vdots \\ F_{(t_i,n_1)}(x_i) = a_{n_10} x_i^0 + a_{n_11} x_i^1 + a_{n_12} x_i^2 + \cdots + a_{n_1n} x_i^n \end{cases} \tag{5-48}$$

式中，n_1 是选定零部件服役性能的个数，$n_1 = 1$，2，3，$\cdots$。

式（5-48）用矩阵形式表示为

$$\begin{pmatrix} F_{(t_i,1)}(x_i) \\ F_{(t_i,2)}(x_i) \\ \vdots \\ F_{(t_i,n_1)}(x_i) \end{pmatrix} = \begin{pmatrix} a_{10} & a_{11} & \cdots & a_{1n} \\ a_{20} & a_{21} & \cdots & a_{2n} \\ \vdots & \vdots & & \vdots \\ a_{n_10} & a_{n_11} & \cdots & a_{n_1n} \end{pmatrix} \begin{pmatrix} x_i^0 \\ x_i^1 \\ \vdots \\ x_i^n \end{pmatrix} \tag{5-49}$$

令向量 $\boldsymbol{\alpha}_{(t_i,1)} = \begin{bmatrix} F_{(t_i,1)}(x_i) & F_{(t_i,2)}(x_i) & \cdots & F_{(t_i,n_1)}(x_i) \end{bmatrix}^T$，由于向量 $\boldsymbol{\alpha}_{(t_i,1)}$ 是选定的各项服役性能的集合，因此将其称为零部件服役性能向量，简称性能向量。

令向量 $\boldsymbol{\beta}_{(t_i,1)} = (x_i^0 \quad x_i^1 \quad \cdots \quad x_i^n)$，由于向量 $\boldsymbol{\beta}_{(t_i,1)}$ 是由设计参数的 n 次幂组成的（$n = 1$，2，3，$\cdots$），因此将其称为零部件设计参数向量，简称参数向量。

令矩阵 $\boldsymbol{A}_{(t_i,1)} = \begin{pmatrix} a_{10} & \cdots & a_{1n} \\ \vdots & & \vdots \\ a_{n_11} & \cdots & a_{n_1n} \end{pmatrix}$，由于矩阵建立了零部件设计参数与服役性能之间的关系，因此称矩阵 $\boldsymbol{A}_{(t_i,1)}$ 为零部件服役性能的参数矩阵，简称参数矩阵。

此时，零部件设计参数 x_i 与多项服役性能在服役时间节点 t_i 处的函数关系表

示为

$$\boldsymbol{\alpha}_{(t_i,1)} = A_{(t_i,1)}\boldsymbol{\beta}_{(t_i,1)} \tag{5-50}$$

依据式（5-50），可以在服役时间节点 t_i 处依次建立多个设计参数与多项服役特性之间的函数关系。若将服役时间节点 t_i 处的零部件多个设计参数与多项服役性能关系的集合用矩阵 $\boldsymbol{F}_{(t_i,x)}$ 表示，则

$$\boldsymbol{F}_{(t_i,x)} = \begin{pmatrix} F_{(t_i,1)}(x_1) & F_{(t_i,1)}(x_2) & \cdots & F_{(t_i,1)}(x_{n_2}) \\ F_{(t_i,2)}(x_1) & F_{(t_i,2)}(x_2) & \cdots & F_{(t_i,2)}(x_{n_2}) \\ \vdots & \vdots & & \vdots \\ F_{(t_i,n_1)}(x_1) & F_{(t_i,n_1)}(x_2) & \cdots & F_{(t_i,n_1)}(x_{n_2}) \end{pmatrix}$$

$$= (\boldsymbol{\alpha}_{(t_i,1)} \quad \boldsymbol{\alpha}_{(t_i,2)} \quad \cdots \quad \boldsymbol{\alpha}_{(t_i,n_2)})$$

$$= (A_{(t_i,1)}\boldsymbol{\beta}_{(t_i,1)} \quad A_{(t_i,2)}\boldsymbol{\beta}_{(t_i,2)} \quad \cdots \quad A_{(t_i,n_2)}\boldsymbol{\beta}_{(t_i,n_2)}) \tag{5-51}$$

式中，n_2 是选定零部件设计参数的个数 $n_2 = 1$，2，3，$\cdots$。

由于矩阵 $\boldsymbol{F}_{(t_i,x)}$ 是零部件服役性能的集合，故称 $\boldsymbol{F}_{(t_i,x)}$ 为零部件服役性能矩阵，简称性能矩阵。

性能矩阵 $\boldsymbol{F}_{(t_i,x)}$ 表达的是零部件性能在某一服役时间节点 t_i 处随设计参数变化的规律，而服役特性描述的是零部件性能随服役时间变化的规律，若将零部件在每一服役节点处的性能矩阵用集合表示为

$$T(t,x) = \{\boldsymbol{F}_{(t_1,x)}, \boldsymbol{F}_{(t_2,x)}, \cdots, \boldsymbol{F}_{(t_n,x)}\} \tag{5-52}$$

则集合 $T(t,x)$ 就包含了多项服役性能在每一服役节点处随设计参数变化的规律，即为零部件设计参数与服役特性的映射模型。

该映射模型的最大特点是它由一系列空间直角坐标系组成，这有利于对零部件主动再制造时间区域的主动调控。

5.3.2 机电产品主动再制造时机调控方法介绍

主动再制造面向的对象是产品，而产品的关键零部件往往有着很高的再制造价值，关键零部件的再制造性很大程度上制约了产品的再制造性，因而主动再制造设计必须综合考虑产品和关键零部件两个方面，使产品和关键零部件在主动再制造时机时的状态尽量保持一致，才能确保产品进行再制造的经济性。为了实现这种关键零部件与产品状态的最优配合，需要借助主动再制造时机调控的手段。

由于零部件的设计参数与其服役性能、再制造性、再制造临界点是互相关联的，故零部件的设计参数在同等服役环境等外界条件下，对其服役性能起着决定性作用。随着服役时间的增加，零部件服役性能是不断变化的，而零部件在某时刻的可再制造性是由该时刻零部件性能的退化程度决定的。服役性能的

退化曲线会受到设计参数变化的影响。同一时刻，设计参数不同，零部件的性能退化程度不同，其再制造性也不同。可以通过理论计算、仿真、试验等手段收集数据进行统计分析来建立服役映射模型。

主动再制造时机调控是通过零部件设计参数的优化，改变零件的服役性能从而影响零部件再制造性的变化，使零部件的再制造临界点提前或延后，但总的原则是趋近于产品的再制造理想时间点。其调控机制流程如图 5-4 所示。

▷▷ **1. 产品主动再制造时域调控内涵**

通常产品的性能随着服役时间的增加而逐渐降低，通过一定的评价方法可以确定再制造产品的性能上限和性能下限，在产品性能上限和性能下限之间的时间段即为再制造时间区域，产品性能随服役时间的变化曲线即为产品的服役特性曲线如图 5-26 所示。在服役环境等外界条件不变的情况下，产

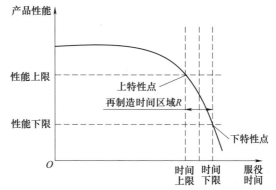

图 5-26 产品的服役特性曲线

品设计参数对产品性能起着决定性的作用，因此，通过调整产品设计参数来改变产品性能从而实现对产品服役特性的调控。

要对产品服役特性进行调整，就必须对产品的设计参数进行优化；同时，产品的加工工艺等也需要进行相应的调整。而产品主动再制造时间区域是通过对产品性能以及再制造经济、技术、环境等指标的综合评价来确定的。因此，产品主动再制造的主动调控机制可以概述为通过优化产品设计参数实现依据经济、技术、环境等指标确定最优服役特性，在此基础上按照一定的评价方法主动确定产品的最佳再制造时间区域。通过优化设计参数使产品服役特性最优是实现产品再制造主动调控的关键，而建立产品设计参数与服役特性映射关系是实现这一过程的基础。

▷▷ **2. 基于时域匹配的产品主动再制造调控方法**

由于结构设计不同、失效方式不同、载荷方式不同等因素导致各个关键零部件再制造时域均不相同。但是面向产品的再制造活动需要考虑产品再制造情况，因此通过以上分析出关键零部件的再制造时域之后，需要考虑各个关键零部件再制造时间之间的匹配问题——再制造时域匹配。产品由许多零部件组成，如果每一个关键零部件在达到最佳再制造时间时分别进行再制造，不仅不会使

产品经济效益最佳、环境排放最少，反而会在很大程度上增加再制造成本。因此，需为产品各零部件找到一个最佳的再制造时域匹配关系，使产品的经济效益最高、环境影响最小，这非常具有研究价值。

（1）产品各零部件再制造时域匹配原则 针对产品各零部件再制造时域匹配问题，需要找到各零部件再制造时域之间的一种关系使得产品再制造达到最理想的效果。基于再制造理论，匹配关系存在等值匹配和倍数匹配等类型。等值匹配是统计再制造时域相差不大的零部件再制造时间，通过相对提前或延后零部件的再制造时间点来使它们处于一个共同的再制造时域，即 $S_1 = S_2 = S_3 = S_4 = S_5 = \cdots = S_k$。但是，针对寿命相差较大的零部件则不能以此方法进行匹配，否则会导致产品的整体经济价值较低、环境影响较差。

对于再制造时域相差较大的零部件可以采用倍数匹配的原则。通过获得各个零部件之间的相对关系来确定各个零部件之间对应的匹配系数 k_i，使得 $S_i = k_i S_{i+1}$。对于新品寿命设计，可以对不同寿命的零部件采用倍数寿命匹配方法，降低后期再制造的不确定性。但是对于目前服役很多年或即将服役期满的装备产品而言，在设计之初没有提前考虑到各零部件之间的再制造时域匹配设计问题，因此，匹配系数 k 的确定问题亟待解决。

（2）产品各零部件再制造时域匹配方法 根据产品各零部件再制造时域匹配原则，采用多属性决策理论及相互比较方法来解决各零部件之间再制造时域匹配问题，最后通过综合分析法判断产品的最佳再制造时域匹配关系。该方法有适用零件多、考虑因素全面等优点。零件 i 和零件（$i+1$）的经济、环境性能指标向量分别为

$$\boldsymbol{u}_i = (f_{i1}(t) \quad f_{i2}(t))^{\mathrm{T}}$$
$$\boldsymbol{u}_{i+1} = (f_{(i+1)1}(t) \quad f_{(i+1)2}(t))^{\mathrm{T}} \tag{5-53}$$

其中 $\boldsymbol{u}_i$、$\boldsymbol{u}_{i+1}$ 向量存在再制造时域约束条件为

$$\begin{cases} \boldsymbol{u}_i < l, l \text{ 为某约束条件} \\ \boldsymbol{u}_{(i+1)} < h, h \text{ 为某约束条件} \end{cases} \tag{5-54}$$

对于（$i+1$）个零件存在对比方案共 $i(i+1)/2$ 个，分别为 A_1、A_2、A_3、$\cdots$、$A_i\cdots$、A_n。每一个方案 A_i 都存在一组映射关系

$$\boldsymbol{H}_i = \varepsilon_i \boldsymbol{u}_i + k_i \boldsymbol{u}_{(i+1)} \tag{5-55}$$

根据零件 i 的经济影响、环境排放两个方面的再制造时域，基于向量 $\boldsymbol{H}_i$，找到两个零部件之间的关系系数 ε_i、k_i，使向量 $\boldsymbol{H}_i$ 有最优解，即经济影响、环境影响状态最佳。从而可以找出不同时域等级之间的匹配关系，得到 $i(i+1)/2$ 个对比系数。在约束条件下，根据产品实际组装情况、服役情况、失效特点、磨损产生的性能损失权重，最后通过综合分析得出一个最佳的匹配方案，从而组成一个多维空间点，如图 5-27 所示，这组多维空间点组合成了产品的最佳再

制造时域匹配方案组。

本章介绍主动再制造时域调控的理论基础、相关方法及应用案例。针对主动再制造中产品与零部件再制造时机不一致问题，介绍了机电产品及其关键零部件的定义及划分方法，阐述了产品性能拐点与关键零部件再制造时机的关系，提出了关键零部件主动再制造时机的调控机制，进一步展示了基于结构功能梯度和零件接触耦合的关键零部件主动再制造时机调控方法及工程应用。最后分析了关键零部件的设计参数与产品服役性能的相互关系，给出了基于时域匹配的产品主动再制造时机调控方法，为机电产品主动再制造进一步的工程实现奠定了基础。

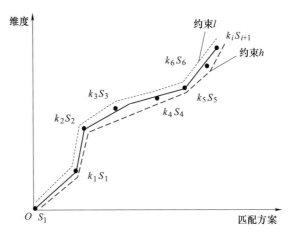

图 5-27　最佳再制造时域匹配方案组

参 考 文 献

[1] 宋守许，鄢子超，刘云东. 主动再制造产品设计参数与服役特性的映射关系 [J]. 机械制造，2015，53（9）：20-24.

[2] 宋守许，冯艳，柯庆镝，等. 基于寿命匹配的零部件再制造优化设计方法 [J]. 中国机械工程，2015，26（10）：1323-1329.

[3] 刘涛. 主动再制造时间区域抉择及调控方法研究 [D]. 合肥：合肥工业大学，2012.

[4] 鄢子超. 机电产品主动再制造寿命匹配方法的研究 [D]. 合肥：合肥工业大学，2016.

[5] 周旋. 机电产品主动再制造设计及时机调控方法 [D]. 合肥：合肥工业大学，2015.

[6] 卜建. 内燃机关键零部件主动再制造时机调控方法研究 [D]. 合肥：合肥工业大学，2018.

[7] 袁兆成. 内燃机设计 [M]. 北京：机械工业出版社，2018.

第 6 章

——

机电产品主动再制造
的工艺技术

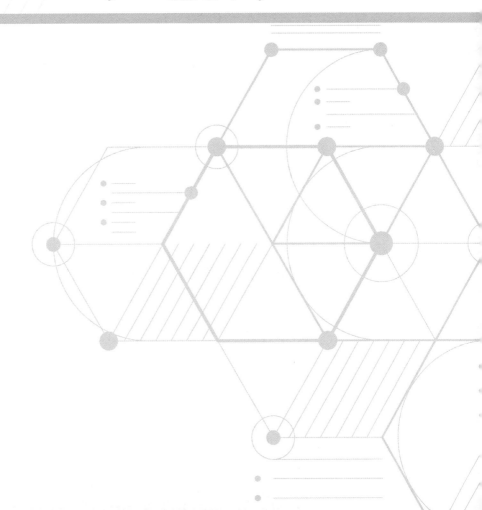

主动再制造的工艺过程主要包括废旧机电产品的回收与拆解、再制造毛坯表面预处理、可再制造性检测与评估、再制造表面修复与再加工、再制造零部件再装配等。主动再制造实施过程具有时机最佳性、主动性、关键零部件优先性和可批量性等特性。本章主要论述主动再制造工艺技术中的拆解技术、毛坯表面预处理和再装配质量控制技术三方面。

主动再制造拆解技术主要分析过盈配合拆解过程中界面间相对运动造成的表面损伤，规划基于温差的主动再制造拆解方案，并提出拆解表面织构优化设计方法。主动再制造毛坯表面预处理主要分析毛坯表面污染物类型及状态的不确定性，以及其所产生的再制造修复质量问题，提出基于再制造表面质量需求的再制造毛坯预处理工艺规划方法。主动再制造再装配质量控制技术是通过分析多元异质再制造零部件的不确定性，按照再制造装配精度的需求，提出面向不确定性的再制造分级选配方法，尽可能提高资源利用率，减少生产成本，确保再制造产品的服役安全性和可靠性。

6.1　面向主动再制造的拆解技术

在机电产品及其关键零部件再制造拆解中，若不合理规划拆解工艺往往会进一步损伤再制造毛坯，从而增加再制造毛坯后续修复工艺的难度与成本。因此，应主动分析机电产品及其关键零部件典型装配形式下的拆解损伤形式，以降低该类损伤为目标，设计并优化其配合界面的拆解工艺流程及其相关措施。

目前，再制造拆解过程中产生的绝大多数损伤为过盈配合界面损伤。针对此类损伤，可通过温差法、液压法、压卸法等方法降低配合面的摩擦力，进而减少拆解损伤，其中采用温差法进行拆解最为常见，即通过加热零部件，使其产生膨胀量，可以轻易拆解过盈配合的零部件。相比其他拆解方式，温差拆解成本低廉、容易实现。同时，表面织构（Surface Texture）作为一种表面处理技术在减摩抗磨方面展现出了较大的优势，其可针对再制造零部件主动设计界面织构，即通过主动设计与制造，使零部件表面获得一定规则排列的微小结构，进一步降低再制造拆解损伤。

▶6.1.1　再制造拆解界面损伤分析

过盈配合界面损伤大部分为一种干摩擦损伤，其原因在于粗糙表面（配合面）在单向滑动的拆解过程中，微观峰谷发生变形、剥落，进而形成磨粒，在配合面上产生划痕、犁沟、黏着堆积等损伤现象，其损伤程度与材料性质、表面状态、接触载荷有密切关系。其中，随着接触压力的增加，过盈配合界面的损伤随之增加。当配合界面的接触压力较小时，配合界面的损伤形式以划痕为主；当配合界面的接触压力较大时，配合界面开始出现大量的黏着与凹坑，其产生的黏附是造成这种损伤的主要原因。由于上下配合面接触压力的存在，配合界面的微凸体被挤压发生黏着与嵌合。当施加拆解力时，在黏结点处发生剪切作用。微凸体被剥落，形成一个碎屑并黏附在新的微凸体上，随着拆解的进行，这个黏附作用不断累积，最终使拆解界面形成划痕、凹坑等不同形式的损伤。

▶ 1. 再制造拆解界面损伤机理

为进一步解释损伤的形成机理，以有凹坑和黏着堆积的拆解损伤试样为例，用三维形貌仪测量其表面的三维形貌，观察拆解损伤的演化过程，如图 6-1 所示，以损伤最大处为例，将损伤区域划分为损伤形成区域、损伤累积区域、损伤末端区域。

在拆解力的驱动下，当配合界面发生相对移动时，在配合界面的初始接触区域即损伤形成区域，开始形成小的黏合块。在损伤刚刚开始出现时，表面中损伤的形式是微小的划痕。随着拆解的进行，在损伤累积区域，损伤逐渐增加，小的黏合块堆积成大的黏合块，划痕的深度增大，材料开始出现剥落，表面的划痕出现波浪状，材料发生撕裂，如图 6-2 所示。在损伤末端区域，黏合块的体积达到最大，且与基体材料发生严重的塑性黏着，在拆解力的驱动下，材料表面产生较大的犁沟，当拆解形成结束时，黏合块在行程的末端发生大量的累积。

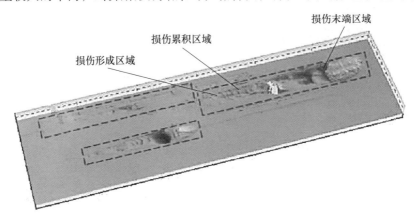

图 6-1　拆解损伤演化

过盈配合界面拆解损伤过程分析，可以通过接触应力分析进行，即分析不同产品传递功率的需求，结合最大过盈量、最小过盈量和平均过盈量，通过数值分析得到过盈量作用下的接触压力分布云图，进而获得配合面接触压力的分布规律，并通过界面拆解损伤试验进行研究和验证。影响拆解界面损伤的因素

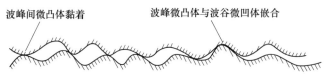

图 6-2　配合面间的微观接触示意图

主要包括拆解时的残余过盈量、不同材料配对、加工纹理和表面污染物等。

▶ 2. 再制造拆解界面损伤模型应用

（1）具有单向表面粗糙度的分接触模型　以压缩机转子的主轴与叶轮配合为例，分析具有单向表面粗糙度的分形接触模型。压缩机转子的主轴与叶轮配合面处的表面粗糙度要求分别为 $Ra3.2\mu m$ 与 $Ra1.6\mu m$。单向表面粗糙度分形接触模型如图 6-3 所示，将主轴与叶轮的配合面上的微观接触面简化为一个单向等效粗糙表面与一个光滑刚性平面的接触。为了进一步研究接触面上单个微凸体的微观接触状态，将每一个微凸体的接触简化为一个光滑刚性平面和圆柱体的接触，简化后的接触面上单个微凸体的接触点为规则的矩形，矩形的宽度将由 l_c 变化到最大宽度 l_1。

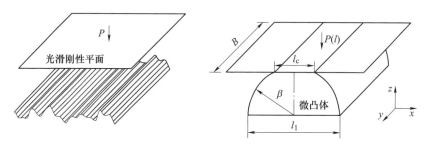

图 6-3　单向表面粗糙度分形接触模型

运用分形理论，可获得法向载荷与接触面积的无量纲参数关系表达式：

$$P^* =$$

$$
\begin{cases}
\dfrac{\pi^3}{16}G^{*(D-1)}g_1(D)A_r^{\frac{D}{2}}\left[\left(\dfrac{2-D}{D}A_r^*\right)^{\frac{4-3D}{2}}-l_c^{*\frac{4-3D}{2}}\right]+\dfrac{\pi^2}{4}\phi_c g_2(D)A_r^{*\left(\frac{D}{2}\right)}l_c^{*\frac{2-D}{D}}, & D \neq 4/3 \\[4mm]
\dfrac{\pi^3}{24}G^{*\left(\frac{1}{3}\right)}\left(\dfrac{A_r^*}{2}\right)^{\frac{2}{3}}\ln\left(\dfrac{A_r^*}{2l_c^*}\right)+\dfrac{\pi^2}{2}\phi_c\left(\dfrac{A_r^*}{2}\right)^{\frac{2}{3}}l_c^{*\frac{1}{3}}, & D = 4/3
\end{cases}
$$

$$(6-1)$$

其中，$B^* = \psi^{\frac{2-D}{2}}B$；$P^* = \dfrac{P}{E'B^{*2}}$；$G^* = \dfrac{G}{B^*}$；$A_r^* = \dfrac{A_r}{B^{*2}}$；$l_c^* = \dfrac{l_c}{B^*}$；

$$g_1\ (D)\ =\frac{D}{4-3D}\left(\frac{2-D}{D}\right)^{D/2}\ ;\ g_2\ (D)\ =\left(\frac{D}{2-D}\right)^{(2-D)/2}\ 。$$

式中，B^* 是平行粗糙纹理方向上的宏观尺寸，为无量纲参数；G^* 是表面粗糙度的幅值参数，为无量纲参数；P^* 是载荷，为无量纲参数；A_r^* 是理论接触面积，为无量纲参数；l_c^* 是临界接触宽度，为无量纲参数；D 是轮廓分形维数；A_r 是实际接触面积；ϕ_c 是圆柱微凸体与平面接触的塑变抗力因子；E' 是两接触表面的综合弹性模量；G 是粗糙表面的分形尺寸系数。

（2）过盈配合界面形貌和接触分析

采用与压缩机主轴相同的材料 40CrNiMo7，制成与主轴表面加工纹理相同，表面粗糙度值相近，且表面纹理均匀的试件，选取面积为 $100\mu m \times 100\mu m$ 的区域进行三维形貌测量，如图 6-4 所示。运用结构函数法，对试件表

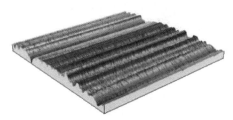

图 6-4　区域三维形貌

面垂直于纹理方向轮廓的分形特性进行验证，并求得试样表面的分形参数数值为 $D=1.345$，$G=2.05^{-13}$ m。

将相关的数值代入接触模型表达式，可得压缩机叶轮和轴过盈配合单向分形表面的接触面积和载荷的计算公式为

$$P = 1.55 \times 10^8 \times A_r^{0.6725} - 5.34 \times 10^7 \times A_r^{0.655} \tag{6-2}$$

所建立接触模型的数值与仿真分析结果吻合情况良好，另外，将该模型与 Stanislaw Kucharski，Grzegorz Starzynski 通过试验和数学建模的方式对粗糙表面的真实接触面积与载荷之间的关系研究结果相比对，发现该模型同样适用于其他类型材料间的接触分析。

6.1.2　面向再制造的温差拆解工艺基础

在温差法、液压法、压卸法等方法中，由于温差法具有可行性高及成本低等优点，其应用对象及范围最为广泛，其主要是利用各类加热方式（如火焰等）对过盈配合的零部件进行加热，按照预定温度加热到一定时间时，配合零件会产生一定的膨胀量，从而减小配合零件之间的过盈量，降低拆解的难度。当配合零件的膨胀量差值等于过盈量时，过盈配合的过盈量就被抵消掉，此时，便可较为容易地实现过盈配合的拆解，并降低其拆解损伤。

1. 温差拆解工艺实施的影响因素

由于温差拆解工艺的基本过程是配合零件各自的受热膨胀过程，下列因素会影响其工艺实施。

（1）加热位置　配合零件一般设定相同的加热温度及换热系数，并尽量确

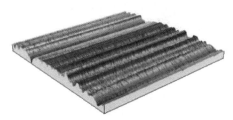

保在不同加热条件下配合面的温升相近。可利用仿真试验分析获取温度场数据，分别绘制出不同加热条件下零件内温度场的三维模型，进行分析比对，同时，预热能有效减小应力集中及配合面膨胀不均。

（2）配合面松动量　配合面松动量是指热膨胀系数、加热温度、加热时间和换热系数等工艺因素对配合状况的影响，基于有限元计算，各因素对配合状况影响的主次顺序：加热温度>换热系数>加热时间>热膨胀系数。

（3）加热时间　温差拆解的传热属于瞬态导热，在瞬态导热过程中，拆解时配合面温度梯度大，由配合面松动量模型可知，温度梯度大可获得较大的松动量。通过改变温度加载时间，获取在各时间点配合面的温度分布规律，并计算各时间点的松动量，从而确定松动量最大的加热时间。结合相关试验，换热系数、加热温度、接触热阻对最优加热时间的影响不大，而传热系数会明显影响拆解最优加热时间。

（4）温差拆解热力耦合　通过研究产品在不均匀加热下的受力状态，构建产品在不均匀加热下的等效模型，分析零部件在不均匀加热状态下的应力分布规律。同时，分析应力对产品径向膨胀量的影响，得出在应力条件下的径向膨胀公式，进而建立配合面松动量模型。根据建立的松动量模型，以获得最大松动量和最小损伤为原则，可以得出最优的加热方式和加热时间，并确保零部件膨胀量的均匀。

（5）配合面微观接触　当两配合面的表面粗糙度要求不同时，可以将配合面上的微观接触面简化为一个单向等效粗糙表面与一个光滑刚性平面的接触。同时，可以将单个微凸体的接触简化为单个光滑刚性平面和圆柱体的接触，简化后接触面上单个微凸体的接触点为规则矩形。

▶ 2. 面向主动再制造的温差拆解工艺应用

以压缩机转子的主轴与叶轮拆卸为例，先对叶轮和主轴进行预热，而后对叶轮计算应力较大部分进行集中加热，要求加热过程中保证氧乙炔焰由内向外加热，尽量避免加热过程中热量过多地向主轴方向传导；接着使用温度测量仪检测叶轮、主轴的温度分布情况，比对有限元分析应力区域分布，如图6-5所示。可知应力大的区域温度要较高。叶轮与主轴在配合面间的接触压力如图6-6所示。

通过分析叶轮在不均匀加热状态下的应力，得出其不均匀加热的应力分布规律，并以此为基础对主轴在不均匀加热下的受力状态进行分析，可以得出温差拆解等效模型，其无损拆解界面如图6-7所示。

图6-7中箭头指示方向为拆解方向，与箭头垂直的方向为磨削纹路。五组试样在肉眼上均看不出明显损伤，基本可以认为属于无损伤状态，但是从三维形貌测量图可以明显看出，在试样的表面仍然存在诸多不规则的划痕损伤。通过

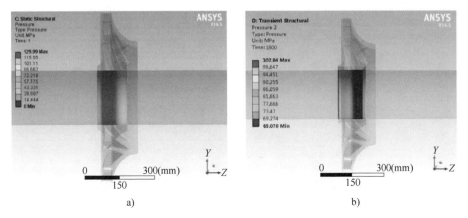

图 6-5 叶轮与主轴配合面的有限元分析应力区域分布云图

a）常温下接触压力   b）加热时接触压力

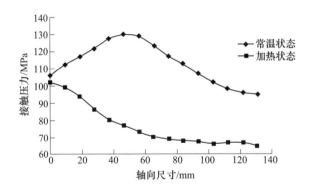

图 6-6 叶轮与主轴在配合面间的接触压力

计算五组试样表面的综合损伤评价值，如果综合损伤评价值较低，则不需要过多的再制造修复手段，只需使用一些清洗方法将表面清洗干净后，便可以重新装配并使用。

6.1.3 面向主动再制造拆解的表面织构技术

表面织构是指通过主动设计与制造，使表面获得一定规则排列的微小结构。表面织构作为一种表面处理技术在减摩抗磨方面展现出了较大的优势。近几十年来，随着人类对表面微观物理现象理解的深入，以及先进制造技术的发展，表面微观织构的设计与制造在减摩、抗磨、增摩、减振、抗黏附、抗蠕变等多个领域已显示出良好的应用前景，成为实现机械设备高可靠性的一个有效途径。

目前，对于表面织构的研究主要为表面织构的功能研究，例如提升摩擦系数、减少磨损、抗蠕变、提升密封性能、降噪等。表面织构的功能主要是靠表

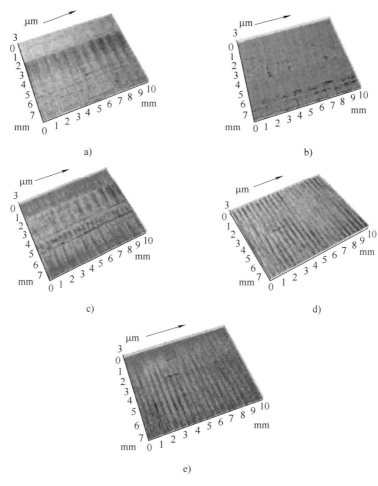

a)

b)

c)

d)

e)

图 6-7　无损拆解界面

面织构的参数来体现。表面织构的参数主要包括织构形状、织构密度、织构尺寸、织构深度、织构排列方式等。表面织构已经得到了很多方面的应用，例如：降低活塞环的磨损率，提升切削刀具的切削性能，改善机械密封件的密封性能，改进人工关节材料的耐磨性和增强其生物相容性，实现长寿命人工关节服役等。在主动再制造工程中，可将表面织构应用于零部件的优化设计中，进一步降低再制造拆解所带来的损伤，减少后续修复成本。

▶▶ **1. 表面织构典型加工方法**

表面织构的加工方法主要包括激光加工技术、电火花技术、反应离子刻蚀技术和光刻-电铸-注塑技术等。

（1）激光加工技术　激光加工技术为非接触式去除材料的加工方式，不接触加工工件，对工件无污染，不会对试样表面造成机械挤压，能量集中，热影响区小，便于自动化控制，安全可靠，试用范围广泛，经济性较高，加工精度高。

（2）电火花技术　电火花技术适合加工导电材料，且该技术在加工时能达到微米级的精度。但由于存在放电间隙，其加工难度较大，需要多次调整电极尺寸与电参数，成本大大增加。

（3）反应离子刻蚀技术　反应离子刻蚀技术可以在表面加工规整的凹坑织构，而且织构的形状可以非常精准的控制。但该技术加工的深度一般为 2～30μm，且需要辅助装置与特殊的环境要求。

（4）光刻-电铸-注塑技术　光刻-电铸-注塑技术加工使用的 X 射线具有非常高的平行度、极强的辐射强度以及连续的光谱，可制造出高宽比达到 500、厚度大于 1500μm、结构侧壁光滑且平行度偏差在亚微米范围内的三维立体结构，这是其他微制造技术所无法实现的。但其相关设备昂贵，加工成本高。

▶ 2. 表面织构激光加工技术

激光加工技术的基本原理是利用高能量密度的激光对工件表面材料进行局部照射，在极短的时间内产生高温使材料瞬间熔化和汽化，材料汽化膨胀的瞬间会产生微小爆炸压力，这种压力会将熔融状态的材料抛出，从而达到去除材料的目的。被加工的材料表面受到高功率的激光束照射时，材料表面会通过吸收、透射、反射、液化、再辐射以及热扩散的方式与激光束发生能量交换。被加工材料的密度、几何形状、热导率、热扩散率、熔点、液化温度等会影响被加工材料与光束能量的能量交换效率。

在利用激光加工表面织构时，材料的表面主要发生相转变和材料去除两个重要的变化。相转变过程：来自激光束的大部分能量被表面材料所吸收。这些被材料吸收的能量产生大量的热量，受到激光束直接照射的材料会发生汽化；随着时间的增加，材料表面的热量不断集聚，由于材料的热扩散以及热传导使表面材料形成不同温度梯度的被加热区域，达到熔点的材料将会被熔化，因此激光束下整个加热区域的材料会形成一种固、液、气共存的状态。材料去除过程：被加热区域中，汽化部分在该区域的上方形成温度梯度变化的等离子云层，距离被加工材料远的等离子云层温度高，距离被加工材料近的等离子云层温度低；温度低的等离子云层的密度大于温度高的等离子云层，这一密度的差异将会在固、液、气共存的材料熔池中形成向四周的反冲力，这个反冲力将熔池中正处在熔融状态的材料喷射出去，熔池将变成凹坑。激光加工后的表面由于没有了激光束提供能量，这时堆积在凹坑周围的处于熔融状态的材料又会迅速冷却进而形成熔融层，这就形成了激光加工完成之后表面织构的最初形态。

表面织构的激光加工工艺流程主要包含：激光加工前需要确定织构的参数，

根据织构的参数在软件中绘制织构形状，确定织构阵列数量，同时设置恰当的填充密度，并选择激光加工参数；调整场镜与加工表面的距离进行激光对焦，调整被加工试样在工作台上的位置，使激光处于正确的工作起点；根据织构深度设定重复加工次数，此时表面织构激光加工的设置已经全部完成；先进行模拟加工，模拟加工无误之后即可进行表面织构的制作。

▶ 3. 表面织构设计与试验分析

综上所述，通过主动设计表面织构可以有效地降低表面的拆解损伤，并降低该表面失效区域的再制造修复成本，这需要进一步研究表面织构的参数对其拆解损伤的影响。由文献可知，圆形织构对拆解损伤影响较大，因此，选择圆形织构并通过试验来对比两种不同表面状态试样的拆解损伤。试验中试样的参数见表 6-1。试样表面形貌如图 6-8 所示。

表 6-1　试验中试样的参数

试样类别编号	试样类型	织构大小	织构间隔	面密度	深度
1#	抛光	—	—	—	—
2#	抛光+圆凹坑型织构	200μm	500μm	12.6%	10μm

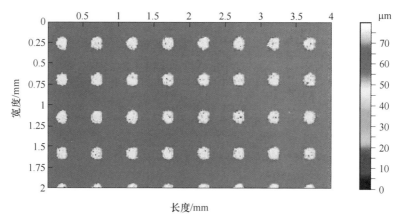

图 6-8　试样表面形貌

对拆解后表面的三维形貌测量数据进行统计，得到不同损伤深度的损伤面积比例，如图 6-9 所示。其中，横坐标为损伤深度，负值表征犁沟型损伤，正值表示黏着堆积型损伤；纵坐标为损伤面积比例。统计发现，90%的试样表面微观轮廓高度在 $-25\sim25\mu m$ 区间内，远高于其他损伤深度区间。在其他各损伤深度区间内，抛光+圆凹坑型织构试样（2#）的拆解损伤均远低于抛光试样（1#）。由此可知，圆凹坑型织构对抛光试样具有显著的拆解减损作用。

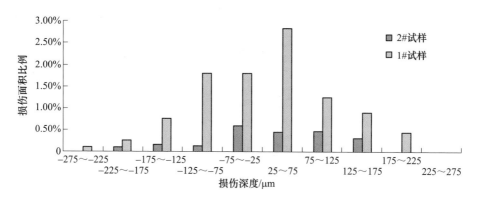

图 6-9 不同损伤深度的损伤面积比例

表 6-2 所列为不同圆凹坑型织构阵列类型的拆解损伤综合值。表中第一列为织构的阵列类型，其中 0°、30°、45° 三种类型分别为圆凹坑型织构中心线的连线与拆解方向分别成 0°、30°、45° 夹角，嵌套排列类型为两种不同直径的凹坑镶嵌排列。对比无织构类型，在试验机上对不同阵列方式的试样进行拆解损伤试验，试验压力为 150MPa。

表 6-2 不同圆凹坑型织构阵列类型的拆解损伤综合值

阵列类型	拆解损伤综合值 Q	综合评价指标 $\overline{Q}$
无织构	1.1	1.17
	1.3	
	1.1	
0°	0.46	0.47
	0.43	
	0.51	
30°	0.38	0.43
	0.47	
	0.41	
45°	0.34	0.34
	0.31	
	0.37	
嵌套排列	0.40	0.41
	0.41	
	0.42	

由表 6-2 可见，相对于无织构表面，有织构表面在 150MPa 下进行拆解试验

时，该材料的界面拆解损伤显著地减少。同时发现，在试验设计的 3 个角度下，随着角度的增大，磨损减少的效果明显，其损伤综合评价指标从 0°的 0.47 下降到了 45°的 0.34。而嵌套排列的阵列类型其损伤综合评价指标介于 30°和 45°阵列类型之间，对于减磨也有很好的效果，但不如与拆解方向成 45°阵列的织构。综上所述，通过表面织构的合理设计，可以有效降低拆解损伤，并降低后续再制造修复的成本。

6.1.4 压缩机转子拆解工艺规划应用

下面以压缩机转子为对象，分析其主轴和叶轮的拆卸以及变性层的演化和消除方法。

1. 压缩机转子大过盈配合界面拆解损伤分析

压缩机转子由主轴与若干级叶轮、隔套、联轴器、平衡盘等零件组成。其中叶轮与主轴以较大的过盈联接来满足高速旋转的工作转距传递需要。以首级叶轮孔与主轴间的配合为例，最大过盈量为 0.560mm，最小过盈量为 0.512mm，平均过盈量为 0.536mm。通过数值分析可得到过盈量作用下的接触压力分布云图，进而获得配合面接触压力在轴向尺寸上的分布规律。

2. 压缩机转子温差拆解模型

通过对厚壁圆筒在不均匀加热状态下的应力分析，得出厚壁圆筒在不均匀加热下的应力分布规律，并以此为基础对叶轮在不均匀加热下的受力状态进行分析，可以得出叶轮在不均匀加热下受力的等效模型。同样，通过研究应力对厚壁圆筒径向膨胀量的影响，得出厚壁圆筒在存在应力条件下的径向膨胀公式，以叶轮在不均匀加热下受力的等效模型为基础，推导出在温差拆解过程中轴和轴孔不均匀加热的膨胀量公式，进而得到配合面松动量模型为

$$\Delta(y) = G(y) - F(y) \tag{6-3}$$

式中，$G(y)$ 是轴孔的径向膨胀量沿轴向的分布曲线；$F(y)$ 是轴的径向膨胀量沿轴向的分布曲线。

$$F(y) = -\frac{(1-\mu)\eta}{E_0}\int\sigma(x,y)[f(x,y)-T_0]dx + \alpha\int[f(x,y)-T_0]dx \tag{6-4}$$

$$G(y) = -\frac{(1-\mu)\eta[\sigma(x_1,y)+\sigma^*(y)]R_0}{E_0}$$

$$[g(x_1,y)-T_0] + \alpha R_0[g(x_1,y)-T_0] +$$

$$\frac{(1-\mu)\eta}{E_0}\int\sigma(x,y)[g(x,y)-T_0]dx - \alpha\int[g(x,y)-T_0]dx \tag{6-5}$$

$$\Delta = -\frac{1-\mu\eta\sigma_{\theta R}R}{E_0}(T-T_0) + \alpha R(T-T_0)$$

式中，Δ 是轴的温度分布曲面；$\sigma(x,y)$ 是轴的应力分布曲面；$g(x,y)$ 是叶轮轮毂的温度分布曲面；$\sigma^*(y)$ 是轮轴盘、叶片、盖盘等对轮毂作用的周向温差应力曲线；α 是线膨胀系数；μ 是泊松比；η 是弹性模量系数；E_0 是轴的弹性模量；$\sigma_{\theta R}$ 是内应力；R 是轴的半径；R_0 是轴孔的半径；T 为轴的温度。Δ、$\sigma(x,y)$、$g(x,y)$ 和 $\sigma^*(y)$ 均可利用数值分析结果拟合后获得。

将压缩机的相关材料参数与数值分析结果代入，可获得施加拆解温度场后的界面残余过盈量。根据残余过盈量计算出界面的接触应力，其数值与有限元分析结果吻合情况良好，这验证了所建立的配合面松动量模型具有较高的准确性。径向应力分布曲线如图 6-10 所示。

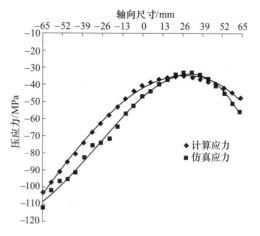

图 6-10　径向应力分布曲线

》 3. 温差拆解参数设计

根据上述建立的松动量模型，以获得最大松动量和最小损伤为原则，研究最优的加热方式和加热时间，并确保轴孔径向膨胀量的均匀。

（1）加热位置　根据实际工况，常用的加热方式分为流道加热、轴盘加热和轮毂加热，设定相同的加热温度及换热系数，并尽量确保在不同加热条件下配合面的温升相近，以获取温度场数据，并分别绘制出不同加热条件下轴颈内温度场的三维模型，进行对比分析。为了满足叶轮的无损拆解要求，轮毂加热比流道加热和轴盘加热更利于拆解。另外预热能有效减小应力集中及轴孔膨胀不均，因此对轴盘及叶轮等部位先进行预热，再对轮毂进行集中加热为最佳方案。

（2）加热时间　温差拆解的传热属于瞬态导热，在瞬态导热过程中叶轮和轴内温度梯度大，由配合面松动量模型可知，温度梯度大可获得较大的松动量。由于轮毂加热比较有利于拆解，因此以轮毂为加热对象进行最优加热时间分析。改变温度加载时间，获取在各时间点轴孔与轴的温度分布规律，计算各时间点的松动量，从而确定松动量最大的加热时间。

（3）其他工艺参数　研究发现换热系数、加热温度和接触热阻对最优加热时间的影响不大，而传热系数会明显影响拆解最优加热时间。

▶▶ 4. 界面织构设计与试验

针对压缩机叶轮与主轴配合工况，制作模拟试件，进行相应界面织构设计与验证试验。

（1）拆解损伤对比试验

将试件的拆解滑移表面用金相砂纸打磨光洁，使平行纹理表面粗糙度控制在 0.08μm 以下，垂直纹理表面粗糙度控制在 0.20μm 以下。选三种不同参数试样，用过盈配合模拟试验机进行试验，对比三种试样的拆解表面损伤深度面积分布，如图 6-11 所示。由图 6-11 可

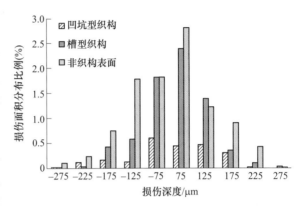

图 6-11　拆解表面损伤深度面积分布比例

知，织构表面的损伤面积小于非织构表面，凹坑型织构的损伤面积小于槽型织构。

（2）织构参数优化　选定表面织构密度和表面织构直径两个影响因素，用来表征在不同载荷作用下拆解界面的损伤情况，以确定损伤最小情况下的最佳织构参数。综上可得到以下结论：

1）表面损伤随着载荷的增大而增大，即拆解应尽量在较小的过盈接触应力状态下进行，可使拆解表面损伤最小。

2）综合分析损伤面积、犁沟体积、最大损伤深度随着各参数的变化趋势，发现直径为 100μm、面密度为 30% 的表面织构能使拆解损伤最小。

（3）优化后拆解损伤影响　采用控制变量试验方法，对比分析优化后的凹坑型织构表面对拆解造成表面损伤的降低作用，用最优织构参数试件和非织构试件在不同的载荷下分别进行模拟拆解试验。试验结论：试验表面的损伤包括损伤面积比例、犁沟体积和损伤深度均明显小于非织构表面。其中，过盈法向载荷在 50~100MPa 时，损伤随着载荷的增大而增大；在 125MPa 和 150MPa 的过盈法向载荷下，下试件表面损伤严重，上下试件发生咬合，在设置的侧缸载荷下，下试件的行程只能达到总行程的一半便不能继续推进，在实际叶轮和主轴的拆解中，这种情况代表不能拆解。织构表面的损伤随着载荷先增大再减小，在 50MPa 和 150MPa 的过盈法向载荷下拆解，配合界面几乎没有损伤，所以通过在叶轮和主轴配合界面间增加表面织构，进而在合适的过盈载荷下拆解能明显降低拆解损伤。

（4）服役性能影响　对于压缩机来说，叶轮与主轴间的大过盈配合会带来

巨大的静摩擦力，足够的静摩擦力是转子不脱转且能正常工作的必要条件。通过试验可得结论：面密度为20%、织构直径为$100\mu m$的凹坑型织构在有效降低拆解损伤的同时，还可大幅度提高长输管线压缩机叶轮与主轴间的静摩擦力。

6.2 面向主动再制造的毛坯表面预处理

机电产品经过再制造拆解以后，由于再制造毛坯表面在不同服役环境中附着并产生各类污染及腐蚀产物，需要对这些污染及变性产物采取一系列预处理工艺（如清洗等），才能开展有效的再制造毛坯的表面分析、失效检测与再制造性评估，进而开展有针对性的再制造修复。因此，针对废旧机电产品拆解后的再制造毛坯，应基于其再制造需求合理规划相应预处理工艺，有助于进一步高效实施后续再制造修复等关键工艺环节。

再制造表面预处理技术是指利用再制造表面预处理设备，在预处理介质的辅助下，对再制造毛坯表面进行机械及理化活性作用，以去除毛坯表面污染物，使再制造毛坯表面质量满足再制造后续工艺需求的过程。

在主动再制造的毛坯表面预处理环节，应提取并分析再制造毛坯表面污染物成分及特征，分析毛坯表面污染物对再制造后续工艺的影响，结合再制造后续工艺分析其对再制造毛坯表面质量的需求，进行再制造表面预处理工艺规划及优化。

6.2.1 再制造毛坯污染物及其表面质量分析

再制造毛坯表面的污染物具有量大、黏合力强、类型多样及分布状态的不确定性等特点。污染物可以根据存在形态、化学组成、亲水性和亲油性及在物体表面存在的状态等因素划分成不同类型。进一步以再制造零部件为对象，根据污染物存在位置、主要成分、特性等因素进行分析，研究基本表面预处理技术的实现机理及作用规律，然后根据实际应用场合、表面预处理对象、预处理等级、能耗及成本等方面进行表面预处理工艺流程的量化分析与合理规划。

1. 毛坯表面状态

目前，服役后机电产品的零部件表面常见污染物有以下类型：粉尘、烟尘等颗粒状污染物，比较方便去除；黏附的油脂及腐蚀等产生的污染物，没有具体的形状，不容易去除；溶解状态的污染物以颗粒状态悬浮于水中，需要采用孔径较小的过滤网或胶体沉淀等方法去除；各类金属及非金属化合物的无机污染物，无法在水中及有机溶剂中溶解；各种油脂、树脂等有机污染物，在有机溶剂中较易溶解；各种类型的蛋白质、淀粉及纤维等的亲水类污染物，在水中很容易被溶解；由于静电吸附作用而附着于表面的污染物，需要在高介电常数的水中才易清除。

为进一步量化分析再制造毛坯表面污染物状态，需构建其状态函数。

（1）污染物层状态　如果经表面预处理后的再制造毛坯表面污染物去除量不足，则对检测、修复、机械加工均会产生严重影响。基于清洁度指标，预处理表面状态函数可表示为

$$\psi_1(x_D) = (c_d, \delta_d, \cdots) \tag{6-6}$$

式中，c_d 是去除污染物质量百分比；δ_d 是污染物分布状态；x_D 是污染物状态变量。

（2）形变层状态　表面粗糙度是衡量表面微观形变的主要指标，表面粗糙度过大或过小均不利于涂层与基体的结合。基于表面粗糙度统计指标，预处理表面状态函数可表示为

$$\psi_2(x_A) = (Ra, Rz, Ry, \cdots) \tag{6-7}$$

式中，Ra、Rz、Ry 均是表面粗糙度的轮廓统计指标；x_A 是形变层状态变量。

（3）变性层状态　变性层一般是指再制造毛坯表面的氧化层与疲劳层，其残留将会造成修复阶段焊接熔池中夹杂物的产生，严重降低了再制造产品的机械性能。基于变性层状态指标，预处理表面状态函数可表示为

$$\psi_3(x_O) = (h_i, h_j, \cdots) \tag{6-8}$$

式中，h_i 是氧化层残留平均厚度；h_j 是疲劳层残留平均厚度；x_O 是变性层状态变量。

综上所述，预处理表面状态函数可表示为

$$\psi(x) = (\psi_1(x_D), \psi_2(x_A), \psi_3(x_O)) \tag{6-9}$$

由于废旧机械产品及关键零部件在其整个服役过程中处于各类不同的工作环境，受到不同的载荷影响，其表面的污染物层、形变层及变性层也存在较大的不确定性，如果预处理效果不足，则会大大影响再制造后续的检测与修复质量；如果预处理效果过大，则会产生资源和能源的浪费。

▶▶ 2. 毛坯表面质量模型

毛坯表面预处理是再制造过程中极为重要的工序，是检测零部件的表面尺寸、表面性能及腐蚀磨损等失效情况的前提，是零部件再制造修复和机械加工的基础。再制造表面预处理效果将对再制造后续工艺的性能分析、表面检测及修复加工等产生直接影响，因而对再制造产品的质量及成本均具有决定性的影响。

为了满足后续再制造检测、修复等环节的预处理表面质量要求，实现高效绿色的预处理过程，需要获取再制造毛坯表面污染物层、形变层及变性层的状态，结合预处理表面需求，构建再制造毛坯表面质量模型

$$\eta(x) = \begin{cases} \eta_1(x_D) = \sigma_l \geqslant | \ \psi_1'(x_D) - \psi_1(x_D) \\ \eta_2(x_A) = \sigma_m \geqslant | \ \psi_2'(x_A) - \psi_1(x_A) \\ \eta_3(x_O) = \sigma_n \geqslant | \ \psi_3'(x_O) - \psi_1(x_O) \end{cases} \qquad (6\text{-}10)$$

式中，$\eta(x)$ 是预处理工艺能力函数，即污染物去除率取值范围 $0\sim100\%$；$\psi_1'(x_D)$、$\psi_2'(x_A)$、$\psi_3'(x_O)$ 分别是污染物层、形变层和变性层预处理前表面状态函数；σ_l 是污染物层在 (D_{l-1}, D_l) 之间的预处理需求，其中 D 为污染物状态；σ_m 是形变层在 (A_{m-1}, A_m) 之间的预处理需求，其中 A 为变形层状态；σ_n 是变性层在 (O_{n-1}, O_n) 之间的预处理需求，其中 O 为变性层状态。

在再制造预处理前，先要明确再制造毛坯表面污染物类型、形变和变性等情况，并研究其表面质量分布状态，然后才能对再制造毛坯开展相应的预处理方案设计与优化，使再制造毛坯表面具备良好的检测、修复及机械加工等再制造工艺特性。

▶ 6.2.2 基于再制造表面质量需求的预处理工艺规划

预处理过程，即拆解前主要清除废旧产品表面附着的污垢，拆解后主要清除废旧零部件表面的外部沉淀物、碳化沉积物、油泥、油漆、涂料及锈蚀等。通过对再制造毛坯表面污染物进行分析，可以选择的预处理方式包括淋洗、高压水射流清洗、喷射清洗、浸泡清洗、刷洗、超声波清洗等。针对不同的表面预处理对象和预处理需求，预处理工艺流程各有不同。如果表面预处理技术选择不当，不仅达不到再制造毛坯表面预处理要求，而且容易造成资源和能源的浪费。

目前，单一工艺预处理无法满足零部件再制造表面预处理需求，需要对再制造产品采用多种表面预处理技术进行表面预处理，以实现各表面预处理技术之间的优势互补、协同配合的目的，才能达到零部件再制造表面预处理要求。多种表面预处理技术协同配合的多工序预处理工艺是再制造企业最常用的再制造预处理工艺流程。基于再制造表面质量需求的预处理工艺规划是通过调研再制造毛坯表面污染物类型及对应表面预处理技术，选择符合表面质量需求的再制造表面预处理工艺，并对各工序予以优化。

▶ 1. 预处理过程参数分析

再制造表面预处理与正向表面预处理不同，主要由于这些表面预处理技术的目的不同、要求不同，从而采用的表面预处理技术手段也不同。一般来说，污染物去除过程中的理化活性是指各种物理及化学作用力的结合，属于微观去污力的范畴，表面预处理力或破坏力作用必然伴随着能量消耗的过程。如果表面预处理过程中消耗的总能量为 E_i，则

$$E_i = E_{i0} + E_{i1}$$

式中，E_{i0} 是提高表面预处理介质的理化活性而做的功；E_{i1} 是通过机械作用力做的功。

表面预处理中因介质的种类、成分、浓度、温度及表面预处理时间等因素的不同，E_{i0} 值也不同，表面预处理介质的功效会存在较大差距。因此，有必要对废旧零部件再制造中的表面预处理技术，从污染物种类、表面预处理力作用、表面预处理方式、表面预处理介质、表面预处理设备和工艺等方面进行研究和调整，以达到再制造表面预处理要求。

常用表面预处理技术的工艺参数一般包括设备清洗功率、介质清洗温度、介质浓度、超声波清洗频率、水柱压力及表面预处理时间等。以超声波清洗为例，其基本工艺参数设定如下：

（1）超声波清洗频率　通常超声波清洗设备利用的均为低频波段，一般为 20~50kHz，低频声波具有空化气泡体积大且数量少、易于清洗较粗糙物品等优点，适用于大型零部件表面清洗或者污染物和零部件表面结合强度大的场合。

（2）超声波清洗温度　温度与空化阈值成正比，与清洗液的表面张力成反比，即温度越高，越容易发生空化现象，清洗液表面张力越小。因此，在超声波清洗过程中，温度存在一个最佳值，水作为清洗液的理想温度在 40~60℃ 之间。此外，温度与清洗液的溶解度也有关系，不同性质的清洗液有不同的最佳温度。

（3）超声波清洗功率　废旧零部件在进行超声波清洗时，如果功率较小，则空化作用小，不仅耗时长且难以将污染物去除干净；如果功率过大，则极易造成零部件表面出现损伤；如果功率合适，不仅清洗效率高且不易损伤零部件。

（4）超声波清洗时间　大量的试验表明，在频率及超声强度均保持不变的情况下，在一定的范围内，清洗效率与时间成正比，当清洗时间超过一定限度时，将会对零部件表面产生损伤。

综上所述，为了实现对预处理需求、工艺能耗、工艺成本的量化调控，需进一步构建预处理工艺流程模型，分析各类过程参数对表面预处理效果产生的影响。各种过程参数主要包括以下三类。

1）环境参数（E_M）：表征环境状态的基本参变量，如环境温度等。

2）介质参数（M_P）：表征预处理介质状态特征的各种物理量，如清洗液浓度、清洗温度、钢丸硬度等。

3）工艺参数（P_P）：表征预处理设备状态的控制变量，如功率、时间、频率、压力等。

以工艺基本单元的主要过程参数为变量，构建预处理工艺基本单元的模型，通过调节主要过程参数，以达到调整工艺单元的表面预处理工艺能力、工艺能耗和工艺成本的目的。

▶▶ 2. 预处理工艺基本单元模型

针对整个预处理工艺过程的各种需求，将复合预处理工艺流程中的单个工序作为预处理工艺过程的基本单元，构建其各自的工艺模型，并分析相应的工艺能力。预处理工艺能力是直接决定表面预处理能否达标的关键因素，因此可以通过建立表面预处理工艺能力函数模型实现对表面预处理需求的调控。而一个复合预处理工艺能否应用于企业，除了能够达到表面预处理要求外，还需要为企业带来足够的利润，且能够通过当地政府的环境指标考核等。因此企业关于工艺能耗和工艺成本方面的诉求，需要通过构建工艺能耗和工艺成本函数模型实现。

（1）预处理工艺能力 预处理工艺能力是指经单一或复合预处理工艺进行表面预处理后，污染物的去除质量占毛坯表面总污染物质量的比例。由于预处理工艺能力与过程参数之间是非线性关系，如采用多元响应函数构建该模型，可表示为

$$\eta_k(x) = \beta_t + \sum_i \beta_i (E_M, M_P, P_P)_i + \sum_{i<j} \sum_i \beta_{ij} (E_M, M_P, P_P)_i (E_M, M_P, P_P)_j +$$
$$\sum_i \beta_{ii} (E_M, M_P, P_P)_i^2 + \varphi_d \tag{6-11}$$

式中，β_t 是过程参数的工艺能力系数；β_i 是各过程参数单次方系数；β_{ii} 是各过程参数二次方系数；β_{ij} 是两个过程参数共同作用系数；φ_d 是试验值与回归值的差值；k 是第 k 个预处理工序。

（2）预处理能耗 表面预处理主要是一个破坏污染物层及变性层与零部件表面结合力的过程。这种破坏力即清理作用力，这一破坏过程必然伴随着能量的消耗。表面预处理总能耗可以直观地表示为清理能耗和提高介质能量的能耗，即

$$E_k(x) = \sum \varphi(x) = \frac{C_k Q_{wk}(t_{pr} - t_{n0})}{\zeta_k} + \frac{T_{wk} P_{wk}}{n_k \xi_k} \tag{6-12}$$

式中，T_{wk} 是第 k 个预处理工序表面预处理作用时间；C_k 是预处理溶液的比热容；P_{wk} 是预处理设备功率；Q_{wk} 是单个零部件预处理溶液消耗量；ξ_k 是设备的能量利用率；ζ_k 是加热时能量的转化率；t_{pr} 是预处理温度；t_{n0} 是常温；n_k 是 T_{wk} 时间内预处理零部件的数目。

（3）过程成本 表面预处理工艺过程中各个环节均具有相应的成本消耗，可表示为

$$W_k(x) = \sum \vartheta(x) \tag{6-13}$$

结合企业实际及文献调研，将表面预处理工艺成本分为设备折旧成本、用电成本、员工成本、材料成本和废物处理成本五个组成部分，其可表示为

$$W_k(x) = \sum \vartheta(x) = \left[\frac{C_k Q_{wk}(t_{pr} - t_{n0})}{\zeta_k} + \frac{T_{wk} P_{wk}}{n\xi_k} \right]$$

$$P_{r2} + \frac{T_{wk}(P_{r1} + \lambda_p P_{r3})}{n} + Q_{wk}(P_{r4} + P_{r5}) \tag{6-14}$$

式中，λ_p 是单个零部件总耗时与单个零部件清洗耗时的比值；P_{r1} 是第 k 个预处理工序中，单位小时设备折旧成本；P_{r2} 是电价；P_{r3} 是单位小时内的员工成本；P_{r4} 是材料价格；P_{r5} 是废物处理成本。

毛坯表面预处理工艺基本单元函数为

$$\begin{cases} \eta_k(x) = \beta_t + \sum_i (E_M, M_P, P_P) + \sum_i \beta_{ii}(E_M, M_P, P_P)_i^2 + \\ \sum_{i<j}\sum_i \beta_{ij}(E_M, M_P, P_P)_i (E_M, M_P, P_P)_j + \varphi_d \\ E_k(x) = \frac{C_k Q_{wk}(t_{pr} - t_{n0})}{\zeta_k} + \frac{T_{wk} P_{wk}}{n\xi_k} \\ W_k(x) = \left[\frac{C_k Q_{wk}(t_{pr} - t_{n0})}{\zeta_k} + \frac{T_{wk} P_{wk}}{n\xi_k} \right] P_{r2} + \frac{T_{wk}(P_{r1} + \lambda_p P_{r3})}{n} + Q_{wk}(P_{r4} + P_{r5}) \end{cases}$$

$$\tag{6-15}$$

▶▶ 3. 表面预处理过程工艺优化

在主动再制造实施过程中，将再制造预处理表面质量需求作为工艺决策的主要依据，构造基于工艺能力的再制造毛坯表面预处理工艺过程模型，并获取最优的过程参数组合。

（1）表面质量需求　统计分析废旧产品中关键零部件表面状态，分析再制造毛坯表面初始质量（如污染物种类及其分布、磨损状态等）。同时，基于表面质量对再制造修复的影响规律，结合其修复结构的服役性能需求，提出再制造预处理表面质量需求。

（2）工艺过程模型　基于再制造毛坯表面初始质量，结合现有预处理工艺选取合适的工艺类型，以预处理工艺单元为对象，分析各类工艺过程参数对工艺能力、工艺能耗和工艺成本的影响，选择并设定相关系数，构建相应工艺过程函数模型。

（3）预处理工艺优化　将预处理工艺能力函数模型设为约束函数，工艺能耗和工艺成本设为目标函数，结合试验及调研数据，采用合理的数值分析方法，提出工艺过程参数优化值。

预处理工艺优化模型可表示为

1）工艺参数约束条件：

$$T_{\mathrm{w}} \in (T_{\mathrm{w}0}, T_{\mathrm{w}1}), t \in (t_{\mathrm{n}0}, t_{\mathrm{pr}}), C_{\mathrm{w}} \in (C_{\mathrm{w}0}, C_{\mathrm{w}1}), P_{\mathrm{w}} \in (P_{\mathrm{w}0}, P_{\mathrm{w}1}), \cdots$$

$$(6\text{-}16)$$

式中，$(T_{\mathrm{w}0}, T_{\mathrm{w}1})$ 是表面预处理时间的取值区域；$(t_{\mathrm{n}0}, t_{\mathrm{pr}})$ 是预处理温度的取值区域；$(C_{\mathrm{w}0}, C_{\mathrm{w}1})$ 是介质浓度的取值区域；$(P_{\mathrm{w}0}, P_{\mathrm{w}1})$ 是预处理功率的取值区域。

2）工艺能力需求：

$$\eta(x) \geqslant \psi(x)$$
$$(\eta_1(x_{\mathrm{D}}), \eta_2(x_{\mathrm{A}}), \eta_3(x_{\mathrm{O}})) \geqslant (\psi_1(x_{\mathrm{D}}), \psi_2(x_{\mathrm{A}}), \psi_3(x_{\mathrm{O}})) \quad (6\text{-}17)$$

3）优化目标函数：

$$\min \begin{cases} E_k(x) = \dfrac{C_{\mathrm{w}k}Q_{\mathrm{w}k}(t_{\mathrm{pr}} - t_{\mathrm{n}0})}{\zeta_k} + \dfrac{T_{\mathrm{w}k}P_{\mathrm{w}k}}{n\xi_k} \\[3mm] W_k(x) = \left[\dfrac{C_{\mathrm{w}k}Q_{\mathrm{w}k}(t_{\mathrm{pr}} - t_{\mathrm{n}0})}{\zeta_k} + \dfrac{T_{\mathrm{w}k}P_{\mathrm{w}k}}{n\xi_k} \right] P_{\mathrm{r}2} + \\[3mm] \dfrac{T_{\mathrm{w}k}(P_{\mathrm{r}1} + \lambda_{\mathrm{p}k}P_{\mathrm{r}3})}{n} + Q_{\mathrm{w}k}(P_{\mathrm{r}4} + P_{\mathrm{r}5}) \end{cases} \quad (6\text{-}18)$$

基于以上优化模型，结合再制造毛坯表面污染物分布状态及预处理表面质量需求，对现有预处理工艺过程参数进行调控，实现降低工艺能耗和工艺成本的目标，形成高效、绿色的再制造表面预处理工艺过程。

6.2.3 面向再制造的铸铝壳体预处理工艺规划

1. 铸铝壳体表面质量需求

铸铝合金普遍应用于汽车零部件的生产，例如活塞、变速器壳体、缸体、缸盖、车轮及制动盘等零部件，其具有良好的机械性能和铸造性能。壳体类零部件一般在高温、高压、动载荷的环境下工作，其污染物主要包括：油泥类污染物、积炭类污染物、表面涂层。其中，油泥类污染物包括各种动植物油脂、天然及合成树脂等，只有在特定的有机溶剂中才能够溶解。积炭类污染物因环境中的颗粒物在重力作用下沉积于物体表面，黏附力较为微弱，比较容易去除。因此，可选择以超声波、高压水射流及浸泡清洗技术为主的复合预处理工艺。

表面质量需求是指表面预处理对污染物层、形变层及变性层去除效果的需求，污染物层、形变层及变性层预处理效果直接影响再制造后续工艺的进行，而表面质量需求需要考虑污染物的去除百分比 c_{d}、污染物分布状态 δ_{d}、形变引起的表面粗糙度值（Ra，Rz，Ry）的改变、变性层（腐蚀层）平均厚度 h_i 和疲劳层平均厚度 h_j 等。此处仅以污染物去除百分比 c_{d} 为例，分析再制造壳体毛坯表面质量需求，即以污染物去除百分比 c_{d} 为衡量预处理工艺能力的指标，即

$$\eta(x) = (\eta_1(x_{\mathrm{D}}), \eta_2(x_{\mathrm{A}}), \eta_3(x_{\mathrm{O}})) = \eta_1(x_{\mathrm{D}}) = f(x) = c_{\mathrm{d}} \quad (6\text{-}19)$$

▶ 2. 铸铝壳体预处理工艺单元模型

先进行表面预处理工艺能耗分析。超声波清洗表面处理工艺中，单个零部件消耗的清洗液体积可设定为

$$Q_{w1} = \frac{(M_0 - M_1)(1 - \varepsilon_1)}{V_w(D_{out} - D_{in})} V_w = \frac{(M_0 - M_1)(1 - \varepsilon_1)}{D_{out} - D_{in}} \quad (6\text{-}20)$$

式中，Q_{w1} 是第一个预处理工序中单个零部件消耗的清洗液体积；V_w 是超声波清洗液体积；D_{out} 是超声波清洗液排放时清洗液的污染物含量；D_{in} 是刚配好的清洗液污染物含量；M_0 和 M_1 分别是超声波清洗前和清洗后零部件的质量；ε_1 是超声波清洗液的可循环利用率。

高压水射流清洗表面预处理工艺过程中，单个零部件消耗的水体积为

$$Q_{w2} = \frac{T_{w2} P_{w2}(1 - \varepsilon_2)}{16.67P} \quad (6\text{-}21)$$

式中，Q_{w2} 是第二个预处理工序中单个零部件消耗的清洗液体积；ε_2 是高压水射流清洗液的可循环利用率；P 为高压泵射流功率；T_{w2} 是第二个预处理工序表面预处理作用时间；P_{w2} 是第二个预处理工序预处理设备功率。

将式（6-20）代入式（6-12）可得

$$E_1 = C_{w1} \frac{(t_{pr} - t_{n0})}{\zeta_1} \frac{(M_{10} - M_{11})(1 - \varepsilon_1)}{D_{out} - D_{in}} + \frac{T_{w1} P_{w1}}{n_1 \xi_1} \quad (6\text{-}22)$$

高压水射流清洗只存在清洗耗能而不包括提高介质能量耗能（$t_{pr} = t_{n0}$），因此高压水射流清洗的能耗函数为

$$E_2 = \frac{C_{w2} Q_{w2}(t_{pr} - t_{n0})}{\zeta_2} + \frac{T_{w2} P_{w2}}{n_2 \xi_2} = \frac{T_{w2} P_{w2}}{n_2 \xi_2} \quad (6\text{-}23)$$

表面预处理工艺成本分析中，超声波清洗和高压水射流清洗的成本均包括设备折旧成本、用电成本、员工成本、材料（主要为清洗液等）成本，废物（污水）处理成本等，综上可得单个零部件超声波清洗的总成本函数为

$$W_1 = E_1 P_{r2} + \frac{T_{w1}(P_{r1} + \lambda_{p1} P_{r3})}{n_1} + Q_{w1}(P_{r4} + P_{r5}) \quad (6\text{-}24)$$

▶ 3. 铸铝壳体预处理工艺优化分析

首先，根据企业调研，将铸铝壳体清洗能力视为其预处理工艺能力，即先将经过前一个预处理工序预处理后的壳体试件进行干燥冷却，然后采用分析天平称量其质量并记为 M_{i0}；再将称量后的壳体试件经预处理工艺单元（超声波清洗、高压水射流清洗等）进行表面预处理，随后将壳体试件采用清洁后的夹具夹持，干燥处理后放入分析天平中称量，其质量记为 M_{i1}；最后进行壳体试样清洁度检测，如果清洁度检测合格，其质量记为 M_{i2}，如果清洁度检测不合格，继

续采用超声波清洗等预处理技术对该试样进行表面预处理直至清洁度合格为止。可用式（6-25）计算去污力，并记录结果。

$$\eta = \frac{M_{i0} - M_{i1}}{M_{i0} - M_{i2}} \tag{6-25}$$

基于主要预处理工艺设备的基本参数范围，借助数据处理技术分析工艺参数，通过试验数据拟合可以获得超声波清洗工艺能力 η_1 和高压水射流清洗工艺能力 η_2 的拟合函数，并得到复合预处理工艺的工艺能力函数为

$$\eta = 1 - \prod_{k=1}^{N}(1 - \eta_k) = 1 - (1 - \eta_1)(1 - \eta_2) = \eta_1 + \eta_2 - \eta_1\eta_2 \tag{6-26}$$

根据企业及文献调研数据，选取并设定参数，可以得到超声波清洗能耗函数为

$$E_1 = C_1 \frac{(t_{pr} - t_{n0})}{\zeta_1} \frac{(M_{10} - M_{11})(1 - \varepsilon_1)}{D_{out} - D_{in}} + \frac{T_{w1}P_{w1}}{n_1\xi_1} \tag{6-27}$$
$$= [2.0940\eta_1(t_{pr} - 25) + 0.0397T_{w1}P_{w1}] \times 10^{-4}$$

表面预处理工艺成本函数为

$$W_1 = \eta_1(3.600 \times 10^{-3} + 2.407 \times 10^{-2}C_w + 1.863 \times 10^{-4}t_{pr})$$
$$+ 3.530 \times 10^{-6}T_{w1}P_{w1} + 0.091T_{w1} \tag{6-28}$$

由上述超声波清洗工艺能力拟合函数可以获得时间、温度、浓度和功率这四个工艺参数与超声波清洗工艺能力的影响关系，并进行预处理工艺优化。复合预处理工艺的工艺能力函数模型中的自变量为超声波清洗和高压水射流清洗工艺的各工艺参数，逐一对每个工艺单元进行多目标优化，最终实现整个复合预处理工艺流程的优化。

以超声波清洗为例，根据其工艺参数的取值范围（表6-3），可以得到超声波清洗多目标优化模型，通过 Matlab 软件对该模型进行求解，获得超声波清洗表面质量需求与工艺能耗、工艺成本的映射关系，如图6-12所示。可得结论：预处理工艺能力需求与工艺能耗、工艺成本之间近似成正比关系，因此，企业对废旧零部件进行表面预处理时，需要对每个工艺单元设定合适的毛坯表面质量需求值，以实现整个工艺流程最优的工艺能耗及工艺成本最低。

表 6-3　工艺参数的取值范围

工艺参数	取值范围
清洗时间 T_w/min	4.00~8.00
清洗温度 t_{pr}/℃	35.00~45.00
清洗液含量 C_w（%）	2.50~10.00
清洗功率 P_w/W	90.00~150.00

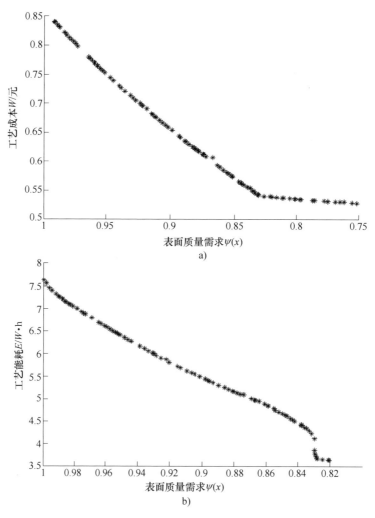

图 6-12　超声波清洗表面质量需求与工艺成本、工艺能耗的映射关系

a）表面质量需求$\psi_{(x)}$与工艺成本W的关系

b）表面质量需求$\psi_{(x)}$与工艺能耗E的关系

　　根据企业及试验数据，将综合考虑超声波清洗的工艺能力、工艺能耗和工艺成本获得的最优解与试验参数组合下的目标值进行对比，并由超声波清洗多目标优化模型可计算出优化前后不同表面质量需求下各优化目标降低程度，见表 6-4。因此，在主动再制造实施过程中，通过所提出的优化方法，能够在满足清洁度要求的同时，降低超声波清洗工艺能耗和工艺成本。

表 6-4 优化前后不同表面质量需求下各优化目标降低程度

等级	表面质量需求 $\psi_1(x)$	能耗降低幅度 θ_l	成本降低幅度 α_l
1	0.8000	39%	45%
2	0.8440	31%	20%
3	0.9040	16%	17%
4	0.9600	12%	21%

6.3 面向主动再制造的再装配质量控制技术

目前,复杂机电产品再制造是由再利用件、再制造件和新品零部件按照一定装配序列组合成若干部件,进而组成达到多项技术要求的混联结构装配体。在再制造生产实际过程中,再制造装配需要装配的零部件类型如下:部分再制造零部件尺寸超差,但性能满足需求,此类零部件大多是再利用件,以及一些非关键的零部件;部分再制造零部件精度符合标准且性能满足需求,但疲劳、微裂纹、寿命、蠕变等与新品零部件存在差异;带有涂覆层的多元异质再制造零部件。

由于上述再制造零部件质量属性的不确定性,使得不同的再制造零部件和新品零部件组合装配采用的装配管理(如装配过程控制、装配方案、装配操作、误差补偿等)也不同。因此,再制造装配存在着以下不确定性。

⟫ 1. 再制造装配过程的不确定性

由于再制造零部件到达装配线的种类、数量、质量具有不确定性(主要是随机性和模糊性),使装配车间物流时变区间的离散程度加大,装配工位生产节拍的范围扩大,准时性控制能力降低,进而导致制造装配生产计划和调度振荡加大,车间物料配送精准性降低,生产瓶颈管控困难,装配工位操作标准化程度下降,等等,这些会使再制造装配过程信息的完备度、信度与效度难以保障。因此,再制造装配过程相对于新品制造装配过程存在着更大的不确定性。

⟫ 2. 再制造装配控制的不确定性

与传统装配相比,由于再制造装配零部件种类、数量、质量各不相同,使再制造装配质量属性点维度、分布与新品制造装配相比存在很多的不同,也使再制造装配误差的产生、传递与耦合存在更多不确定性。因此,再制造装配控制与新品制造装配控制难以统一。为了保障再制造产品质量的可靠性,需要针对各个再制造零部件的自身特点,采取相应的"个性化"质量控制措施,实现再制造装配过程在线质量优化控制。

3. 再制造装配误差的剧变性

在复杂机械装配过程的复杂、动态、非线性的相互作用下，装配误差的传递、耦合和剧变会或多或少出现"偏差"，这些"偏差"在特定的情景中以装配误差剧变的形式呈现，这会导致服役期间的再制造产品可靠性和寿命急剧下降，严重影响再制造产品服役安全性。

4. 再制造装配方案的多样性

在实际操作过程中，工人会根据再制造零部件的质量等级采用不同的操作方法，导致装配工艺变换频繁，操作标准化差、装配质量控制点属性阈值难以控制等，从而影响装配质量的稳定性和可靠性。

综上所述，需要综合考虑再制造过程中的各种不确定性，制订不确定环境下的装配方案，才能进一步提升再制造产品的服役可靠性。

6.3.1　再制造装配状态模型及质量控制方法

复杂机械再制造/制造装配是多工序制造过程，也是一个多输入多输出的过程。鉴于再制造/制造装配过程是以装配工位为主体，且具有时间序列性和空间序列性的双重特点，可通过状态空间建模表征不确定环境下再制造装配质量的耦合机理。

1. 再制造装配状态模型

利用状态空间的观点分析系统的方法称为状态空间法。状态空间法的实质是将系统的运动方程写成微分方程组，通过输入变量、状态变量和输出变量之间因果关系的数学表达式，描述系统运行的状态，表征系统内在的动力学特性。因此，状态空间模型能够较好地表征不确定环境下的再制造装配过程，能够准确描述再制造装配质量传递、变迁的耦合机理，并通过解耦控制、智能算法等计算，可以为再制造装配过程在线质量控制提供有效的量化支持。

假设一个工位装配一个零部件，每个工位都有操作。则再制造装配过程状态空间模型为

$$\begin{cases} \boldsymbol{x}(i+1) = \boldsymbol{A}\boldsymbol{x}(i) + \boldsymbol{B}\boldsymbol{u}(i) + \boldsymbol{w}(i) \\ \boldsymbol{y}(i) = \boldsymbol{C}\boldsymbol{x}(i) + \boldsymbol{D}\boldsymbol{u}(i) + \boldsymbol{v}(i) \end{cases} \tag{6-29}$$

式中，i 是第 i 装配工位；$\boldsymbol{x}(i) \in R^{n \times l}$ 表示第 i 个装配工位的状态向量；$\boldsymbol{y}(i) \in R^{\varphi \times l}$ 是装配质量的输出向量；$\boldsymbol{w}(i) \in R^{n \times l}$ 是制造系统的过程噪声；$\boldsymbol{v}(i) \in R^{n \times l}$ 是测量噪声，两者均是零均值、白噪声信号；$\boldsymbol{u}(i) \in R^{m \times l}$ 表示第 i 个装配工位的输入向量，且 $\boldsymbol{u}(i) = \boldsymbol{u}_p(i) + \boldsymbol{u}_o(i)$，$\boldsymbol{u}_p(i)$ 是第 i 个装配工位的零部件输入向量，$\boldsymbol{u}_o(i)$ 是第 i 个装配工位的操作输入向量。根据装配实际生产数据，可以确定矩阵 $\boldsymbol{A}$、$\boldsymbol{B}$、$\boldsymbol{C}$、$\boldsymbol{D}$ 以及 $w(i)$ 和 $v(i)$。

式（6-29）能够准确描述各个装配工位的状态，它是以零部件和装配工位操作为输入向量、装配体工艺参数为状态向量、再制造装配质量为输出向量的一个空间状态变化过程，能够定量描述装配状态与装配质量之间的关联。

▶ 2. 面向再制造的装配质量控制方法

在不确定、非线性、动态的再制造装配过程中实现在线质量控制，确保再制造产品质量不低于新品，已成为再制造工程亟需解决的关键问题之一。要实现不确定环境下复杂机械产品再制造装配过程在线质量控制，首先可根据装配车间的动态信息监测再制造装配过程，然后在明确再制造装配质量耦合机理的基础上，实施再制造装配工位操作在线指导，并根据现场质量要求动态规划各装配工位的输入，实现实时在线质量校正，优化质量目标。

其中，面向再制造的装配质量控制主要有以下方法。

（1）装配工位工艺操作修正　在装配过程中 $w(i)$ 和 $v(i)$ 的期望值是 0，则由式（6-29）可得到装配质量传递函数矩阵为

$$G(z) = \frac{Y(z)}{U(z)} = C(zI - A)^{-1}B + D \tag{6-30}$$

式中，$Y(z)$ 是输出量；$U(z)$ 是输入量；I 是单位矩阵。

式（6-30）能够定量描述各个装配工位的装配质量，揭示装配误差传递、累积和耦合机理。考虑到再制造装配过程中再制造零部件相对于新品零部件具有更高的不确定度，由式（6-30）可得

$$y(i) = G(i)u(i) = [C(zI - A)^{-1}B + D]u(i) \tag{6-31}$$

假设某再制造零部件的输入向量为

$$u(i) = u_p(i) + u_0(i) + \Delta u_p(i)$$

式中，$\Delta u_p(i)$ 是再制造零部件相对于新品制造零部件的更高的不确定度，包括再制造异质材料（涂覆层）导致的再制造零部件形态和性能相对变化等。

为确保再制造产品装配质量不低于原始产品，必须采取必要的措施（如工艺操作修正、补偿环等）减少装配误差，保证再制造装配质量输出向量 $y(i)$ 不低于新品制造要求的装配质量 $y_0(i)$，则

$$y_0(i) = F[\Delta u_0(i)] + G(i)\Delta u_p(i) + G(i)[u_p(i) + u_0(i)] \tag{6-32}$$

第 i 个再制造装配工位工艺操作修正指数为

$$F[\Delta u_0(i)] = y_0(i) - G(i)[u_p(i) + u_0(i)] - G(i)\Delta u_p(i) \tag{6-33}$$

装配工位工艺操作修正是指从初始装配工位开始，同步测量、采集、处理再制造装配质量数据，根据再制造零部件的特性，实时响应再制造装配工况信息，求解各个再制造装配工位的工艺操作修正值，实现再制造装配过程在线质量控制。

（2）装配过程在线质量控制方程　式（6-33）是一个理论模型，在实际再

制造装配过程中，必须考虑装配工位能力的有限性和局限性。为此，借鉴再制造零部件质量分级思想，和原始产品装配过程进行对比，同时考虑到再制造装配工位的实际状况，先根据其主要质量属性进行分组，然后针对不同的在制品状态和质量需求，对操作输入也进行分组。

由式（6-32）和式（6-33）转化的再制造装配过程在线质量控制方程为

$$G(i)u_\text{p}(ij) + G(i)u_0(ij) + x(i) = y_0(i) \tag{6-34}$$

式中，$u_\text{p}(ij)$ 是第 i 个再制造零部件质量属性等级；$u_0(ij)$ 是第 i 个再制造装配工位操作等级；$x(i)$ 是第 i 个再制造装配工位的在制品状态。

通过在线质量控制方程能够将复杂、动态、非线性的再制造装配过程控制转化为简单的线性关系。在明确装配质量误差传递、累积和耦合机理的基础上，根据再制造零部件质量属性的特点，以及再制造装配过程在制品的状态，实现在线质量控制，确保再制造产品质量。

（3）基于动态规划的质量控制模型　在构建再制造装配过程状态空间模型、建立再制造装配过程误差传递函数的基础上，建立基于动态规划的再制造装配过程质量控制模型，为实现再制造装配过程在线质量控制提供支持。

1）阶段。再制造装配系统是由 n 个装配工位组成的一个 n 阶离散系统。

2）状态。再制造装配工序的状态主要包括在制品状态和装配质量，即

$$S_k(i) = \{x(i), y(i)\} \tag{6-35}$$

$S_k(i)$ 是由上一道工序的状态 $S_k(i-1) = \{x(i-1), y(i-1)\}$ 和该工位的操作决定。

3）决策。再制造装配工位的决策主要是再制造零部件的等级和装配工位操作等级的集合，即

$$D(i) = \{u_\text{p}(i), u_0(i)\} \tag{6-36}$$

4）策略。再制造装配质量控制策略主要是装配工位再制造零部件等级的选择、装配工位操作等级选择，即

$$P(S_k) = \{u_\text{p}(1,j), u_\text{p}(2,j), \cdots, u_\text{p}(n,j), u_0(1,j), u_0(2,j), \cdots, u_0(n,j)\}$$
$$\tag{6-37}$$

5）状态转移方程。再制造装配过程的状态转移方程是再制造装配过程状态空间模型和决策的组合方程，即

$$\begin{cases} x(i) = Ax(i-1) + Bu(i-1) \\ y(i) = Cx(i) + Du(i) \\ S_k(i) = T_k(S_k(i-1), u(i)) \end{cases} \tag{6-38}$$

式（6-38）描述的是策略 S_k 由第 $(i-1)$ 工位到第 i 工位的耦合规律。

6）指标函数和最优值函数。再制造装配过程质量控制的指标主要包括质量约束、时间约束、不确定度约束等，以及总装配成本最小化，即

$$f(S_k) = \mathop{\mathrm{opt}}\limits_{\{u_i,\cdots,u_n\}} V_{k,i}\{y(i),t[u(i)],h[u(i)],c[u(i)]\} \tag{6-39}$$

式中，$t[u(i)]$ 是时间约束；$h[u(i)]$ 是不确定度约束；$c[u(i)]$ 是成本约束；$V_{k,i}$ 是第 i 工位的第 k 个策略。

根据最优化原理，建立递推公式

$$V_{k,i} = \min_{i-1} L[x(i-1),u(i)] \tag{6-40}$$

开展基于再制造装配过程状态空间模型的动态规划，即从逆向角度对装配工位的操作进行最优化计算。其计算流程是根据当前工位的实时状态信息，对后续工位的质量进行预测。如果预测质量在标准要求范围内，则通过；如果预测质量不在标准要求范围内，则启动动态规划，逆向运算各个工位的操作，并选择最优的操作方案，通过质量控制系统传递给现场操作员工。

（4）再制造装配过程在线质量校正　在线质量校正是再制造装配过程在线质量控制方法的一个关键点。基于再制造装配过程状态空间模型及其解耦控制，在再制造装配车间实时生产信息的支持下，能够对装配质量输出进行较为准确的预测。但考虑到再制造的高度不确定性、系统误差和人为影响，需要通过当前时刻的预测误差，在线修正输入向量，确保每个再制造装配工位的质量输出。因此，需要研究再制造装配过程在线质量校正算法，以满足在线质量控制方法的需求。

基于再制造装配过程状态空间模型及其解耦控制的在线质量校正流程如图 6-13 所示。

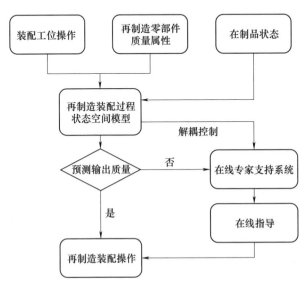

图 6-13　在线质量校正流程

▶▶ 6.3.2 面向再制造的装配质量分级方法

由于服役时间、工作环境、运输方式、腐蚀、应力、疲劳等的不同，往往导致回收的机械产品的失效程度和形式各不相同，不同失效程度的回收机械产品，其再制造工艺和程度也各不相同，而再制造零部件相对于新品零部件具有更多的异质材料（即多元异质），存在着更多性能上的不确定性。再制造零部件质量属性的不确定性是再制造装配不确定性的根源，在考虑装配质量、成本和不确定性约束的前提下，保证再制造的装配质量可以采用再制造装配分级选配的方法。

在再制造生产过程中，清洗、再制造毛坯修复和质检等环节都会对零部件尺寸进行检测，这是再制造分级选配的基础。面向不确定性和质量目标的再制造零件公差分级选配方法，其核心思想是将已经测量的再制造零部件根据尺寸公差进行分级，通过模块化装配分组技术优化配置再制造装配过程，减少装配偏差，降低再制造过程的不确定性，从而达到节约成本并确保再制造产品质量的目的。其主要管理流程如下：

1）根据企业再制造生产实际以及再制造产品质量标准，对所有再制造零部件按照分级选配标准进行等级划分，并测量和登记在管理系统中。

2）实时输入再制造零部件数量和质量属性值及其他指定信息。

3）根据订单需求，以尺寸链精度、质量和装配熵值等为约束，针对整个装配流程或者某道工序，按照分级选配优化模型中的目标和约束，运用智能算法计算最优装配方案。

4）根据系统制定的最优装配方案，将零部件由仓库调度到装配车间，并提示装配车间每个工位的操作人员装配零部件的等级、精度、质量和操作要求。

5）再制造装配过程中出现异常的处理方法主要有现场专家指导、质量控制修正、在线质量控制等。

6）推导出的装配方案集将存入历史数据库用于对模型参数的反馈修正，从而实现方法及时更新与修正。

▶▶ 1. 分级选配技术基础

分级选配的标准化可确保再制造装配质量，其主要依据是：分级选配的零部件性能满足再制造产品服役安全和可靠性要求；再制造装配的装配熵值小于制造装配的装配熵值；再制造尺寸链装配精度不低于新品制造尺寸链装配精度；关键和重要的再制造零部件一般分为2级或者3级，非关键再制造零部件分为3级或者4级。

从工业工程的角度出发，对再制造零部件分级选配方法进行成本分析。零部件再制造修复过程中，由于零部件损伤程度不同，都会进行测量。耗费的成

本函数为

$$C = c_t + c_m + c_{ot} \tag{6-41}$$

式中，c_t 是分级选配增加的测量工具成本；c_m 是分级选配增加的管理成本；c_{ot} 是分级选配增加的其他成本。

分级选配后的收益函数为

$$I = i_r + i_s + i_g + i_c \tag{6-42}$$

式中，i_r 是分级选配后减少的返修成本；i_s 是分级选配后减少的售后服务成本；i_g 是分级选配后增加的市场收益；i_c 是分级选配后增加的其他收益。

如果分级选配边际收益大于边际成本，则采取分级选配；如果分级选配边际收益小于边际成本，则不采取分级选配。再制造企业实行再制造分级选配方法的前提是保证企业的收益大于成本。

由于回收的机械产品质量等级不同，以及再制造加工方式不同，所以再制造零部件的装配尺寸也存在差别。若将零部件分为 2 级时，再制造零部件公差可以宽放为制造零部件的 2 倍，则根据正态分布函数性质可知，再制造零部件分级后公差宽放 $\sqrt{2}$ 倍，就可保证再制造装配尺寸链的精度不低于新品制造。

综上所述，面向不确定性和质量目标的再制造零件公差分级选配方法，能够提高再制造零部件利用率，降低生产成本和不确定性，减小装配偏差，提升再制造装配精度，保障装配质量的稳定性和可靠性。

▶▶ **2. 再制造分级选配模型**

（1）再制造分级选配约束分析　设某再制造产品装配的零部件数量为 n，第 i 个装配的零部件为 $u(i)$，$u(i)_{jp}$ 为零部件 $u(i)$ 的第 j 个属性的 p 等级，其中，$i \in [1, n], j \in [1, m], p \in \{1, 2, 3, 4\}$。当该精度条件下的零部件个数为 0 时对应的 $u(i)_{jp} = 0$。

1）基于装配质量传递函数的质量约束。由装配质量传递函数可得

$$\sum_{j=1}^{m} G[u(i)_{jp} + u'(i)_{jp}] = y(i) \tag{6-43}$$

将分级选配的再制造零部件 $u(i)_{jp}$ 和该等级再制造零部件的对应操作 $u'(i)_{jp}$ 代入到装配质量传递函数，可得到装配质量第 i 个装配零部件所要求的分级选配的装配质量 $y(i)$，$y(i)$ 的阈值必须在标准装配质量 $y'(i)$ 的阈值范围之内。

2）再制造装配尺寸不确定度约束。根据零部件装配尺寸耦合定理，分级选配的再制造零部件尺寸不确定度耦合值要小于或等于新品制造的零部件装配尺寸不确定度耦合值，因此其不确定度约束公式为

$$\sum_{i=1}^{n} \sum_{j=1}^{m} H[u(i)_{jp}] \leqslant \sum_{i=1}^{n} \sum_{j=1}^{m} H[u(i)_j] \tag{6-44}$$

式中，$\sum\limits_{j=1}^{m} H[u(i)_{jp}]$ 是分级选配的再制造零部件尺寸不确定度；$\sum\limits_{j=1}^{m} H[u(i)_j]$ 是新品制造的零部件尺寸不确定度。

（2）再制造分级选配优化函数　面向不确定性的再制造分级选配模型可在保障再制造产品质量不低于新制造产品质量的同时，实现再制造装配成本最优化。由于再制造各个不同等级零部件及其不同等级零部件的装配操作存在差异，必然导致再制造装配的成本不同，再制造装配成本计算公式为

$$C = \min\left\{\sum_{i=1}^{n}\sum_{j=1}^{m} c[u(i)_{jp}] + c[u'(i)_{jp}]\right\} \tag{6-45}$$

综合考虑再制造复杂机械产品装配过程中的不确定度、质量等约束条件，以装配成本最小化为目标，建立再制造分级选配函数模型为

$$\text{s. t}\begin{cases} C = \min\left\{\sum\limits_{i=1}^{n}\sum\limits_{j=1}^{m} c[u(i)_{jp}] + c[u'(i)_{jp}]\right\} \\ \sum\limits_{j=1}^{m} G[u(i)_{jp} + u'(i)_{jp}] = y(i) \\ y(i) \leqslant y^*(i) \\ \sum\limits_{i=1}^{n}\sum\limits_{j=1}^{m} H[u(i)_{jp}] \leqslant \sum\limits_{i=1}^{n}\sum\limits_{j=1}^{m} H[u(i)_j] \end{cases} \tag{6-46}$$

式中，$i \in \{1,2,\cdots,n\}$；$j \in \{1,2,\cdots,m\}$；$p \in \{1,2,3,4\}$。

由式（6-46）可知，再制造分级选配的函数模型是以成本最小化为目标，以装配成本、质量损失、不确定度耦合为约束，在确保再制造装配质量的情况下，提高再制造零部件的利用率，为减少再制造装配过程不确定性的影响、提升产品质量提供决策支持。

▶▶ 6.3.3　再制造发动机的再装配质量控制

如何以有限精度的再制造零部件装配出满足客户需求的高质量再制造产品是企业迫切需要解决的问题。为此以发动机再制造为例，针对回收发动机不同质量等级和再制造过程的不确定性，给出一种基于分级选配的再制造装配方法。

首先，根据回收发动机的服役时间、破损程度、锈蚀情况、变形大小进行质量等级划分。经过拆卸、清洗和再制造加工后，以原始零部件的尺寸标准为参照，分别对一些重要零部件（如缸体、缸盖、连杆、曲轴等）的关键尺寸进行等级划分。一般情况下，关键尺寸分为 2 级的再制造零部件，公差比新品制造零部件尺寸标准宽放 30%；分为 3 级的再制造零部件，公差比新品制造零部件尺寸标准宽放 40%；少数的分为 4 级再制造零部件，公差比新品制造零部件尺寸标准宽放 50%。

然后，根据再制造零部件库存数据、质量损失成本和约束条件，在 Matlab 软件上运算再制造分级选配模型，得到最优装配方案。仓库根据最优装配方案配送物料到各个再制造装配工位，并要求所有工位严格按照方案要求装配指定等级的再制造零部件。发动机部分零部件最优组合见表 6-5。

最后，仓库将经过最优装配方案确定等级的再制造零部件配送到装配生产线，装配人员按照工艺要求装配再制造发动机。

表 6-5　发动机部分零部件最优组合

序号	名称	单台用量	成本/元	装配成本/元	精度等级	零部件类型
1	气缸体总成	1	3400	1.28	2	再制造件
2	机油冷却器	1	68	1.22	2	再制造件
3	机冷器盖	1	76	0.94	3	再制造件
4	喷嘴组件	6	16	1.85	2	再制造件
5	主油道后螺塞	1	5	2.15	2	再制造件
6	安全阀	1	8	1.65	2	再制造件
7	回油弯管	1	6	1.54	2	再制造件
8	凸轮轴	1	256	2.1	4	再制造件
9	凸轮轴止推片	1	5	1.53	1	新制造件
10	止推片	2	20	1.68	1	新制造件
11	主轴瓦	7	98	1.57	1	再制造件
12	曲轴总成	1	1630	1.56	2	再制造件
13	主轴承螺栓1	13	56	1.54	2	再制造件
14	主轴承螺栓2	1	3	1.05	2	再制造件
15	飞轮壳	1	842	2.12	2	再制造件
16	观察孔盖	1	2	1.24	2	再制造件
17	飞轮壳螺栓1	7	16	1.85	2	再制造件
18	飞轮壳螺栓2	6	15	1.94	2	再制造件
19	球轴承	1	24	2.45	1	新制造件
20	孔用弹性挡圈	1	1	1.82	2	再制造件
21	飞轮齿圈	1	67	1.86	3	再制造件

某再制造发动机企业自 2014 年开始实行再制造零部件分级选配方法，购置测量仪器成本 20.4 万元，管理成本增加 16.5 万元，其他成本增加 10.8 万元。2014 年统计数据显示，企业售后索赔成本降低 135.45 万元，同比下降 13.86%，返修成本节约 56.7 万元，同比下降 20.16%，有效提高了装配质量。

197

参 考 文 献

[1] SRISHIT S, SURESH G. Determining cost effectiveness index of remanufacting: A graph theoretic approach [J]. International Journalof Production Economics, 2013, 144 (2): 521-532.

[2] LIU M Z, LIU C H, XING L L, et al. Study on a tolerance grading allocation method under uncertainty and quality oriented for remanufactured parts [J]. The International Journal of Advanced Manufacturing Technology, 2016, 87: 1265-1272.

[3] 周丹, 王庆国. 超高压水喷射技术在表面预处理中的应用 [J]. 化学清洗, 2000, 16 (1): 34-36, 39

[4] 刘明周, 刘从虎, 邢玲玲, 等. 面向质量目标的再制造复杂机械产品装配分组优化配置方法 [J]. 机械工程学报, 2014, 50 (8): 150-155.

[5] 刘从虎, 刘明周, 邢玲玲, 等. 再制造发动机曲轴轴颈表面粗糙度不确定性测度及应用研究 [J]. 汽车工程, 2015, 37 (3): 341-345.

[6] 王金龙, 张元良, 赵清晨, 等. 再制造毛坯疲劳损伤临界阈值及可再制造性判断研究 [J]. 机械工程学报, 2017, 53 (05): 41-49.

[7] 刘从虎. 不确定环境下复杂机械产品再制造装配过程在线质量控制机制研究 [D]. 合肥: 合肥工业大学, 2015.

[8] 柯庆镝, 田常俊, 李杰, 等. 基于表面质量需求的机械零部件再制造毛坯预处理工艺优化方法 [J]. 中国机械工程, 2018, 29 (23): 2859-2866.

[9] 熊其玉. 激光微织构固体表面润湿性能研究 [D]. 合肥: 合肥工业大学, 2015.

机电产品主动再制造物流管理技术

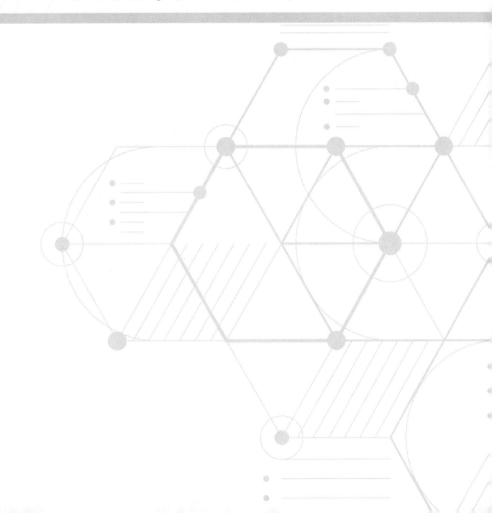

再制造物流主要是对准备开展再制造的机电产品，根据实际需要进行收集、分类、加工、包装、搬运、储存，分送到专门处理场，其中各环节的物流过程复杂，参与者数量众多，包括消费者、零售企业、售后服务中心、逆向物流企业、再制造企业和原始制造企业等。因此，面向主动再制造的物流管理技术对有效实施并推动主动再制造工程的发展十分重要。

在再制造物流网络规划方面，再制造产品及其流程的特点决定了其物流网络管理比传统物流管理要复杂得多，除了传统物流管理的基本问题，还需要合理安排这些待再制造产品的处理方式，例如检查、拆解、再制造或直接报废处理等；同时协调供应链成员的库存控制策略，最大限度地降低库存成本；并且考虑再制造毛坯的不确定性问题，例如失效状态和再制造数量等的不确定性。

在再制造物流信息管理方面，废旧机电产品具有不确定性、复杂性等特点，不但影响了物流系统效率和运行成本，还会阻碍产品可再制造部分的充分利用。应构建再制造物流信息平台，准确及时地获取再制造物流中供应链的产品信息，并进行合理决策与规划，有效提升再制造物流系统的运行效率与再制造效益。

基于目前成熟的射频识别技术，主动再制造相关环节内企业及人员可根据已录入的再制造信息更加精确地评估废旧产品的质量，实现机电产品再制造物流管理的规模化、精细化、可视化发展，进一步提高机电产品再制造过程效率和再制造产品可靠性，促进机电产品再制造工程的推广应用。

7.1 面向主动再制造的逆向物流管理技术

我国的废旧产品回收及再制造行业起步较晚，各种法律法规还在不断完善中，与发达国家相比还有很大的差距。同时废旧产品回收处理体系还不完善，大部分废旧产品处理企业以经济利益为宗旨，导致废旧产品回收工作陷入了无序的境地。简单落后的处理方式不仅给环境带来污染问题，同时也会造成资源的大量浪费。因此，面对废旧产品的飞速增长和我国回收处理的现状，需要研究适合国内机电产品制造企业、回收企业、再制造企业的逆向物流规划技术，推动建立规范化的废旧产品回收处理、再制造体系和合理的逆向物流网络，以顺应国家发展循环经济、实现资源可持续发展的态势。

7.1.1 面向再制造的生态高效产品服务系统及管理技术

当前，原材料消耗的增长和地球资源的不足之间的冲突引起了人们对当前资源环境可持续性的极度关注。由于制造业消耗了大量的资源和能源，同时产生了大量的环境排放，这种可持续性对制造业的发展尤为重要。因此，优化产品使用性能、延长产品生命周期、材料循环利用和再利用处理等环境友好型策略成为产品制造及服务供应商的战略措施，其中，通过再利用和再制造等工程技术环节，提出生态高效产品服务系统（Eco-efficient Product Service Systems，EPSS），可以进一步推动产业可持续和资源高效发展。

在生态高效产品服务系统中，为了实现经济和环境价值最大化目标，一个重要环节是再制造工程，即对产品进行重新利用，以保留原始制造产品中潜在的附加价值。由于再制造可以回收整个产品或部件，使其成为与新产品相同质量与功能的产品，再制造也可视为产品生命周期末端处理的最优策略，是一个非常有前景的提升环境、社会和经济可持续性的技术手段。

除此之外，基于再制造的生态高效产品服务系统也可视为企业观念的一种转型，即通过提供一系列符合客户需求的产品及服务，最大限度地减少企业对环境的影响，将生产制造方的关注点从出售产品转向满足客户相关需求。在生态高效产品服务系统中，从供给有价值的服务出发，不再只关注销售产品，而重点将已实现的功能服务交付于客户。同时，生产制造方在整个生命周期内拥有产品所有权，可持续对产品的功能采取相关保障措施（包括维护及再制造），以满足客户所需的功能服务，最终实现环境、社会和经济可持续性。

▷▷ 1. 基于再制造的生态高效产品服务系统

在生态高效产品服务系统下，通过提供产品功能服务、再制造环节和回收措施进一步减少产品和服务生命周期影响。再制造生产服务系统如图 7-1 所示。通过对比传统产品模式和服务型模式，在服务型模式中产品被视为资本资产，而不是消耗品。一方面可以促使生产者在生产服务单位时延长产品寿命，另一方面也可以彻底改变消费者的消费行为，以及销售商的商业模式。因此，在生态高效产品服务系统中，产品和技术仅是满足客户需求的服务载体，该措施不仅可以提升制造业的可持续性，而且可以间接消除当前消费市场对再制造产品的负面看法。

基于再制造的生态高效产品服务系统也存在诸多问题，例如，再制造工艺及流程的不确定性，提高了相关上下游环节的不可预测性；制造企业、消费者、再制造企业、监督方等多方参与相关环节，需构建多因素影响下废旧产品回收系统；再制造产品可能会出现过时的性能和外观，需要研究再制造环节中的产品升级方案。

针对以上诸多问题，为了使基于再制造的生态高效产品服务系统适应需求不断升级变化的客户，应用主动再制造的理念，即通过前文所论述的技术方法，主动采取再制造相关措施（时域分析与抉择、再制造设计等），将先进技术融入再制造产品中，这不仅可以使客户获得具有周期性功能更新的产品，而且可使相关企业克服再制造环节中的种种不确定性问题（产品失效状态、逆向物流波动等）。

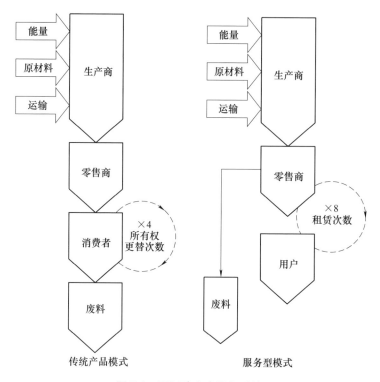

图 7-1　再制造生产服务系统

>>> **2. 生态高效产品服务系统的关键问题及技术**

综上所述，为了构建生态高效产品服务系统，需要分析并解决以下关键问题及技术。

（1）可再制造性分析　机电产品应具有很高的再制造价值，且是相对成熟的产品，有固定的设计周期，其质量、功能和服役寿命均比较稳定。但不同结构模块的服役性能存在一定的差异，这使整个机电产品在报废时，整体回收处理的资源利用率低下，需要分析不同模块的可再制造性，分别进行再制造处理。

（2）协同规划　机电产品应具有多种功能以满足各类客户需求，能在较大范围、较长时间内使用，且产品制造企业能充分掌握其机电产品的设计、制造、使用状态、失效形式和可靠性等基础数据及信息，不但可以将其作为机电产品的再制造工程准备，而且可以在设计阶段，对其机电产品的功能维护、再制造、性能升级等环节进行规划，并可与新品生产计划相协同。

（3）合作交互　机电产品制造企业应加强与其相关方（消费者、销售商、回收中心、再制造处理企业）的合作关系，不仅是经济上的合作，还要加强在产品相关信息（服役环境、失效状态、再制造信息等）上的交互，这对于生态高效产品服务系统内各参与方工作（制造、回收、再制造等）的高效运行有积极意义。

（4）逆向物流 从经济和环境上讲，机电产品的再制造环节（回收、运输、再制造处理等）需要多方参与，因此建立一个逆向物流系统是必不可少的。考虑到再制造企业、消费者、销售商、回收中心、再制造处理企业中各项环节的不确定因素及模糊环境，其物流管理及信息交互就更加复杂，需要有效分析并动态协调逆向物流系统内的各节点环节，保障整个生态高效产品服务系统的运行效率。

（5）政策法规 生态高效产品服务系统中的销售服务—再制造—再销售服务环节需要多方经济及社会主体参与，其之间相互个体及企业行为（信息收集、租赁服务、再制造产品保障等）需要政府及行业团体加以监督，需要生态高效产品服务系统相关技术标注、行业规范或政府法规的研究工作的持续推进。

综上所述，将现有的产品销售及服务体系向生态高效产品服务系统演化过程中，需要大力推动机电产品再制造及逆向物流等关键技术及装备的发展。同时，需要在制造企业、销售商、消费者与再制造企业之间，建立关于机电产品及其零部件的功能服务和回收物流、再制造过程的信息交互渠道，以便从源头上主动规划机电产品设计及再制造方案，使产品更适合生态高效产品服务系统。而且，销售商成为生产者和消费者之间的重要中间人，向生产者传递关于消费者对生态高效产品服务系统的接受程度和产品服役、再制造的相关信息，如图7-2所示。

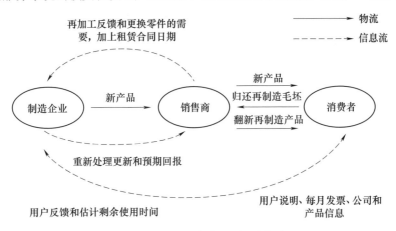

图 7-2 回收系统的物流和信息流

▷ 7.1.2 逆向物流规划技术

不同类型的逆向物流系统，由于废旧产品不同，所对应的规划及管理方法也不同。对于现有含产品退货的逆向物流系统，其管理重点是新制造产品以及退货回流产品。而对于面向再制造的逆向物流系统，废旧产品在回收过程中时间、数量和质量、废旧产品回收及可再制造率、再制造产品市场需求等方面都存在着不同程度的不确定性。同时其物流对象也包含废旧产品及再制造产品，使得逆向物流控制比传统正向物流控制要复杂得多。同时考虑到废旧产品回收的流程（消费者—回收商—回收中心—处理拆解工厂）中的各类不确定及模糊环境，其逆向物流控制就更加复杂，需要有效获取并动态控制协调逆向供应链上各节点环节，实现整体逆向物流系统的最优化。因此，需要在分析多级回收体系的不确定性基础上，研究不同环境下逆向物流网络规划模型及控制技术，实现对废旧产品逆向物流的动态调度与优化控制，形成完善的回收物流管理策略。

▶▶1. 多级库存控制模式

在供应链全局优化与控制的库存管理模式下，多级库存控制的模式主要分为两种：一种是集中式（中心化）模式，另一种是分散式（非中心化）模式。

（1）集中式（中心化）模式 该模式是指供应链系统中的核心企业对供应链系统的各方库存进行控制，供应链的控制中心放在核心企业，核心企业协调上下游的库存活动。中心化库存控制的优化目标是整个供应链的库存，目的是使得整个供应链的库存总成本最低，即

$$C = \min(C_{mfg} + C_{cd} + C_{rd})$$

式中，C_{mfg} 是制造企业的库存成本；C_{cd} 是分销商的库存成本；C_{rd} 是零售商的库存成本。

（2）分散式（非中心化）模式 该模式是指将供应链系统分成制造企业成本归结中心、分销商成本归结中心和零售商成本归结中心，供应链系统中的各节点企业根据自身的角色合理做出相对应的库存控制策略。非中心化的库存控制要求供应链中的各节点企业增加信息共享程度，统一共享市场信息，从而使得整个供应链系统达到最优。

▶▶2. 库存控制策略

库存管理思想就是根据物品的消耗量，分析制定出补货时机及补货量的方案，这种方案就是库存控制策略。由于库存品种、库存方式的多样化，须针对不同情形采用不同的库存控制策略。目前，库存控制策略主要分为四种基本的策略。

（1）（Q，R）策略 （Q，R）策略是指固定订货批量、固定订货点的连续检查策略。其主要思想是连续盘点企业现有的库存，当企业现有库存量降低到订货点水平 R 时，企业发出订货请求，并且每次的订货量都为固定值 Q，Q 的具

体数值可以通过经济订货批量模型（Economic Order Quantity，EOQ）求出。该策略适用于需求波动性很大、需求量大、缺货费用较高的情况。

（2）(S,R)策略 (S,R)策略是指固定订货批量、最大库存量的连续检测策略。与(Q,R)策略一样，(S,R)策略为连续性盘点策略，其主要思想是当企业现有库存量降低到订货水平R时，企业发出订货请求，补货后企业的库存量恢复到最高水平，最大库存量为S。如果发出订货请求时的库存量为s，则需要补货量为$S-s$。该策略与(Q,R)策略的差异在于其订货量的不同，(S,R)策略是根据实际库存计算出订货量，所以其订货量是变动的。

（3）(t,R)策略 (t,R)策略是指固定库存量的周期性检查策略。其主要思想是企业每隔固定时间t盘点现有的库存水平，盘点后发出订货请求，补货后的库存量将恢复到最大库存水平R，如果发出订货请求时的库存量为I，则需要补货量为$R-I$。由于该策略只设置了固定盘点周期和最大库存量，没有设置订货点，因此它适用于一些非重要的或需求量小的物资。

（4）(t,R,S)策略 (t,R,S)策略是指固定订货点和库存量的周期性检查策略。该策略是一种综合库存策略，将(S,R)策略和(t,R)策略两者合二为一，该策略设置了一个固定的库存盘点周期T、最大库存水平R和固定的订货点水平S。企业每隔固定时间t盘点现有库存，若现有库存量低于订货点水平S，则发出订货请求，否则不订货。企业每次订货量的大小等于最大的库存量与盘点时库存量的差值。

▶ 3. 逆向物流库存管理方法

逆向物流的特点决定了其库存管理要比传统的正向物流库存管理复杂得多，不仅要考虑传统库存管理问题，还要考虑逆向物流过程中的问题。

传统库存管理的三个基本问题：①多长时间盘点一次库存，即盘点周期为多少；②多长时间补货一次或订货一次；③每次补货或订货量是多少。

逆向物流过程中的问题：①如何合理安排这些回收产品的处理方式，例如检查、拆解、再制造或再资源化等；②如何协调逆向供应链成员的库存控制策略，最大限度地降低库存成本；③如何考虑这些回收产品的不确定性问题，例如回收时间和回收数量等不确定性。

由于逆向物流的不同分类，其基本活动存在很大的差异。对于不同类型的逆向物流系统，其库存控制对象是不同的，因此对应的库存管理方法也是不同的。对于含产品退货的逆向物流系统，其库存管理的重点是两个库存来源，一个是新制造或新生产的产品，另一个是因不同原因退货的产品即回流品的库存。而对于面向再制造的逆向物流系统，其库存管理就更加复杂，再制造产品的市场需求、回收率、都会影响其库存管理的控制，同时其库存来源也是两个，一个是原本生产的成品，另一个是经过再制造后的新品。由此可见，逆向物流的库存管理比传统的库存管理要复杂得多。

针对以上问题，在不确定性的多级回收体系的基础上对废旧机电产品回收进行研究，通过建立随机环境下逆向物流库存的模型，实现对废旧机电产品的动态调度与优化控制，为现实回收和再制造提供最优的决策建议，形成完善的逆向物流库存管理方法。

▶ 7.1.3 面向再制造的逆向物流库存模型及规划方法

由于现行废旧产品回收体系不规范，废旧产品分散在供应链下游的若干回收小作坊或个体商贩中，致使回收企业的实际处理量达不到产能需求。由此构建了由若干个收集点、若干个回收中心和一个回收工厂组成的三级回收网络，如图7-3所示。各收集点负责将回收的再制造毛坯运送到所属区域的回收中心，各回收中心负责将检测分拣处理后的废旧产品送往回收工厂，回收工厂负责废旧产品的拆卸与再制造。

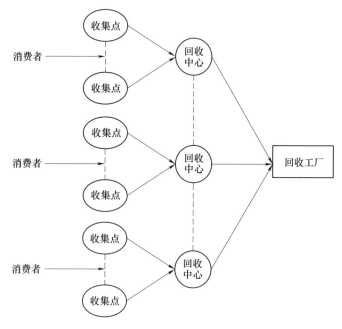

图 7-3　三级回收网络

▶ 1. 定量处理库存模型

（1）回收策略假设　由于废旧产品到达各收集点的时间和数量是无法预知的，致使废旧产品回收网络中的各级库存都存在着不同程度的随机性，相应的管理成本也是不确定的。针对废旧产品回收时间和数量不确定性对回收过程的影响，可对收集点和回收中心均采用批量运送策略，寻找最优的决策量使得整个回收网络的平均运作成本最小。为便于建立模型，进行以下假设。

1）整个回收网络以回收中心为核心，回收中心协调控制回收工厂的库存，回收中心采用中心化库存控制模式。

2）各收集点根据其所处的工作环境采用以旧换新、商返和个体回收等不同的回收方式。对于任一收集点而言，废旧产品到达过程为泊松过程，其平均到达率为 $\lambda_i(i=1,2,\cdots,n)$，且各收集点废旧产品到达过程相互独立。

3）收集点采用数量驱动库存策略。设定一个可送货水平 Q，当收集点库存量达到 Q 时，收集点即向回收中心运送废旧产品，废旧产品短时间内即可到达，收集点的运输能力满足其运送量，不考虑运输提前期对系统优化的影响。

4）回收中心采用联合数量驱动库存策略。各回收中心之间进行信息共享，当所有回收中心的库存量之和达到库存水平 S 时，回收中心向回收工厂送货。同理，回收中心的运输能力满足其运送量，不考虑运输提前期对系统优化的影响。

5）回收工厂的处理能力大于回收中心的回收能力，因此回收工厂存在缺货问题，若以最大处理能力处理，则必须采用间隙生产。

6）回收过程考虑七种类型的成本：收集点的运送成本、收集点的存储成本、回收中心的运送成本、回收中心的存储成本、回收工厂的处理成本、回收工厂的存储成本、回收工厂的缺货成本。

7）各收集点的库存容量大于 Q，回收中心的库存容量大于 S，回收工厂采用租赁仓库的方式存储废品，回收中心相邻两次运送时间间隔为一个运作周期。

（2）模型建立 废旧产品到达收集点的过程为平均到达率 $\overline{\lambda_i}$ 的泊松过程，对于任一收集点 i 的库存量累积到 Q 的平均时间间隔为

$$T_{\mathrm{h}i} = E\left(\sum_{j=1}^{Q} X_j^{(i)}\right) = \frac{Q}{\overline{\lambda_i}} \tag{7-1}$$

式中，$T_{\mathrm{h}i}$ 是收集点送货的时间间隔（$i=1,2,\cdots,n$）；$X_j^{(i)}$ 是收集点 i 收集的第 $j-1$ 个废品和第 j 个废品的时间间隔；Q 是收集点每次送货的废品量；$\overline{\lambda_i}$ 是收集点 i 废品到达的平均到达率，$i=1,2,3,\cdots,n$，n 是收集点的数量。

由假设条件4）可知，收集点的送货量 Q_e 与回收中心的库存量 S、回收中心的一个运作周期 T_{R} 满足以下条件：

$$Q_e\left(\left\lfloor \frac{T_{\mathrm{R}}}{Q_e/\lambda_1} \right\rfloor + \left\lfloor \frac{T_{\mathrm{R}}}{Q_e/\lambda_2} \right\rfloor + \cdots + \left\lfloor \frac{T_{\mathrm{R}}}{Q_e/\lambda_n} \right\rfloor\right) = S \tag{7-2}$$

式中，$\lfloor \ \rfloor$ 是向下取整符号，S 是回收中心的库存量；T_{R} 是一个运作周期。

对于任一收集点 i，在一个运作周期 T_{R} 内向回收中心送货次数为

$$N = \frac{T_R}{T_i} = \frac{T_R \overline{\lambda}_i}{Q_e} \quad (7\text{-}3)$$

对于任一收集点 i，在 T_i 时间内收集的再制造毛坯的平均存储成本为

$$E(H_s^{(i)}) = C_1 E\left(\sum_{j=1}^{Q_e}(j-1)X_j^{(i)}\right) = \frac{C_1 Q_e(Q_e-1)}{2\overline{\lambda}_i} \quad (7\text{-}4)$$

式中，C_1 是收集点单位时间单个库存存储成本。

所有收集点在一个运作周期 T_R 内收集的再制造毛坯的平均存储成本为

$$H_a = C_1 \sum_{i=1}^{n}\left\{\frac{\lfloor N\rfloor Q_e(Q_e-1)}{2\overline{\lambda}_i} + \int_0^{T_R-\lfloor N\rfloor\frac{Q_e}{\lambda_i}}\lambda_i dt \frac{\left(\int_0^{T_R-\lfloor N\rfloor\frac{Q_e}{\lambda_i}}\overline{\lambda}_i dt - 1\right)}{2\lambda_j}\right\} \quad (7\text{-}5)$$

各收集点向回收中心运送了 $\lfloor N\rfloor$ 次废品，因此回收中心在 T_R 时间内的再制造毛坯的平均存储成本为

$$\begin{aligned}
H_b &= C_3 \sum_{i=1}^{n}\{Q_e(T_R-T_{hi}) + Q_e(T_R-2T_{hi}) + \cdots + Q_e(T_R-NT_{hi})\} \\
&= C_3 Q_e \sum_{i=1}^{n}\left\{\lfloor N\rfloor T_R - \frac{Q_e N}{2\overline{\lambda}_i}(N+1)\right\}
\end{aligned} \quad (7\text{-}6)$$

式中，C_3 是回收中心单位时间单个库存存储成本。

回收工厂在一个运作周期 T_R 内处理再制造毛坯的平均存储费用为

$$H_c = \frac{C_5 S_{tr}^2}{2P_{max}} \quad (7\text{-}7)$$

式中，P_{max} 是回收工厂的最大处理能力；C_5 是回收工厂单位时间单个库存存储成本；S_{tr} 是回收中心的送货批量。

根据假设条件 5）可知，回收工厂实际处理量小于回收工厂的最大处理量，因此回收工厂必须间歇处理，其间歇期为

$$T_g = \frac{PT_R - S_{tr}}{P_{max}} \quad (7\text{-}8)$$

由于模型允许缺货，间歇期内回收工厂的缺货成本为

$$S_h = C_7(P_{max}T_R - S_{tr}) \quad (7\text{-}9)$$

式中，C_7 是回收工厂单位产品的缺货成本。

收集点每次送货的运输成本为

$$T_s = C_2 \sum_{i=1}^{n} N \quad (7\text{-}10)$$

式中，C_2 是收集点运送一次的运送成本。

回收中心的运送成本与运送量、回收中心数量有关，则从回收中心运送到

回收工厂的运输成本为

$$T_h = C_4 S_{tr} + mC_8 \qquad (7\text{-}11)$$

式中，C_4 是回收中心运送单位产品的运送成本；C_8 是回收工厂组织一次运输的启动成本；m 是回收中心的数量。

回收工厂在一个运作周期 T_R 内处理成本为

$$C_h = C_6 S_{tr} \qquad (7\text{-}12)$$

式中，C_6 是回收工厂单位产品一次的处理成本。

各收集点采用三种不同的收集方式回收再制造毛坯，因此收集点数量为

$$n = \alpha + \beta + \gamma \qquad (7\text{-}13)$$

式中，α 是采用个体回收方式的收集点数量；β 是采用以旧换新方式的收集点数量；γ 是采用商返方式的收集点数量。

为了求得各收集点、回收中心的最佳送货量和送货时间，将上述讨论的各项成本相加，得到回收网络在一个运作周期 T_R 内的平均回收成本

$$F(Q_e, S_{tr}) = \frac{1}{T_R}(H_a + H_b + H_c + T_s + T_h + S_h + C_h) \qquad (7\text{-}14)$$

因此，研究的问题将转变为函数的优化问题：$\min F(Q_e, S_{tr})$。

$$\begin{cases} 0 < Q_e < Q_r \\ 0 < T_R < T_m \\ Q_e \sum_{i=1}^{n} \lfloor N \rfloor \le P_{\max} T_R \\ Q_e \left(\left\lfloor \dfrac{T_R}{Q_e / \lambda_1} \right\rfloor + \left\lfloor \dfrac{T_R}{Q_e / \lambda_2} \right\rfloor + \cdots + \left\lfloor \dfrac{T_R}{Q_e / \lambda_3} \right\rfloor \right) = S_{tr} \end{cases} \qquad (7\text{-}15)$$

式中，Q_r 是收集点的回收能力；T_m 是回收中心最长送货时间。

在以上各式中，n、m、$\overline{\lambda_i}$、C_1、C_2、C_3、C_4、C_5、C_6、C_7、$P_{\max}$、Q_r、T_m 的值均为定值。

式（7-15）保证各收集点运送量不得超过各自的回收能力、保证回收中心的送货时间的范围、保证回收工厂间歇时生产、保证收集点运送量与回收中心运送量和运送时间的关系。

▶▶ 2. 定期处理库存模型

（1）送货策略分析　在定量处理库存模型中，收集点和回收中心采用的是定量送货策略，即收集点和回收中心的废旧产品达到一定的批量开始向下游送货。此处内容作为定量处理库存模型的扩展，将从优化送货时间的角度来研究整个废旧产品逆向物流库存，通过优化收集点和回收中心的送货时间来确定各单位的最优库存。将收集点和回收中心的送货策略调整为时间驱动策略，各收

集点和回收中心定时向下游送货。

（2）回收策略假设 和定量处理一样，定期处理研究的再制造毛坯回收系统也是由若干个收集点、若干个回收中心和一个回收工厂组成，各收集点负责将回收的再制造毛坯运送到回收中心，回收中心对这些再制造毛坯进行检测分拣处理，回收工厂负责再制造毛坯的拆卸与回收。为便于模型建立，考虑到再制造毛坯回收过程中的不确定性，进行以下假设：

1）各收集点根据其所处的工作环境分布采用以旧换新、商返和个体回收三种等不同回收方式。对于任一收集点而言，废旧产品到达过程为泊松过程，其平均到达率为 $A(i=1,2,\cdots,n)$，且各收集点废旧产品到达过程相互独立。

2）收集点采用时间驱动运送策略。各收集点每隔一定时间向回收中心运送废旧产品，收集点的运输能力满足其运送量，不考虑运输提前期对系统优化的影响。

3）回收中心采用时间驱动和数量驱动相结合的运送策略。回收中心每隔一定时间向回收工厂运送废旧产品，同理，回收中心的运输能力满足其运送量，不考虑运输提前期对系统优化的影响。

4）回收中心每次向回收工厂运送的废旧产品量由回收工厂的处理能力确定，将回收中心的送货量与回收工厂的处理能力相关联，回收工厂允许缺货，存在间歇期。

5）各收集点和回收中心拥有自己的仓库，回收工厂采用租赁仓库的方式存储废旧产品，各收集点和回收中心运输一次的成本固定，回收工厂处理一次再制造毛坯的成本固定。

6）回收过程考虑七种类型的成本：收集点的运送成本、收集点的存储成本、回收中心的存储成本、回收中心的运送成本、回收工厂的处理成本、回收工厂的存储成本和回收工厂的缺货成本。

7）回收中心运送时间间隔为回收工厂处理一次再制造毛坯的时间，收集点的运送时间间隔与回收中心的运送时间间隔两者之乘积为一个运作周期。

（3）模型建立 由假设条件2）、3）可知，收集点和回收中心均采用时间驱动送货策略，即收集点每隔 t_1 时间向回收中心运送一次废旧产品，回收中心每隔 t 时间向回收工厂运送一次废旧产品。这样，时间周期 T_R 设定为收集点运送时间间隔与回收中心运送时间间隔两者之乘积，即

$$T_R = t_1 t_2 \tag{7-16}$$

式中，T_R 是一个运作周期；t_1 是各收集点运送时间间隔；t_2 是回收工厂处理一批产品的时间间隔。

对于任一收集点 i 而言，其回收的废旧产品量服从平均到达率为 λ_i 的泊松分布，因此在一个运作周期 T_R 内收集点回收的废旧产品量 D_i 为

$$D_i = \sum_{i=1}^{n} Q_{it} = \sum_{i=1}^{n} \int_0^T \lambda_i \mathrm{d}t \quad (i = 1, 2, 3, \cdots, n) \tag{7-17}$$

式中，λ_i 是收集点送货的时间间隔。

在一个运作周期 T_R 内收集点和回收中心的平均存储成本为

$$C_2' \sum_{i=1}^{n} \int_0^{T_R} \lambda_i \mathrm{d}t / T_R \tag{7-18}$$

式中，C_2' 是收集点和回收中心单位时间单个库存的存储成本。

回收中心向回收工厂的运送量需要考虑回收中心的回收量以及回收工厂的处理能力，因此引入二元变量 Y_i。当回收量大于处理能力时，$Y_i = 0$；当回收量小于处理能力时，$Y_i = 1$。将回收中心的回收量和处理工厂的处理能力进行对比，可采取两种不同的送货策略：

1）当回收中心回收量大于回收工厂处理能力时，回收中心的库存量大，回收中心在一个运作周期 T_R 内送往回收工厂的再制造毛坯量可表示为 $Q_h = P_{max} T_R$。

则回收工厂在一个运作周期 T_R 内的平均库存量为 $\dfrac{Q_h}{2}$，回收工厂在一个运作周期 T_R 内处理再制造毛坯的平均库存成本为

$$H_c = \frac{C_4' P_{max} T_R}{2} \tag{7-19}$$

式中，C_4' 是回收工厂单位时间单个库存的存储成本；P_{max} 是回收工厂的最大处理能力。

其中，回收中心向回收工厂运送了 n 次再制造毛坯，则回收中心每次运送量为 Pt_1。

回收工厂在一个 T_R 内的平均处理成本为

$$H_p = C_5' P_{max} \tag{7-20}$$

式中，C_5' 是回收工厂单位产品一次的处理成本。

在一个 T_R 内的收集点的平均运输成本为

$$H_s = \frac{C_1'}{t_1} \tag{7-21}$$

式中，C_1' 是收集点运送一次运送成本。

在一个 T_R 内的回收中心的平均运输为

$$H_t = \frac{C_3'}{t_2} \tag{7-22}$$

式中，C_3' 是回收中心运送一次的成本。

为了求得各收集点、回收中心的最佳时间，将上述讨论的各项成本相加，得到回收网络在一个运作周期 T_R 内的平均回收成本

$$F(T) = \frac{C_1'}{t_1} + C_2' \sum_{i=1}^{n} \lambda_i + \frac{C_3'}{t_2} + \frac{C_4' P_{\max} T_R}{2} + C_5' P_{\max} \tag{7-23}$$

2）当回收中心的回收量小于回收工厂的处理能力时，回收工厂存在间歇期，间歇期间存在缺货现象。回收中心在一个 T_R 内送往回收工厂的再制造毛坯量为 $\sum_{i=1}^{N} \int_0^T \lambda_i \mathrm{d}t$；则回收工厂在一个 T_R 内的平均库存为 $\dfrac{\sum_{i=1}^{N} \int_0^T \lambda_i \mathrm{d}t}{2}$；回收工厂的平均库存成本为 $H_c' = \dfrac{C_4' \sum_{i=1}^{n} \int_0^{T_R} \lambda_i \mathrm{d}t}{2}$；回收中心每次运送量为 $\dfrac{\sum_{i=1}^{n} \int_0^{T_R} \lambda_i \mathrm{d}t}{t_i}$。

回收工厂在一个 T_R 内的平均处理成本为

$$H_p' = \frac{C_5' \sum_{i=1}^{n} \int_0^{T_R} \lambda_i \mathrm{d}t}{T_R} \tag{7-24}$$

根据假设条件 4）可知，当回收中心的回收量小于回收工厂的处理能力时，回收工厂存在间歇期，模型允许缺货，其平均缺货成本为

$$H_q = \frac{C_6'\left(P_{\max} T_R - \sum_{i=1}^{n} \int_0^{T_R} \lambda_i \mathrm{d}t\right)}{T_R} \tag{7-25}$$

回收工厂的间歇期 T_g 为

$$T_g = \frac{T_R - \sum_{i=1}^{n} \int_0^{T_R} \lambda_i \mathrm{d}t}{P} \tag{7-26}$$

收集点运送一次的成本为 C_1'，则收集点在一个 T_R 内的平均运输成本为

$$H_s = \frac{C_1'}{t_1} \tag{7-27}$$

回收中心运送一次的成本为 C_3'，则回收中心在一个 T_R 内的平均运输成本为

$$H_t = \frac{C_3'}{t_2} \tag{7-28}$$

式中，C_3' 是回收中心运送一次运送成本。

将上述讨论的各项成本相加，得到回收网络在一个运作周期 T_R 内的平均回收成本为

$$F(T_R) = \frac{C_1'}{t_1} + (C_2' + C_5') \sum_{i=1}^{n} \lambda_i + \frac{C_3'}{t_2} +$$

$$\frac{C_4' \sum_{i=1}^{n} \int_0^{T_R} \lambda_i dt}{2} + \frac{C_6' \left(P_{max} T_R - \sum_{i=1}^{n} \int_0^{T_R} \lambda_i dt \right)}{T_R} \qquad (7\text{-}29)$$

式中，C_6' 是回收工厂单位产品的缺货成本。

为了使两种情况下函数表达式统一，引入二元变量 Y_i。当回收量大于处理能力时，$Y_i = 0$；当回收量小于处理能力时，$Y_i = 1$。于是两种情况下函数表达式可以统一表示为

$$F(T_R) = \frac{C_1'}{t_1} + C_2' \sum_{i=1}^{n} \lambda_i + \frac{C_3'}{t_2} +$$

$$Y_i \left(\frac{C_4' \sum_{i=1}^{n} \int_0^{T_R} \lambda_i dt}{2} + C_5' \sum_{i=1}^{n} \lambda_i + \frac{C_6' \left(P_{max} T_R - \sum_{i=1}^{n} \int_0^{T_R} \lambda_i dt \right)}{T_R} \right) +$$

$$(1 - Y_i) \left(\frac{C_4' P_{max} T_R}{2} + C_5' P_{max} \right) \qquad (7\text{-}30)$$

式中，C_1'、C_2'、C_3'、C_4'、C_5'、C_6'、P_{max} 均是定值。

7.1.4 废旧产品回收及再制造物流方案规划应用

目前，某一废旧产品回收及再制造处理工厂在区域内设置了若干个收集点和若干个回收中心来处理废旧产品。各收集点将回收的废旧产品统一集中到回收中心，各回收中心将回收的废旧产品累积到一定量时运送到对应处理工厂开展再制造等回收处理。此处结合实际调研设计了回收及再制造物流模型基础数据（表 7-1）和各收集点废旧产品的平均到达率（表 7-2）。

表 7-1 回收及再制造物流模型基础数据

基本参数	符号	数据
收集点数量/个	n	30
回收中心数量/个	m	3
以旧换新网点/个	α	14
个体回收网点/个	β	10
商返网点/个	γ	6
收集点单位时间单个库存存储成本/元	C_1	5
收集点单次运送成本/元	C_2	1000
回收中心单位时间单个库存存储成本/元	C_3	3
回收中心运送单位产品的运送成本/元	C_4	3
回收工厂单位产品存储成本/元	C_5	15

（续）

基本参数	符号	数据
回收工厂单位产品的处理成本/元	C_6	20
回收工厂单位产品的缺货成本/元	C_7	40
回收工厂组织一次运输的启动成本/元	C_8	2000
回收工厂的最大处理能力/台	P_{max}	1500
收集点的回收能力/台	Q_r	10000
回收中心最长送货时间/天	T_m	30

表7-2 各收集点废旧产品的平均到达率（%）

回收中心	收集点序号									
	1	2	3	4	5	6	7	8	9	10
A	20	50	35	45	100	55	45	55	40	60
B	40	30	45	30	50	50	60	30	40	40
C	30	60	35	45	55	60	70	40	55	65

此处模型加入了多个收集点和多个回收中心，考虑了回收过程废旧产品回收时间和数量的不确定性，给出了各收集点相互独立的废品到达分布，使其更加符合废旧产品回收实际情况。此外，模型中考虑了回收工厂的缺货成本，确定的最佳经济送货量可使废旧产品得到及时处理，避免回收中心的库存大量积压，最后，得到了在批量送货策略下回收中心（3个）的物流参数优化结果（表7-3）与收集点（10个）的相关物流参数优化结果（表7-4）。

表7-3 回收中心的物流参数优化结果

物流参数	优化结果
收集点送货批量/台	56
回收中心送货批量/台	3472
回收中心送货时间/天	3
平均回收成本/（元/天）	90732
A回收中心库存量/台	1232
B回收中心库存量/台	1008
C回收中心库存量/台	1232

表 7-4　各收集点的物流参数优化结果

物流参数		收集点序号									
		1	2	3	4	5	6	7	8	9	10
A	送货间隔/天	2.80	1.12	1.60	1.24	0.56	1.01	1.24	1.01	1.40	0.93
	送货次数/次	1	2	1	1	3	2	2	2	2	3
B	送货间隔/天	1.40	1.87	1.24	1.87	1.12	1.12	0.93	1.87	1.40	1.40
	送货次数/次	2	1	2	1	2	2	3	1	2	2
C	送货间隔/天	1.87	0.93	1.60	1.24	1.01	0.93	0.80	1.40	1.01	0.86
	送货次数/次	1	3	1	2	2	3	3	2	2	3

通过分析所构建的废旧产品回收及再制造物流模型，可以得到以下规律性结论。

》》1. 废旧产品的平均到达率 λ 影响分析

由于构建的库存模型考虑了废旧产品回收数量和时间的随机性，因此废旧产品的平均到达率对收集点和回收中心送货量、平均回收成本均有重要的影响。保持初始条件不变，假设所有收集点废旧产品的平均到达率一致，则分别分析废旧产品的平均到达率对收集点送货量的影响、回收中心送货量的影响和对平均回收成本的影响。图 7-4 所示为收集点最优送货量的变化趋势，图 7-5 所示为回收中心最优送货量的变化趋势，图 7-6 所示为平均回收成本的变化趋势。

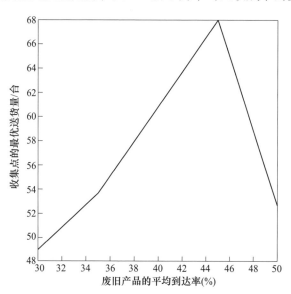

图 7-4　收集点最优送货量的变化趋势 （1）

由图 7-4 和图 7-5 可见，收集点和回收中心的最优送货量随着废旧产品平均到达率的增加先递增后递减；当平均到达率在一定范围内增加时，缺货成本减

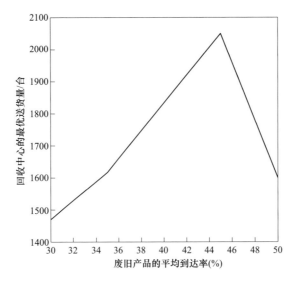

图 7-5   回收中心最优送货量的变化趋势（1）

少的速度大于其他成本增加的速度，收集点和回收中心的最优送货量呈递增状态；而当平均到达率增加到某个程度后，缺货成本减少的速度小于其他成本增加的速度，收集点和回收中心的最优送货量则呈递减状态。

由图 7-6 可见，整个回收网络的平均回收成本随着废旧产品平均到达率的增

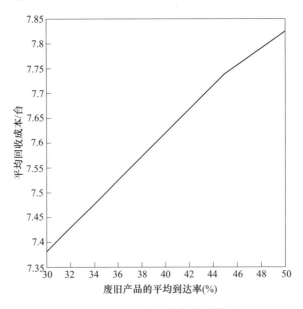

图 7-6   平均回收成本的变化趋势（1）

大呈现递增的趋势。由此可知，废旧产品平均到达率对库存控制策略有重要影响，可以通过求解相关模型，得出收集点和回收中心的经济送货批量。

2. 收集点单次运送成本 C_2 影响分析

各收集点采用定量送货方式运送废旧产品，运送成本的差异对收集点和回收中心的运送量会产生一定的影响，将收集点单次运送成本 C_2 从 500 变化到4000，观察收集点最优送货量、回收中心最优送货量和平均回收费用的变化。图 7-7 所示为收集点最优送货量的变化趋势，图 7-8 所示为回收中心最优送货量的变化趋势，图 7-9 所示为平均回收成本的变化趋势。

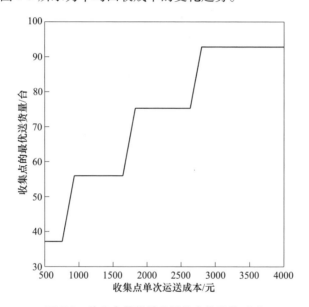

图 7-7　收集点最优送货量的变化趋势（2）

由图 7-7 和 7-8 可见，随着收集点单次运送费用的增加，收集点和回收中心的最优送货量整体呈现递增趋势，在某个范围内，两者的最优送货量为定值。由图 7-9 可见，整个回收网络的平均回收成本随着收集点单次运送成本的增加呈现递增的趋势。

3. 回收工厂单位产品存储成本 C_5 影响分析

由于废旧产品回收的时间和数量不确定，使得各回收单位的库存都存在着一定的随机性，所以在本模型中回收工厂自身采用租赁仓库的方式存储废旧产品，回收工厂根据回收中心实际回收的量租赁相应的库存空间，因此控制回收工厂单位产品库存的存储成本对优化决策变量有很大的影响。将回收工厂的单位产品库存的存储成本 C_5 从 5 变化到 25，观察收集点最优送货量、回收中心最

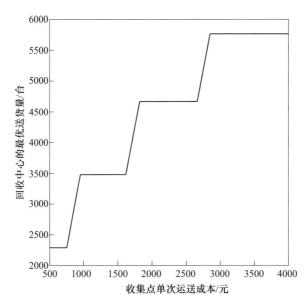

图 7-8　回收中心最优送货量的变化趋势（2）

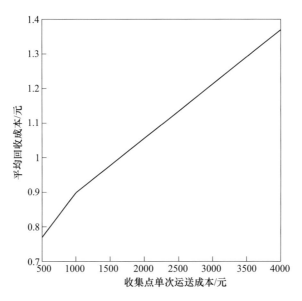

图 7-9　平均回收成本的变化趋势（2）

优送货量和平均回收费用的变化趋势。图 7-10 所示为收集点最优送货量的变化趋势，图 7-11 所示为回收中心的最优送货量的变化趋势，图 7-12 所示为平均回收成本的变化趋势。

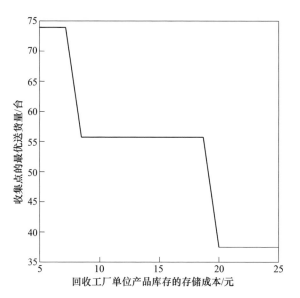

图 7-10　收集点最优送货量的变化趋势（3）

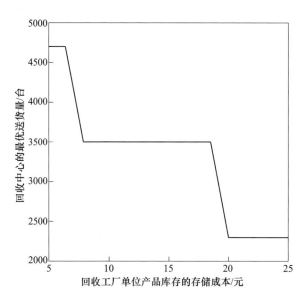

图 7-11　回收中心最优送货量的变化趋势（3）

由图 7-10、图 7-11 可见，随着回收工厂单位产品库存存储成本的增加，收集点和回收中心的最优送货量整体呈现递减趋势，在某个范围内，两者的最优送货量为定值。由图 7-12 可见，整个回收网络的平均回收成本随回收工厂单位产品库存的存储成本增加呈现递增的趋势。

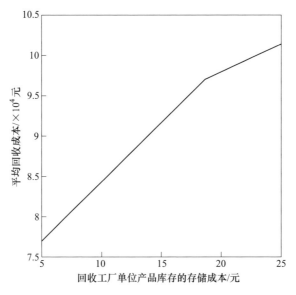

图 7-12　平均回收成本的变化趋势（3）

　　废旧机电产品再制造逆向物流的运作模式、物流网络、库存控制，以及回收过程中的随机变量对库存控制的影响等会随产品、行业不同而具有各自的特点。这里以定量处理策略研究了随机环境下废旧机电产品三级回收库存模型，以定期处理策略研究了废旧机电产品回收过程中收集点、回收中心和回收工厂的库存控制问题，为机电产品主动再制造物流规划提供参考。在主动再制造模式下，其回收随机性会相对减小。

7.2　主动再制造的管理信息技术

　　机电产品越来越快的更新换代导致了废旧产品的大量涌现，如果对这些废旧产品处理不当，其产生的大量有害物质极易破坏自然环境，进而危害人体健康。同时，废旧产品含有的大量可回收资源也会浪费。因此必须构建适合我国国情和环保要求的废旧产品逆向物流系统，这对提高产品的竞争力、减少逆向物流成本、实施可持续发展具有重要的意义。

　　废旧机电产品的逆向物流具有不确定性、缓慢性和复杂性等特点，不仅影响了逆向物流的运作效率和运作成本，还会使原本可以回收的价值遭到废弃，从而降低运作效益。通过构建逆向物流信息平台，准确、及时地了解并掌握逆向物流中供应链的产品信息，并依此进行科学的决策和管理，可以提升逆向物流的效率与效益，进而有效整合行业资源。

7.2.1 逆向物流信息技术

目前，在我国尚未建立废旧产品统一回收体系，相关数据表明废旧机电产品的主要来源是日常消费者、企业与生产厂家。同时，结合废旧产品回收物流现状，以及当前的回收技术和设备都比较落后的情况，将初步拆解的废旧产品粗分为可再利用部分和不可再利用部分两类。对可再利用部分进行拆解、翻新和组装，再将其作为二手产品以较高的价格出售；一些仍能继续使用的废旧产品零部件在经过简单的清洗和改装后便直接在二手市场上交易。由于技术条件所限，那些不可再利用部分只能作为废弃材料被变卖，并没有挖掘其资源价值，且在原始的拆解技术下，拆解过程中释放了有毒、有害物质，造成环境的二次污染。同时，二手产品的销售过程也存在不规范现象，只有很少一部分经营者履行正常手续进行合法交易，所以一旦出现质量问题，消费者根本无法进行维权；与此同时，部分二手产品超过使用寿命，消费者在不知情的情况下使用这些二手产品存在较多安全隐患。

目前废旧机电产品的回收拆解市场缺乏规范，并存在以下问题：我国与逆向物流相关的法律尚未健全，没有形成完善的法律制度体系；涉及废弃产品逆向物流回收处置的立法层级较低；多数企业对逆向物流缺乏认识和重视；废弃物处理存在较大的技术约束；管理不规范，安全系数低；废弃物回收网络不健全。

综上所述，应利用现有信息获取及数据分析技术，通过构建逆向物流信息系统解决废旧产品逆向物流系统中的信息采集、分析、整合、管理、交互、决策和扩展等问题。针对解决物流信息系统的有效信息整合和系统业务变化适应能力差等瓶颈问题，应充分考虑逆向物流是多参与者、多操作环节的复杂过程和信息对于逆向物流的运作、规划的支撑作用，分析当前物联网环境下的逆向物流运作管理系统的结构、流程和关键影响因素，有效提升逆向物流的系统效率及监督管理水平。物联网技术、XML 技术、系统集成技术和大数据技术在逆向物流中应用非常广泛。

1. 物联网技术

在废旧机电产品逆向物流过程中，一方面，废旧产品需要经历多个阶段，从回收、分拣、拆卸到存储、处理；另一方面，产品形态会发生变化，从整机到零部件、原材料和废弃物。因此，对废旧产品及其产出物进行有效管理尤为重要。物联网的核心技术是 RFID，即将电子标签贴在废旧产品及其产出物上，通过无线数据通信网络自动将标识数据传送到信息平台，实现物品的自动识别。通过信息平台的数据交换、数据共享和数据集成功能，达到对逆向物流对象的有效管理。另外，通过物联网可以紧密结合 GPS（全球定位系统）、GIS（地理信息系统）和 MIS（信息管理系统），为信息平台的运输规划、仓储管理和回收网络规划等功能提供有效支持。

▶ 2．XML 技术

有了产品的逆向物流信息后，需要采用 XML 技术获取产品的服役信息。废旧产品逆向物流参与者众多，信息平台需要采用统一的文档和数据格式来规范数据的描述和信息的交换，以保证信息平台集成化信息的共享。XML 是表示 Web 中结构化文档和数据的通用格式，是一种简单而又灵活的标准格式，它为基本 Web 的信息平台应用提供了描述数据和交换信息的有效方式。XML 作为一种元语言，具有强大的描述结构化信息的能力，特别适用于描述逆向物流产品信息的层次结构。

▶ 3. 系统集成技术

废旧产品逆向物流信息平台基于系统集成技术，将分布在不同系统的用户、信息和业务流程集成起来形成一个综合的集成系统。首先，废旧产品逆向物流信息平台依据终端用户在逆向物流中承担的角色和拥有的权限为其提供统一的操作界面，简化了操作，提高了系统使用的效率；然后，将无序的数据流整理、组织成信息流，再通过管理融合成信息服务，实现逆向物流的信息化管理；最后，协调各种企业功能，把人和资源、资金及应用合理地组织在一起，使整个逆向物流供应链成为有机整体，获得最佳的运行时域。

▶ 4. 大数据技术

废旧产品逆向物流中会产生大量的数据信息，包括产品的属性信息、状态信息、位置信息、地理信息、拆卸信息、处理信息、成本信息等，这些信息相互影响、相互补充。信息平台利用大数据技术可以在合理的时间内从庞大的数据信息中撷取、管理、处理并整理信息，提供准确的信息服务，以达到帮助逆向物流参与企业提高主动再制造效率的目的。

▶ 7. 2. 2　基于 SOA 的逆向物流信息平台集成方案

逆向物流过程复杂，参与者数量众多，包括消费者、零售企业、售后服务中心、逆向物流企业、处理企业和生产企业等。废旧产品逆向物流运作流程如图 7-13 所示。

废旧产品逆向物流信息平台应面对以下需求：为逆向物流参与者提供业务支持和信息化管理、优化逆向物流业务流程，通过收集、存储逆向物流中的各种信息，再经过分析、挖掘和管理，为参与者提供信息资源，进而对逆向物流业务实行信息化管理，达到优化业务流程、降低运作成本、监控全过程的目的，有效支持异构物流信息资源的集成，消除"信息孤岛"。废旧产品逆向物流参与

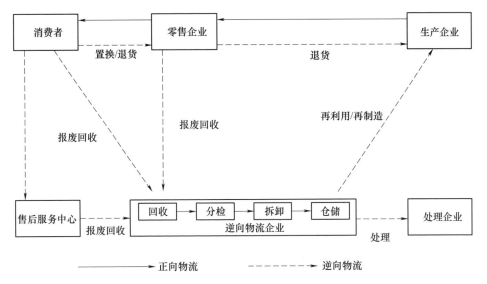

图 7-13 废旧产品逆向物流运作流程

者众多，目前许多生产企业、零售企业、逆向物流企业都建立了管理信息系统，但是各个信息资源相对独立，彼此之间不能实现快捷的流通与共享，存在"信息孤岛"问题。废旧产品逆向物流信息平台需要具备异构信息资源的集成能力，从不同的异构系统中，以不同的方式获取数据，进行网络协同化决策，并将决策后的数据在异构系统之间进行传递；以便于进行信息平台的扩展，与外部系统进行集成。废旧产品逆向物流信息平台是一个开放的系统，它既需要与参与企业内部的计划、财务、生产等系统对接，又需要与参与企业外部的政府管理系统、行业监管系统、其他物流服务系统、潜在的第三方信息系统进行对接。因此，它应具备较强的扩展性，才能有效地与外部系统进行集成。

▶▶ **1. 逆向物流信息平台的功能**

废旧产品逆向物流信息平台为逆向物流的参与者提供信息资源和应用服务，对逆向物流过程进行信息化管理，实现异构、分布式环境下参与者之间的信息集成、过程集成和知识集成，实现沿着所回流产品价值链的逆向物流链的集成。因此，逆向物流信息平台是一种面向服务的体系架构，它应以服务为核心，将各个不同系统应用程序中不同的功能单元抽象成为服务，通过这些服务之间标准的接口，以松散耦合的方式进行集成。

基于服务导向体系架构（Service-Oriented Architecture，SOA）能够解决废旧产品逆向物流中复杂异构系统之间的集成和数据交换，而且可以按照模块化的方式添加新服务或者更新现有服务，具有很好的扩展性。通过合理分配用户权限、编制业务流程、规划数据库结构、定义信息交互接口和制定数据安全方案，可使信息平台平稳、高效地运转。

信息平台具体运作过程如下：

1）逆向物流参与者通过信息交互接口与信息服务平台实现交互，提供或者使用有效的信息以完成参与者本身应承担的工作。

2）消费者、售后服务中心、零售企业和逆向物流企业中的回收点通过不同的回收方式回收废旧产品，在此过程中可以采集品牌、类型、型号、使用年限、报废原因、回收位置、回收时间等信息作为回流产品的初始回流信息。

3）回流产品通过收集、运输进入逆向物流企业的回收总站，先根据回流产品的初始回流信息、生产企业提供的原始产品信息和拆卸回收专家知识库信息，再经过分检、拆卸，将回流产品转化成零部件；然后将零部件信息（零部件型号、产品型号、新旧程度等）录入到系统中，并确定其回收方式（包括再利用、再制造、原材料回收和报废处理等）。

4）逆向物流企业的回收总站提供一定的仓储能力，依据信息平台提供的零部件信息进行仓储管理；同时，通过信息平台获取生产企业的再制造计划、处理企业的处理计划和回流产品数量，以制定合理的库存策略。

5）处理企业根据信息平台提供的废品处理量安排工作计划；生产企业一方面提供产品的原始产品信息，另一方面根据信息平台提供的再利用和再制造的零部件数量安排再制造生产计划；政府监管机构可查看废旧产品的整体回收状况，以制定和调整宏观策略。

2. 逆向物流信息平台总体架构

基于SOA的废旧产品逆向物流信息平台总体架构如图7-14所示。架构层次共分五层，分别是平台基础层、信息支撑层、业务应用层、业务服务层和业务流程层。

（1）平台基础层　该层为信息平台提供软件和硬件支撑，主要由软件和硬件基础设施组成。硬件基础设施包括各种信息采集设备、网络设备、通信设备、终端访问设备、服务器和存储器；软件基础设施包括操作系统、网络/应用服务类中间件、产品原始信息数据库、回流产品信息数据库、地理信息系统数据库和用户数据库。

（2）信息支撑层　废旧产品逆向物流中具有众多的信息获取和需求渠道，通常以可扩展标记语言（XML）作为数据和信息的记录格式。信息支撑层主要负责加工处理数据以形成有效信息并传递、管理信息，它由信息中间件、信息录入系统和信息输出系统组成。信息中间件既是一个运行子系统，能在信息平台各应用子系统之间传递信息，为其提供可靠、实时、高效的信息服务，又是一个管理工具集，为信息平台提供对网络进行配置实时管理、实时监控的工具，并具有完善的日志机制。信息录入系统将获取的数据信息经过分类、封装、加

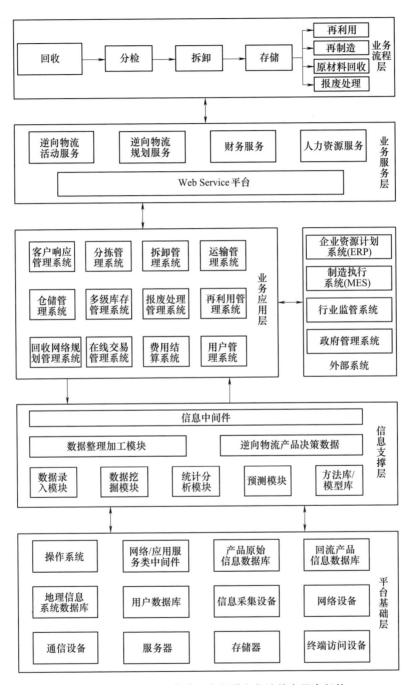

图 7-14 基于 SOA 的废旧产品逆向物流信息平台架构

密等加工后再录入数据库中。信息输出系统利用合适的方法和模型对数据进行

225

统计分析、挖掘和预测，形成逆向物流产品决策数据，为业务应用层的各管理系统提供可靠的信息支持，降低逆向物流过程中的随机性和模糊性，及其所带来的逆向物流运作的不确定性和不可控性，增强逆向物流管理的主动性和前瞻性，以提高整个逆向物流运作和服务的绩效。

（3）业务应用层　该层由各种逆向物流业务应用系统组成，主要包括：客户响应管理系统、运输管理系统、分拣管理系统、拆卸管理系统、运输管理系统、仓储管理系统、多级库存管理系统、报废处理管理系统、再利用管理系统、在线交易管理系统、费用结算系统、回收网络规划管理系统和用户管理系统等。在业务应用层上可实现与信息平台外部的系统对接，例如逆向物流参与企业的企业资源计划系统（ERP）、制造执行系统（MES）以及行业的监管系统和相关的政府管理系统，为信息平台客户提供更广泛的服务。

（4）业务服务层　该层由业务服务簇、基本服务簇和 Web Service 平台组成。其中，业务服务簇是针对废旧产品逆向物流业务领域的一簇服务及其相应的数据模型，包括回收网络结构设计、回收场所选址、运输路径规划等逆向物流规划服务簇，以及回收、运输、分拣、拆卸、仓储、处理等逆向物流活动服务簇；基本服务簇是在废旧产品逆向物流中提供的财务、人力资源等基础服务；Web Service 平台则为服务的定义和使用提供一个独立于业务应用平台和技术平台的环境。

（5）业务流程层　该层由业务流程和业务活动监督机制组成。废旧产品在逆向物流过程中按照合理的执行顺序经历回收—分拣—拆卸—存储—再利用/再制造/原材料回收/报废处理的任务，形成跨企业、跨部门、端到端的业务流程，通过对业务服务簇和基本服务簇进行编排或编制而实现。业务流程层同时具有业务流程管理的职能，承担着识别、建模、开发、部署和管理业务流程的职责。

▶▶ 3. 逆向物流信息平台评价体系

废旧产品逆向物流信息平台的建设不仅仅局限在信息平台本身的搭建，它是一种创新物流模式的具体体现，要考虑包括组织结构、基础设施、物流网络、合作伙伴等一系列相关因素的变革。由于废旧产品的逆向物流目前处于发展阶段，其仍存在一些概念化和随意性问题，因此引入以经济、服务、功能和技术等指标为核心的评价指标体系，并将其应用于物流信息系统立项、预算、选择合作伙伴、确立方案、实施、运行、改善的全过程，实现系统地、量化地、客观地评价废旧产品逆向物流信息平台。

（1）经济指标　用经济指标量化废旧产品逆向物流信息平台对参与企业的价值必须以平台所能达到的经济目标为出发点，包括逆向物流成本和信息平台成本两个二级指标。逆向物流成本是经济指标中最核心的指标，包括废旧产品收购成本、运输成本、检测成本、拆卸成本、库存成本、处理成本和管理成本，它不是一个普通的会计概念，而是系统衡量企业物流运作效率的总和；信息平台的成本主要是建设、使用和维护信息平台所需的成本，包括硬件建设成本、软件建设成本、使用成本及维护成本。

（2）服务指标　服务指标可度量废旧产品逆向物流信息平台产生的业务结果，包括服务绩效评价和服务过程评价两个二级指标。服务绩效评价指标评测的是信息平台提供的服务质量，包括回收率、回收响应时间、检查拆卸时间、回收利用率、库存水平、处理能力、交易处理时间和预测误差；服务过程评价指标评测的是信息提供服务过程中的管理程度和用户体验，包括管理控制程度、管理执行程序、意外灾难处理能力和用户对平台使用书面陈述。

（3）功能指标　功能指标可规范废旧产品逆向物流信息平台的应用范畴，包括逆向物流运作功能和平台系统功能两个二级指标。逆向物流运作功能指标评测平台提供的逆向物流功能，包括回收响应管理、运输管理、仓储管理、多级库存管理、分拣拆卸管理、报废处理管理、再利用管理、规划管理、在线交易、费用结算和用户管理；平台系统功能指标评测平台提供的系统功能，包括与第三方信息系统的交互管理、数据管理和用户管理。

（4）性能指标　性能指标可反映信息平台本身的技术性能，包括性能技术和系统技术两个二级指标。性能技术指标包含数据处理速度、数据存储容量、访问响应时间和并发访问性；系统技术指标包括可靠性、软硬件兼容性、安全性和扩展性等。

7.3　基于 RFID 的主动再制造信息管理技术应用

射频识别（RFID）技术具有很多优点，其避免了因人工干预、直接接触及机械磨损造成的数据误差，且无需光学可视即可完成数据信息的读写和处理，使得高速运动物体的识别及多标签同时识别成为可能。RFID 技术对工作环境要求低、操作简单快捷、使用寿命长。另外，安全保障也是 RFID 技术一个很大的优势，在数据安全保护方面，读写器与标签之间相互认证过程及通过加密算法可实现安全通信和储存，在标签密码保护的基础上增加了新的安全屏障。

▶7.3.1　RFID 技术简介

RFID 技术是一种将存放在电子数据载体中的识别信息通过无线电波进行识别，并由阅读器读取的现代化识别技术。在一些 RFID 系统的应用中，阅读器不仅能实现读取功能，通过无线通信的读写交互，还可以进行数据写入，极大简化了人工操作步骤，降低了错误率。

▶ 1. RFID 系统的组成

一般情况下，RFID 系统是由电子标签、阅读器和应用系统软件三大部分组成。

（1）电子标签 电子标签是物体相关信息的存储载体，粘在物体上以标识目标对象，每个电子标签中唯一的电子编码是识别的关键。电子标签主要由耦合元件（天线）及芯片组成，其中，芯片是电子标签的核心部分，用于信息存储及信号的发射、接收与处理；天线是电子标签发射与接收无线信号的装置。电子标签依靠内置的天线与阅读器进行通信。

电子标签的结构如图 7-15 所示。

电子标签被安装在识别对象上，数据已经通过应用系统被写入存储器。为了使存储器中的数据在精确的时间内传入阅读器进行读取，时钟发挥了关键作用，它将电路上所

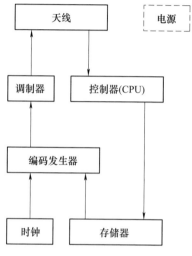

图 7-15 电子标签结构

有的功能进行了时序化处理，保证了数据传输的时效性。数据读出时，由编码发生器把数据编码从存储器中读出，形成编码器编码，利用调制器接收该信息，最后通过天线将该信息发射到控制器中。数据写入时，先利用控制器将天线接收到的信号进行解码，再将解码后的信息写入存储器。

（2）阅读器 阅读器是 RFID 中用于读写电子标签上有效信息的设备。阅读器主要由逻辑控制单元、射频接口模块和天线单元模块三部分组成，如图 7-16 所示。

当系统工作时，首先阅读器发射特定的询问信号，当电子标签感应到这个信号后，就会给出应答信号，应答信号中含有电子标签携带的数据信息。阅读器接收应答信号后对其进行处理，再将处理后的信号反馈到外部主机，由主机进行下一步相应操作。

1）逻辑控制单元功能分为读、写两部分。读取数据时，逻辑控制单元接收经射频接口模块传输过来的信号，通过解码，读取标签内嵌入的信息；写入数据时，对将要写入的信息进行编码，传递给射频接口模块后写入标签。除此之外，逻辑控制单元还可通过标准接口实现标签内容与计算机的互传。

2）射频接口模块可分为发射通道和接收通道两部分，射频接口模块的主要作用是对射频信号进行处理。其实现的功能有：由射频振荡器产生射频能量，射频能量的一部分用于阅读器，另一部分通过天线发送给电子标签，激活无源电子标签并为其提供能量；将发往电子标签的信号形成已调制的发射信号，通

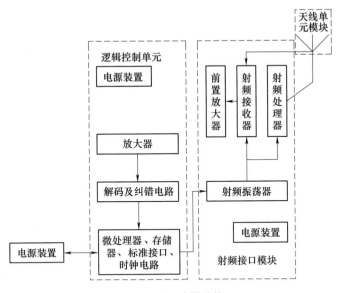

图 7-16　阅读器结构

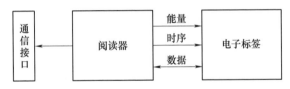

过读写器、天线进行发射；将电子标签返回到读写器的回波信号解调，提取出电子标签发送的信号，并将电子标签信号放大。

3）天线单元模块的作用是发射和接收射频载波信号。在确定条件下，天线将射频接口模块产生的射频载波发出，并接收从电子标签反射回来的信号。

（3）应用系统软件　应用系统软件可以针对不同行业的特殊需求开发应用软件，可对数据进行管理及通信传输等。将读写器与应用软件网络连接，就可以实现数据的传输及交互通信功能。

▶▶ **2. RFID 系统的工作原理**

RFID 系统的工作原理是：阅读器产生的射频载波可为电子标签提供能量，通过采用询问、应答的方式实现阅读器与电子标签之间的双向数据交换，因此系统必须具备严格的时序关系，其可由阅读器提供电子标签与阅读器之间可以进行信息交互，阅读器可通过向电子标签发送命令，利用载波间隙等方法，以载波负载调制的方式将电子标签储存的信息传出，如图 7-17 所示。

图 7-17　RFID 系统的工作原理

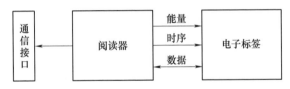

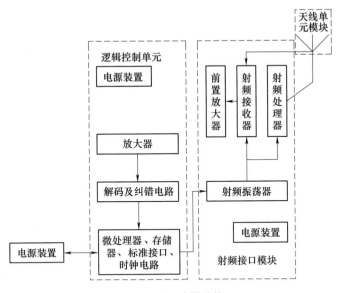

第 **7** 章　机电产品主动再制造物流管理技术

229

从电子标签与阅读器之间的数据通信及能量感应方式来看，耦合方式可分为电感耦合方式与电磁反向散射耦合方式两类。

（1）电感耦合方式　在电感耦合系统中，线圈形式的天线相当于电感，电感线圈产生交变磁场，使读写器与电子标签之间相互耦合，这就是电感耦合的工作原理。而由于电感耦合的无源属性，其一般只能用于高频与低频（如125kHz、225kHz 和 13.56MHz）的 RFID 系统，且识别距离小于1m，一般为10~20cm。

（2）电磁反向散射耦合方式　读写器与电子标签之间的射频信号传递是依据电磁波空间辐射原理，通常称为雷达模型。在电磁反向散射耦合方式中，电磁波被读写器发射出去后碰到电子标签的瞬间，电磁波被反射，并携带回电子标签中存储的信息。

在这期间，电磁波由天线向周围空间发射的过程中，会接触到不同的目标，其中一部分电磁能量被目标吸收，另一部分则以不同的强度向各个方向散射。在各方向散射的反射能量中，一部分会最终返回到发射天线。而电磁反向散射耦合系统一般被应用在高频（如 433MHz、915MHz、2.45GHz 和 5.8GHz）、微波工作中的远距离 RFID 系统。其识别距离大于1m，一般为 3~10m。

3. RFID 标准体系

RFID 标准体系主要由空中接口规范、编码体系、数据管理、测试规范、物理特性、应用规范、读写器协议、信息安全等标准组成。目前，尚未有全球统一的 RFID 标准体系，其中，国际标准化组织（ISO/IEC）正在积极推动 RFID 从理论到应用上的互相联通。同时，各个标准体系之间的竞争激烈，各国均把本国知识产权纳入标准中，以为本国企业争取最大的利益。但从客观上讲，多个指标体系的共存也促进了技术和产业的快速发展。目前，除了国际标准化组织（ISO/IEC）之外，主要有 EPC global 和 UID 为主的标准体系，具体如下。

（1）EPC global 标准体系　EPC global 标准体系是以美国和欧洲为首，由美国统一编码委员会（UCC）和欧洲物品编码协会（EAN）联合发起的非营利机构发布，该组织负责相关工业标准的发布和 EPC global 号码的注册与管理。沃尔玛集团、特易购集团以及其他 100 多家欧美流通业巨头都是 EPC global 成员，美国 IBM 公司、微软公司和 AUTO-ID 实验室为 EPC global 提供技术支持。EPC global 在 RFID 标准制定的速度、深度与广度方面都非常出色，受到了全球的关注。

（2）日本 UID 标准体系　日本 UID 标准体系主要包括泛在编码体系、泛在通信、泛在解析服务器和信息系统服务器四部分。UID 标准体系的思路类似于 EPC global，为了推广自动识别技术而构建了完整的编码系统，并组建网络实现通信功能。目前，包括 NEC 公司、索尼公司、日立公司和东芝公司等在内的

400 多家日本厂商已经加入 UID 标准体系。UID 标准体系的核心任务是赋予世界任何一个物体的唯一识别号,建立物物相联的通信网络,实现全球范围内的物品跟踪与信息共享。UID 标准体系采用 Ucode 编码制定了具有自主知识产权的 RFID 标准体系,它能同时兼容日本和其他国家的编码体系,其中包括 JAN、IPv6 等多种编码,甚至最常用的电话号码都可同时兼容。

7.3.2 基于 RFID 技术的逆向物流信息管理

目前,利用 RFID 技术实现机电产品在全生命周期内的信息收集与交互管理,可推动废旧机电产品回收/再制造体系的不断完善,提升废旧机电产品回收及再制造效率,规范回收市场秩序,形成回收及再制造行业规模效益。基于 RFID 技术的逆向物流信息管理的优势:首先,对于产品客户方,既方便快捷地处理了废旧机电产品,又有实际的利益获得,可以培养客户对于产品循环利用的积极性;其次,对于回收/再制造企业方,保证了废旧机电产品量的需求,也使废旧机电产品得到更加科学、规范的处理,提升了资源利用率;再次,对于销售与物流方,将其纳入作为回收/再制造体系中的一员,促进了正/逆向物流体系的迅速发展,推动资源循环社会的发展;最后,对于政府与监管方,不仅规范了回收市场,还降低了废旧机电产品给社会带来的安全隐患,减少了废旧机电产品资金补贴与治理环境的费用。

1. 基于 RFID 技术的逆向物流信息

当机电产品出厂时,其自身的 RFID 标签中即储存了产品的相关设计及制造信息。当产品运行时,系统的传感器自动记录运行数据,独立的物理与化学传感器将自动获取产品工作时的数据以及工作环境的相关参数,RFID 标签均可详细记录其服役使用情况。在维修时,相关人员及设备也要求在 RFID 标签内输入维修相关信息。这样在逆向物流系统中,RFID 编码及其衍生的相关信息数据即成为废旧机电产品的唯一"身份"标识。

当废旧机电产品进入逆向物流过程,回收处理相关企业根据其自身的回收模式,将所收集的废旧机电产品运输至对应检测中心,进行规模化检测分类:首先,进行功能检测,检验废旧机电产品基本功能情况;其次,对每台废旧机电产品进行服役信息读取,根据读取到的信息和功能检测信息建立质量评判模型,通过相关文献中废旧机电产品的可再制造性及可回收性评估方法将废旧机电产品质量划分为不同等级;最后,这些不同等级的废旧机电产品将进入不同的处理和系统流程。

一般可将机电产品分为四个等级。

(1)Ⅰ级产品将进入二手市场 废旧产品在进入二手市场前首先进入旧货品质鉴定机构进行质量鉴定,质量合格才能进入二手市场。合格的产品在 RFID

标签内改写检测信息，将检测信息传至检测中心数据库，以保证产品信息完整有效。交易时，各类客户可以查看机电产品的历史信息与检测信息，从而可以实现二手机电产品交易的全程监控。不合格的产品退回检测中心，重新进行质量评估，做进一步处理。

（2）Ⅱ级产品将进行再制造　通过维修或更换零部件进行再制造，产品质量达标后进入二手市场流程。RFID 标签将随着废旧产品处理过程进行修改，依然保持与检测中心信息同步。

（3）Ⅲ级产品为回收零部件　拆解下的零部件将根据种类、年限、品牌型号分类，分别装入贴有 RFID 标签的集装箱，标签上记录了盛装零部件的分类信息，集装箱将运往再制造厂与生产商处。

（4）Ⅳ级产品则进行破碎处理，回收原材料　使用贴有 RFID 标签的集装箱盛装，上面记录着原材料信息，运往机电产品零部件生产厂。

Ⅲ级产品与Ⅳ级产品回收处理前，按照《电子废物污染环境防治管理办法》将对环境有严重污染的零部件取出，如铅酸电池、机油、电容等，放入红色集装箱，集装箱将贴上 RFID 标签，上面记录着产品信息，运往专业处理部门。

▶ 2. 面向机电产品再制造的 RFID 信息管理

基于前文论述，利用 RFID 技术将记录机电产品整个生命周期内的各项数据，其自身记录载体（电子标签）需经历产品服役环境、物流、回收处理等多种恶劣环境，因此，RFID 技术记录载体（电子标签）应选择无源、耐高温、耐湿度、抗冲击、抗金属干扰的产品，且电子标签在产品全生命周期中需要记录大量信息，一般可选用 860～920 MHz 的无源电子标签，并有一定的存储容量。标签遵循 ISO 18000-6C 协议标准，嵌入机电产品铭牌中。

除此之外，要实现机电产品信息化管理，RFID 标签中所记录的内容是关键。通常将 RFID 标签记录的信息分为六个生命阶段的信息：生产信息、销售信息、维修信息、使用信息、回收信息、处理信息，如图 7-18 所示。

目前，可以采用电子产品代码（Electronic Product Code，EPC）类型电子标签，其自身包含 EPC 区与 TID 区，不同区对应的编码内容

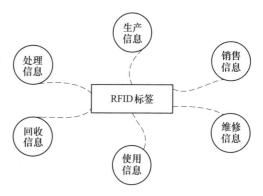

图 7-18　RFID 标签记录的信息

见表 7-5 和表 7-6。其中 TID 区编码是唯一的，无法改写，可将其作为机电产品

溯源的依据；而 EPC 区域可添加改写，可将其用来记录机电产品生命周期每个阶段的信息变化。因此，对基于 RFID 技术的详细标签信息内容规划如下：

表 7-5   EPC 区域信息编码内容

编码内容	EPC 区域
销售信息	销售时间、三包时间、销售地点
维护信息	损坏原因、维护方式、维护时间、维护结果
使用信息	使用年限、使用时间、使用方式
回收信息	回收方式、回收点名称、回收时间、质量检测评估、处理方式
处理信息	处理结果

表 7-6   TID 区域信息编码内容

编码内容	TID 区域
生产信息	生产日期、安全使用年限、关键零部件信息、批次号、重量、尺寸、材料
处理信息	危险废物代码

（1）销售信息　销售信息为政府预测保有量与报废量提供数据支持，也是回收企业设立回收点与处理工厂的重要依据。销售信息包含了销售时间、销售地点、三包时间。

（2）维护信息　维护信息可直接反馈给用户与生产厂家，用户可以监督维修过程，生产厂家可以根据自然失效的功能进行设计上的改进。维护信息由维护人员记录，通过它可查询产品情况是否属实，也可查询维护方式是否合理。维护方式一般包括零部件维护与零部件更换。零部件维护指在原零部件基础上进行失效修复等操作。零部件更换指重新安装性能完好的零部件，零部件更换后需要记录损坏零部件与更换零部件的名称、品牌。维护结束需要记录当天的日期，作为消费者期限内退换的依据。维护信息的记录包含：损坏原因、维护方式、维护时间、维护结果。

（3）使用信息　使用信息包含：产品使用年限、使用时间与使用方式。其中，使用年限从产品销售起开始，到机电产品回收时间终止，它表示机电产品的使用寿命。当产品运行时，系统的传感器自动记录运行时间。机电产品的累计使用时间会影响产品零部件的耗损情况，用它除以产品的使用年限可以得到产品的使用频率。通过使用频率可以判断用户的使用习惯，若产品经常超负荷运作，则会明显减少其使用寿命。使用方式可以分为个体使用、公共使用与商业使用。使用方式也是判断机电产品质量的依据之一。

（4）回收信息　回收信息包括从废旧产品逆向物流开始到废旧产品处理之前的所有信息，其中包含：回收方式、回收点名称、回收时间、质量检测评估、处理方式。回收方式指废旧产品的来源渠道，如商返、以旧换新、个体回收等。同时记录了回收点名称与回收时间。质量检测评估是废旧产品运往检测中心后的质量评定结果，将废旧产品质量划分等级。处理方式主要包括四类，分别是进入二手市场、再制造、零部件回收、原材料回收。

（5）生产信息　生产信息是对机电产品溯源的依据，也是机电产品"身份"的唯一标识，属于 TID 区，无法更改。其中关键零部件信息与材料信息是对产品维修与回收处理决策重要的信息基础。生产信息包含生产日期、安全使用年限、关键零部件信息、批次号等。

（6）处理信息　处理信息包含处理结果、危险废物代码。当废旧产品分别进入不同的处理流程后，来自二手市场与再制造的产品需要在原标签上进行改写与注释。进行零部件回收与原材料回收的废旧产品在处理结束后会进行分类装入集装箱，信息将被录入集装箱上的 RFID 标签。根据《中华人民共和国固体废物污染环境防治法》中的《国家危险废物名录》规定，进行拆解的废旧产品必须将高危零部件送往专业的处理部门。危险废物代码作为危险废物的唯一代码由 8 位数字组成。危险废物代码为 TID 区域，无法改写。高危零部件将放入红色集装箱，信息记录在贴在箱上 RFID 标签内。

≫ 3. 面向主动再制造的 RFID 信息应用

针对废旧机电产品的处理模式有：直接使用、产品再制造、零部件再制造、原材料回收。通过市场调研发现很多回收企业只做拆解处理，回收来的所有产品一律拆解、分类，再卖出。这样，对于可再制造废旧机电产品的资源循环利用不足。一些非正规的回收点更是只拆解出市场价值高的零部件进行倒卖，或者通过简单组装卖给二手商，这样不仅严重破坏环境，还存在着安全隐患。

在当前制造业中，废旧机电产品中适用于直接使用数量较少，且原材料回收的附加值相对较低，同时由于再制造能充分挖掘出废旧品的附加价值，减少资源的浪费，创造更多的利润，因此，废旧机电产品的处理方式主要应集中于再制造这一高效资源循环形式。在实际活动中，由于废旧机电产品分散在市场的各个角落，且废旧机电产品的服役质量及失效状态差异大，因此，为了解决目前再制造"被动"局面下的不确定性问题，主动再制造的理念逐渐被人们所认同。

在主动再制造模式下，废旧机电产品从各个回收点收集到检测中心，检测中心将决策废旧机电产品的处理方式。主动有效地分析评估机电产品的再制造性，并正确合理地制定废旧产品再制造方式是主动再制造的关键技术之一。对于决策废旧机电产品处理方式，很多学者做了研究，通过构建不同指标体系，如环境影响、材料可回收性、使用阶段、市场需求、功能完整性、可拆卸性等，构建不同废旧机电产品的评估模型，开展对废旧机电产品的回收及再制造决策。

但以往的废旧产品处理决策方法大部分阶段及内容需要通过人为判断，数据匮乏且不准确。针对这一问题，可将 RFID 技术引入废旧机电产品的主动再制造过程中。RFID 标签所记录的机电产品生命周期信息均是相对准确的数据，可直接展示机电产品的服役过程及状态信息，因此，基于历史数据及人为经验，结合 RFID 标签记录信息开展废旧机电产品的失效状态信息，可实现废旧机电产品主动且高效再制造决策，进一步推动机电产品主动再制造的工程应用。

影响废旧机电产品的再制造性因素有很多，结合前文总结的 RFID 标签在产品使用全生命周期所记录的信息，可将废旧机电产品质量划分为直接使用、产品再制造、零部件再制造和原材料回收四个等级。

对大部分机电产品而言，质量评判应选用一种将定量信息（所记录的数据）与定性信息（人为判断）相结合的决策方法，即模糊综合评价法，可以先用层次分析法确定因素集，然后用模糊综合评价法确定评判效果。这不仅考虑到了所研究问题的各种因素影响，综合多种评价主体的意见，而且针对评价过程中模糊性问题进行了定量化处理，有机地将定性评价和定量计算结合起来，有较好的可靠性与适用性。为此，基于大部分企业调研，可选出五个因素作为废旧产品质量评判指标，分别是：使用年限、使用频率、维修信息、品牌和检测信息。其中，检测信息这一指标需要通过各类无损检测技术获得相关数据，而使用年限、使用频率、维修信息、品牌这四个指标则可以通过 RFID 系统中获取。废旧产品质量评判标准见表 7-7。

表 7-7　废旧产品质量评判标准

指标	影响因素	1 级	2 级	3 级	4 级
定量指标	使用年限 u_1/年	$0<u_1\leqslant 3$	$3<u_1\leqslant 6$	$6<u_1\leqslant 9$	$u_1>9$
	使用频率 u_2/（小时/天）	$0<u_2\leqslant 6$	$6<u_2\leqslant 12$	$12<u_2\leqslant 18$	$18<u_2\leqslant 24$
定性指标	维修信息 u_3	更换新件	无维修信息	零部件维修	维修后无法实现功能
	品牌 u_4	世界品牌	国产品牌	普通品牌	其他品牌
	检测信息 u_5	功能完好表面无破损	主要功能完好表面有破损	功能部分失效	功能完全失效

使用年限是根据机电产品安全使用年限划定的，假设产品的使用年限为 u_1，可以划定每 3 年为一个质量等级；使用频率对于废旧产品的质量等级划分是根据每天使用的小时数进行划分的，假设产品的使用频率为 u_2，可以划定每 6 小时为一个质量等级；维修信息质量等级是根据维修难度划分的，1 级为更换新件、2 级为无维修信息、3 级为零部件维修、4 级为维修后无法实现功能；品牌值是根据品牌的知名度进行划分的，1 级为世界名牌、2 级为国产品牌、3 级

为普通品牌、4 级为其他品牌；检测信息质量等级是根据废旧产品的功能完好度进行划分的，1 级为功能完好、表面无破损，2 级为主要功能完好，3 级为功能部分失效，4 级为功能完全失效。

AHP-模糊综合评价模型是由层次分析法与模糊综合评价法相结合而成的，首先通过层次分析法确定各指标的权重大小，再结合多层次模糊综合评价法对影响废旧产品指标进行综合评价。AHP-模糊综合评价模型如图 7-19 所示。

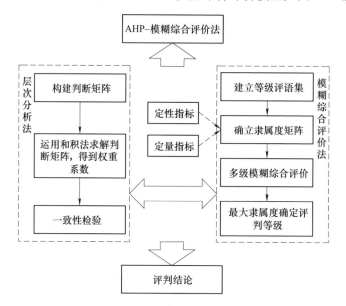

图 7-19　AHP-模糊综合评价模型

（1）层次分析法　层次分析法（Analytic Hierarchy Process，AHP）是先将复杂问题分解成若干个组成因素，再将这些组成因素按支配关系分组形成递阶层次结构。首先通过两两比较的方式确定因素的相对重要性，然后综合专家的判断对备选方案相对重要性进行总排序。层次分析法整个过程体现了"分解—判断—综合"的思维特征。

AHP 方法的决策过程可分为如下四个步骤：

1）通过分析评价或决策系统中各基本要素之间的关系，建立了其递阶层次结构。

2）对同一层次的各元素关于某一准则的重要性进行两两比较，构造判断矩阵，并进对矩阵进行一致性检验。

3）根据判断矩阵求解被比较要素对于准则的相对权重系数。

4）计算各层要素对系统目的的合成权重，并对各备选方案之间的相对重要性排序。

应用 AHP 方法之前，首先要建立系统评价指标体系，即对系统评判问题对象进行层次分析，确立清晰的系统分级指标体系，如：目标层 A、准则层 B、指标层 C，给出评判对象因素集合的子因素集。

采用 AHP 方法获得指标权重。层次分析法一般采用 9 比例标度法，本文采用黄金分割法，即 0.618 法。0.618 法的含义见表 7-8。

表 7-8　0.618 法的含义

标度	定义
1	i 因素与 j 因素同样重要
1.618	i 因素比 j 因素重要
2.168	i 因素比 j 因素明显重要
4.236	i 因素比 j 因素重要很多

通过咨询专家，比较 B 因素和 A 因素的相对重要性，得出 A-B 判断矩阵，见表 7-9。

表 7-9　A-B 判断矩阵

A	B_1	B_2	B_3	$\cdots$	B_n
B_1	1	a_{12}	a_{13}	$\cdots$	B_{1n}
B_2	a_{21}	1	a_{22}	$\cdots$	B_{1n}
B_3	a_{31}	a_{32}	1	$\cdots$	B_{1n}
$\vdots$	$\vdots$	$\vdots$	$\vdots$	$\vdots$	$\vdots$
B_n	a_{n1}	a_{n2}	a_{n3}	$\cdots$	1

标度 $a_{ij} = B_i / B_j$，表示对于 A 这一评价目标，因素 B_i 对因素 B_j，相对重要性的比较值，比较值大小由因素 B_i 对 B_j 的相对重要性决定。A-B 判断矩阵对角线上的元素为 1，表示每个元素相对于本身的重要性为 1。

被比较元素在单一目标层 A 下相对权重排序，即将得到的矩阵按行分别相加：

$$w_i = \sum_{j=1}^{N} \frac{a_{ij}}{N} \tag{7-31}$$

得到列向量 $\overline{\boldsymbol{w}} = (w_1, w_2, w_3, \cdots, w_n)^{\mathrm{T}}, i = 1, 2, 3, \cdots, N$。

对向量做归一化处理，可得单一准则下所求各比较元素的排序权重向量。然后根据式（7-32）、式（7-33）和式（7-34）计算判断矩阵的一致指标 CI 和一致性比 CR，对其一致性进行检查：

$$\lambda_{\max} = \sum_{j=1}^{N} \frac{(\boldsymbol{A}w_i)_i}{nw_i}, i = 1, 2, \cdots, N \tag{7-32}$$

$$CI = \frac{\lambda_{\max} - n}{n - 1} \tag{7-33}$$

式中，A 是 A-B 判断矩阵；n 是判断矩阵阶数；$\lambda_{\max}$ 是判断矩阵最大特征值。

判断矩阵一致性程度越高，CI 值越小。当 $CI = 0$ 时，说明判断矩阵完全一致。同时计算所得权重向量也可取用并符合实际，根据式（7-34）判断矩阵平均随机一致性指标 RI 取值范围，即

$$CR = \frac{CI}{RI} \tag{7-34}$$

若 $CR < 0.1$，则所设定的各指标权重是合理的；若 $CR > 0.1$，说明判断矩阵偏离的一致性程度过大，则需要重新调整打分值及判断矩阵并再次计算，直到数据合理为止。

（2）模糊综合评价法　模糊综合评价法（Fuzzy Comprehensive Evaluation，FCE）是基于模糊统计和模糊数学的一种评价方法，通过对影响事物的每个因素进行分析，对事物进行科学系统的评价。它基于最大隶属度原则和模糊变换原理，分析了与被评价事物有关的各个因素，并对各因素进行了合理的综合评价 $\{x_1, x_2, x_3, \cdots, x_m\}$。设所有可能出现的评语组成的集合为评语集 $V = \{v_1, v_2, v_3, \cdots, v_n\}$。具体步骤如下：

1）对因素集 X 中的单个因素 $x_i(i = 1, 2, \cdots, m)$ 进行评价，确定该事物对评语 $v_j(j = 1, 2, \cdots, n)$ 的隶属度 r_{ij}，从而得出第 i 个因素 x_i 的单因素评价集 $R_i = \{r_{i1}, r_{i2}, \cdots, r_{in}\}$，它是 V 上的模糊集。

2）把 m 个单因素评价集作为行，可得总评价矩阵，假设对第 i 个评价因素 u_i 进行单因素评价得到一个相对于 v_j 的模糊向量。采用专家打分法确定定性指标隶属度，应用隶属度函数计算定量指标隶属度，生成评语集。

$$R = (r_{ij})_{m \times n} \begin{pmatrix} r_{11} & \cdots & r_{1n} \\ \vdots & & \vdots \\ r_{m1} & \cdots & r_{mn} \end{pmatrix} \tag{7-35}$$

3）在因素论域 X 上给出一个模糊集 $A = \{a_1, a_2, a_3, \cdots, a_m\}$，其中 a_i 为因素 $x_i(i = 1, 2, \cdots, m)$ 在总评价中的影响程度（即权重）。

4）根据上述因素重要程度模糊集 A 和综合评判矩阵 $\boldsymbol{R}$，选择适当的广义模糊合成运算得到模糊综合评价集 $B = A \times \boldsymbol{R} = (b_1, b_2, b_3, \cdots, b_n)$。

5）根据最大隶属度原则，选择模糊综合评价集 $B = \{b_1, b_2, b_3, \cdots, b_n\}$ 中最大的 b_i，所对应的评语 v_j 作为综合评价结果。

AHP-模糊综合评价将 AHP 方法得到的权重指标 $W = \{w_1, w_2, \cdots, w_n\}$ 与模糊分析法所得模糊评价矩阵 $\boldsymbol{R} = \begin{pmatrix} r_{11} & \cdots & r_{1n} \\ \vdots & & \vdots \\ r_{m1} & \cdots & r_{mn} \end{pmatrix}$ 相乘，即

$$\boldsymbol{B} = \boldsymbol{W} \times \boldsymbol{R} = \{w_1, w_2, w_3, \cdots, w_n\} \begin{pmatrix} r_{11} & \cdots & r_{1n} \\ \vdots & & \vdots \\ r_{m1} & \cdots & r_{mn} \end{pmatrix} \qquad (7\text{-}36)$$

可以得到综合评价结果，确定评价对象的最终评价等级。

　　综上所述，利用废旧机电产品 RFID 标签所记录的使用年限、使用频率（通过使用时间除以使用年限获得）、维修信息、品牌信息，结合无损检测的功能完整性信息建立废旧机电可再制造性评估模型，并可运用数据处理方法，如 AHP-模糊综合评价法，对废旧机电产品进行处理决策，分别是：直接使用、产品再制造、零部件再制造、原材料回收。通过构建面向主动再制造的决策分析模型，结合 RFID 标签所记录的客观信息，可改善传统再制造评估技术的主观性强、不确定性大等缺点，从而更加科学、精确地对废旧机电产品进行处理，实现快速、精确地计算评价结果，简化人工复杂的操作。因此，基于历史数据及人为经验，结合 RFID 记录废旧机电产品的失效状态信息，可实现废旧机电产品主动且高效再制造决策。

参 考 文 献

［1］ OKSANA M, CARL D. A new business model for baby prams based on leasing and product re-manufacturing ［J］. Journal of Cleaner Production, 2006, 14 (17): 1509-1518.

［2］ 宋守许, 汪伟, 柯庆镝, 等. 基于结构耦合矩阵的主动再制造优化设计 ［J］. 计算机集成制造系统, 2017, 23 (04): 744-752.

［3］ 狄卫民, 王梅杰. 回收物流系统生产库存优化模型 ［J］. 计算机集成制造系统, 2010, 16 (7): 1539-1544.

［4］ 邱江, 赵静, 周倚天. RFID 技术在固体废物收运管理中的应用 ［J］. 环境卫生工程, 2009, 17 (6): 1-2.

［5］ 李学军, 张明玉. 基于 SOA 的物流信息系统架构研究 ［J］. 物流技术, 2007, 26 (1): 104-107.

［6］ 宋守许, 朱华炳, 周文广. 允许退货和缺货条件下的逆向物流库存模型 ［J］. 物流技术, 2007 (10): 53-58.

［7］ 陈言东, 刘光复, 宋守许, 等. 基于家电回收的逆向物流网络模型研究 ［J］. 价值工程, 2007 (03): 72-75.

［8］ 倪楠, 刘光复, 黄海鸿. 基于 SOA 的废旧家电产品逆向物流信息平台构建 ［J］. 合肥工业大学学报（自然科学版）, 2016, 39 (01): 1-6.

［9］ 刘志峰, 赵鹏, 黄海鸿, 等. 废弃电器再制造/再利用逆向物流库存模型 ［J］. 环境工程学报, 2017, 11 (08): 4708-4717.

［10］ 刘志峰, 赵鹏, 黄海鸿, 等. 随机环境下的废旧家电产品逆向物流库存模型 ［J］. 物流技术, 2016, 35 (06): 44-49; 145.

［11］刘志峰，沈丙涛，黄海鸿，等．废旧家电产品逆向物流多级库存模型［J］．生态经济，2015，31（11）：104-107.

［12］季杰，刘志峰，黄海鸿，等．基于RFID技术的废旧家电质量评估［J］．合肥工业大学学报（自然科学版），2016，39（02）：145-149.

［13］吴仲伟，薛浩，刘志峰，等．基于Voronoi图的家电回收逆向物流系统的研究［J］．物流技术，2009，28（03）：130-132.

［14］宋守许．面向家电产品的逆向物流关键技术研究［D］．合肥：合肥工业大学，2007.

［15］沈丙涛．随机环境下废旧家电产品逆向物流库存控制模型研究［D］．合肥：合肥工业大学，2015.

［16］季杰．基于RFID技术的废旧家电回收模式及回收决策研究［D］．合肥：合肥工业大学，2015.

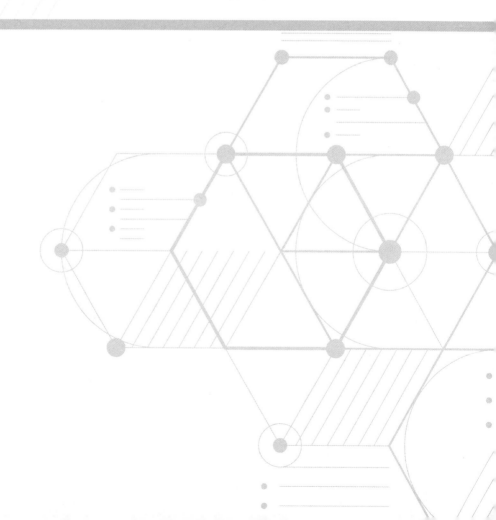

第 8 章

主动再制造理论在机电
产品上的应用

本章主要介绍主动再制造理论、方法及技术在典型机电产品中的应用实例，主要包括发动机及关键零部件主动再制造时域分析与抉择、发动机曲轴主动再制造设计、离心压缩机叶轮主动再制造设计，以及面向主动再制造的永磁同步电机再设计等。通过这些应用案例，展示了主动再制造理论与技术在机电产品与个性化高端装备上的实践应用过程。

8.1 发动机及关键零部件主动再制造时域分析与抉择

基于企业考察、文献调研以及机械产品分析，结合发动机内关键零部件的设计、服役、状态监测及日常维护数据，本应用研究主要选取了发动机中的曲轴部件、连杆部件、活塞部件作为主动再制造时域的研究对象。

首先，分析产品在制造、服役、再制造、再服役这四个阶段中的服役性能参数变化规律，建立时均能耗、时均环境排放、时均成本数学模型。通过构建曲轴轴颈磨损动力学模型以及活塞磨损能耗模型，分析发动机服役性能与其零部件失效之间的映射关系，建立基于零部件失效（曲轴连杆轴颈磨损、活塞磨损）的发动机服役性能（能量消耗）演化模型。

然后，结合多因素下再制造时域抉择方法，进一步得到关键零部件（曲轴部件、连杆部件、活塞部件）各自的主动再制造时域，并基于时域匹配方法，构建发动机服役性能演化曲线，提出发动机的主动再制造时域，用以验证及完善所提出的相关方法。

8.1.1 产品性能与零部件失效分析

1. 零部件失效分析

在机电产品中，机械零部件一般都承担着某种功能，在实现功能时都要承受着某种载荷或者进行着某种运动。在正常工况下，零部件一般不会轻易丧失其规定的功能。但是在某些特殊的工况下，比如承受载荷过大、环境条件太差、工作速度过高、产品制造质量低下、工人操作有误差等，机械零部件就会失效。机械零部件的失效状态有很多种形式，概括起来可以分为两大类：整体失效和表面失效。

2. 产品性能演化分析

产品服役性能实际上是指产品的功能和质量两个方面，功能是竞争力的首要要素，质量则是指产品能实现其功能的程度和在服役期内功能的保持性。随着时间的推移，由于产品在实际服役过程中常常处于多物理场（力、温度、磁、光等）耦合的状态，产品中关键零部件的结构及工作表面会逐渐失效，导致产品的服役性能发生退化，例如发动机气缸内表面和曲轴连杆轴颈的磨损会导致发动机的性能降低。从再制造的角度出发，当产品性能良好时，其关键零部件没有失效或失效程度低，再制造性较低；而当其性能劣化时，其关键零部件已处于部分失效状态，再制造性上升。由此可以得出，产品服役性能变化可直接或间接影响到其再制造性。

以发动机为例，经过钢材、合金等原材料的提取，缸体及曲轴等零部件的毛坯制造、装配以及镗、铣、磨等一系列过程，发动机具备了将化学能转化为机械能的能力，可以用发动机的性能参数描述该能力，即功能参数、经济参数、环境影响参数的集合。

▷ 3. 产品性能与零部件失效的关系

产品的功能往往由多个零部件承担，也就是说零部件是功能的实物承担者，功能是零部件存在的根本，两者相互依存、缺一不可，共同构成实现产品功能的有机整体。可见，产品的功能实现与多个零部件有关，随着服役时间的积累，其关键零部件的结构及表面会逐渐失效，整机的结构和功能也会随之发生退化。因此，产品服役性能演化分析最主要的工作是对关键零部件的失效分析及其对产品性能影响程度的分析。

▷ 8.1.2 产品全生命周期性能演化分析

产品的性能状态参数在全生命周期内是不断变化的，而产品生命周期是指产品设计、制造加工、包装运输、使用维护、报废与回收处理的整个过程。从再制造时域分析的角度出发，需要分析产品在制造、服役、再制造、再服役这四个生命周期阶段中的服役性能参数变化规律。

其中，功能参数选择能耗参数 E，经济参数选择成本参数 C，环境影响参数选择环境排放参数 W。

（1）能耗参数 能耗参数是指综合考虑产品制造、服役、再制造、再服役等各个阶段的能量消耗总和。其计算式为

$$E = E_m + E_u + E_R + E_u' \tag{8-1}$$

式中，E_m 是产品制造阶段能耗；E_u 是产品服役阶段能耗；E_R 是产品再制造阶段能耗；E_u' 是产品再服役阶段能耗，$E_u' = E_u$。

（2）成本参数 成本参数是指综合考虑产品制造、服役、再制造、再服役等各个阶段的成本总和。其计算式为

$$C = C_m + C_u + C_R + C_u' \tag{8-2}$$

式中，C_m 是产品制造阶段成本；C_u 是产品服役阶段成本；C_R 是产品再制造阶段成本；C_u' 是产品再服役阶段成本，$C_u' = C_u$。

（3）环境排放参数 环境排放参数是指综合考虑产品制造、服役、再制造、

再服役等各个阶段的环境排放（主要包含 CO、CO_2、SO_2、NO_x、CH_4 等空气污染物）的总和。其计算式为

$$W = W_m + W_u + W_R + W'_u \tag{8-3}$$

式中，W_m 是产品制造阶段环境排放；W_u 是产品服役阶段环境排放；W_R 是产品再制造阶段环境排放；W'_u 是产品再服役阶段环境排放，$W'_u = W_u$。

根据第 4 章理论可知，产品全生命周期性能演化分析见表 8-1、表 8-2 和表 8-3。

表 8-1　产品全生命周期能耗分析

产品全生命周期	能　耗
制造阶段	$E_m = \sum\limits_{i=1}^{u} m_i(e_{mi} + e_{ci} + e_{fi}) + \sum\limits_{j=1}^{v} e_j k_j (m_{j-1} - m_j)$
服役阶段	$E_u(t) = \sum\limits_{i=1}^{n} \int_0^t e_i(\delta,\ t)\,\mathrm{d}t$
再制造阶段	$E_R(t) = \sum\limits_{i=1}^{n} [E_{ai} + e_R V_i(\delta,\ t)]$
再服役阶段	$E'_u(t) = \sum\limits_{i=1}^{n} \int_0^t e_i(\delta,\ t)\,\mathrm{d}t$

表 8-2　产品全生命周期环境排放分析

产品全生命周期	环境排放
制造阶段	$W_m = (w_1 \quad w_2 \quad \cdots \quad w_k \quad w_l)^T$ $= E_e \cdot (m_{e1} \quad m_{e2} \quad \cdots \quad m_{ek} \quad m_{el})^T + (\sum\limits_{i=1}^{u} m_i v_i^1 \quad \sum\limits_{i=1}^{u} m_i v_i^2 \quad \cdots \quad \sum\limits_{i=1}^{u} m_i v_i^k \quad \sum\limits_{i=1}^{u} m_i v_i^l)^T$
服役阶段	$W_u(t) = E_u(t) \cdot (m_{e1} \quad m_{e2} \quad \cdots \quad m_{ek} \quad m_{el})^T +$ $(\sum\limits_{i=1}^{w} m_{ci} b_i^1 \quad \sum\limits_{i=1}^{w} m_{ci} b_i^2 \quad \cdots \quad \sum\limits_{i=1}^{w} m_{ci} b_i^k \quad \sum\limits_{i=1}^{w} m_{ci} b_i^l)^T$
再制造阶段	$W_{Rc}(t) = E_{eR} \cdot (m_{e1} \quad m_{e2} \quad \cdots \quad m_{ek} \quad m_{el})^T +$ $(\sum\limits_{i=1}^{m} m_i(\delta,\ t) u_i^1 \quad \sum\limits_{i=1}^{m} m_i(\delta,\ t) u_i^2 \quad \cdots \quad \sum\limits_{i=1}^{m} m_i(\delta,\ t) u_i^k \quad \sum\limits_{i=1}^{m} m_i(\delta,\ t) u_i^l)^T$
再服役阶段	$W'_{uc}(t) = E'_u(t) \cdot (m_{e1} \quad m_{e2} \quad \cdots \quad m_{ek} \quad m_{el})^T +$ $(\sum\limits_{i=1}^{w} m_{ci} b_i^1 \quad \sum\limits_{i=1}^{w} m_{ci} b_i^2 \quad \cdots \quad \sum\limits_{i=1}^{w} m_{ci} b_i^k \quad \sum\limits_{i=1}^{w} m_{ci} b_i^l)^T$

表 8-3　产品全生命周期成本分析

产品全生命周期	成　本
制造阶段	$C_m = E_m b + \sum\limits_{i=1}^{u} m_i a_i$
服役阶段	$C_u(t) = E_u(t) b + \sum\limits_{i=1}^{w} m_i c_i$

（续）

产品全生命周期	成　本
再制造阶段	$C_R(t) = E_{eR}b + \sum_{i=1}^{m} m_i(\delta, t)d_i$
再服役阶段	$C'_u(t) = E'_u(t)b + \sum_{i=1}^{w} m_i c_i$

8.1.3　基于零部件磨损的发动机生命周期性能参数量化分析

1. 制造阶段

（1）能耗　通过调研和资料分析，得到单位质量不同材料的生产生命周期能耗，单位质量毛坯制造能耗，以及零件的制造过程切削能耗，分别见表 8-4、表 8-5 和表 8-6。

表 8-4　单位质量不同原材料的生产生命周期能耗　（单位：kg）

消耗物质	钢材	铸铁	铝材	合金
煤	7.99	9.02	101.63	8.78
原油	0.63	0.58	6.24	0.79
天然气	0.29	0.03	3.92	1.80

表 8-5　单位质量毛坯制造能耗　（单位：kJ/kg）

毛坯制造方式	铸造	锻造
能耗	400	71.38

表 8-6　零件的制造过程切削能耗　（单位：kJ/cm³）

材料	切削比能		
	粗加工	精加工	磨削
钢	2200		
铸铁	1600	4.68×10^6	6.92×10^4
铝	700		
合金	2800		

由表 8-4、表 8-5、表 8-6 中数据计算可得，缸体缸盖、缸套、活塞、曲轴、连杆的制造能耗分别为 4034.13kW·h、26.24kW·h、48.96kW·h、822.97kW·h、168.59kW·h。

（2）环境排放　发动机在制造过程中会消耗煤、原油、天然气等初级能源，从而产生 CO、CO_2、SO_2、NO_x、CH_4 等污染气体。本案例主要考虑 CO、CO_2、SO_2、NO_x、CH_4 这五种主要污染气体。

曲轴制造过程的环境排放为

$$\boldsymbol{W}_{m1} = (\ \text{CO} \quad \text{CO}_2 \quad \text{SO}_2 \quad \text{NO}_x \quad \text{CH}_4\ )^T$$
$$= (\ 0.055 \quad 232.780 \quad 0.575 \quad 0.301 \quad 0.492\ )^T\ \text{kg}$$

连杆制造过程的环境排放为

$$\boldsymbol{W}_{m2} = (\ \text{CO} \quad \text{CO}_2 \quad \text{SO}_2 \quad \text{NO}_x \quad \text{CH}_4\ )^T$$
$$= (\ 0.011 \quad 47.686 \quad 0.118 \quad 0.062 \quad 0.101\ )^T\ \text{kg}$$

缸体缸盖制造过程的环境排放为

$$\boldsymbol{W}_{m3} = (\ \text{CO} \quad \text{CO}_2 \quad \text{SO}_2 \quad \text{NO}_x \quad \text{CH}_4\ )^T$$
$$= (\ 0.300 \quad 1353.172 \quad 3.649 \quad 2.472 \quad 3.513\ )^T\ \text{kg}$$

活塞、缸套制造过程的环境排放为

$$\boldsymbol{W}_{m4} = (\ \text{CO} \quad \text{CO}_2 \quad \text{SO}_2 \quad \text{NO}_x \quad \text{CH}_4\ )^T$$
$$= (\ 0.103 \quad 28.110 \quad 0.085 \quad 0.072 \quad 0.080\ )^T\ \text{kg}$$

（3）成本　制造过程的成本包括电能使用成本和原材料采购成本。按照 1 度（1 度 = 1kW·h）电 0.7 元、1t 钢材 2500 元的价格，则缸体缸盖、活塞、缸套、曲轴、连杆的制造成本分别为 1324.3 元、47.9 元、8.6 元、257.5 元、52.8 元。

▶ 2. 服役阶段

（1）能耗　在服役阶段，曲轴随着服役时间增加，主轴颈和连杆轴颈的磨损量会逐渐加大，原机构就会演变成含间隙的曲柄滑块机构，曲轴与连杆在运行过程中发生碰撞，机构运行精度下降，机构的输出转矩就会减小，导致发动机的性能下降。为了保证足够的转矩输出，发动机就需要额外的能耗。将发动机功率和转速换算成服役期限内的当量转数，并以当量转数作为服役周期内曲轴的转数。

根据相关文献资料，每行驶 10000km 该发动机曲轴连杆轴颈磨损为 14.5μm，连杆轴瓦磨损为 1.2μm，曲轴与连杆之间的磨损间隙为 15.7μm，气缸磨损为 50μm。设行驶里程为 s，可计算得到该发动机在服役阶段因曲轴连杆轴颈磨损造成的额外能耗（单位为 kW·h）为

$$E_{u1}(s) = 4.38 \times 10^{-3} s^2 + 4.38 \times 10^{-3} s \tag{8-4}$$

该发动机在服役阶段因连杆轴瓦磨损造成的额外能耗（单位为 kW·h）为

$$E_{u2}(s) = 0.36 \times 10^{-3} s^2 + 0.36 \times 10^{-3} s \tag{8-5}$$

同时，在服役阶段，气缸的内壁也会发生磨损，活塞与气缸组成的空间密封性变差，使燃烧过程漏气，造成气缸内的压力、燃烧性能下降，影响整个发动机的性能。

在额定转速 2200r/min 时，该发动机在服役阶段因气缸磨损造成的额外能

耗（单位为 kW·h）为

$$E_{u3}(s) = 0.138s^2 + 0.138s \tag{8-6}$$

（2）环境排放　该发动机的工作介质是柴油和空气，在实际工作过程中，柴油燃烧排放的气体主要有 CO、CO_2、SO_2、NO_x、CH_4 等污染气体。

发动机服役阶段的环境排放为

$$\boldsymbol{W}_u = \frac{Q_u}{H_u}\begin{pmatrix} CO & CO_2 & SO_2 & NO_x & CH_4 \end{pmatrix}^T \tag{8-7}$$

式中，H_u 是柴油低热值。

发动机在服役阶段因曲轴连杆轴颈磨损造成的环境排放为

$$\boldsymbol{W}_{u1} = \begin{pmatrix} CO & CO_2 & SO_2 & NO_x & CH_4 \end{pmatrix}^T = \begin{pmatrix} 4.07 \times 10^{-5}s^2 + 4.07 \times 10^{-5}s \\ 1.18 \times 10^{-3}s^2 + 1.18 \times 10^{-3}s \\ 3.70 \times 10^{-8}s^2 + 3.70 \times 10^{-8}s \\ 3.46 \times 10^{-6}s^2 + 3.46 \times 10^{-6}s \\ 2.19 \times 10^{-8}s^2 + 2.19 \times 10^{-8}s \end{pmatrix} \tag{8-8}$$

发动机在服役阶段因连杆轴瓦磨损造成的环境排放为

$$\boldsymbol{W}_{u2} = \begin{pmatrix} CO & CO_2 & SO_2 & NO_x & CH_4 \end{pmatrix}^T = \begin{pmatrix} 3.35 \times 10^{-6}s^2 + 3.35 \times 10^{-6}s \\ 9.70 \times 10^{-5}s^2 + 9.70 \times 10^{-5}s \\ 3.04 \times 10^{-9}s^2 + 3.04 \times 10^{-9}s \\ 2.84 \times 10^{-7}s^2 + 2.84 \times 10^{-7}s \\ 1.80 \times 10^{-9}s^2 + 1.80 \times 10^{-9}s \end{pmatrix} \tag{8-9}$$

发动机在服役阶段因气缸磨损造成的环境排放为

$$\boldsymbol{W}_{u3} = \begin{pmatrix} CO & CO_2 & SO_2 & NO_x & CH_4 \end{pmatrix}^T = \begin{pmatrix} 1.28 \times 10^{-3}s^2 + 1.28 \times 10^{-3}s \\ 3.72 \times 10^{-2}s^2 + 3.72 \times 10^{-2}s \\ 1.17 \times 10^{-6}s^2 + 1.17 \times 10^{-6}s \\ 1.09 \times 10^{-4}s^2 + 1.09 \times 10^{-4}s \\ 6.90 \times 10^{-7}s^2 + 6.90 \times 10^{-7}s \end{pmatrix} \tag{8-10}$$

（3）成本　曲轴、连杆、气缸的磨损引起发动机性能下降。为了保证发动机的输出转矩，必须消耗额外的柴油，即为服役阶段因曲轴、连杆、气缸的磨损造成的成本。按照 1t 柴油 5025 元的价格，发动机在服役阶段因曲轴连杆轴颈磨损造成的额外成本（单位为元）为

$$C_{u1}(s) = 1.86 \times 10^{-3}s^2 + 1.86 \times 10^{-3}s \tag{8-11}$$

发动机在服役阶段因连杆轴瓦磨损造成的额外成本（单位为元）为

$$C_{u2}(s) = 1.53 \times 10^{-4}s^2 + 1.53 \times 10^{-4}s \tag{8-12}$$

发动机在服役阶段因气缸磨损造成的额外成本（单位为元）为

$$C_{u3}(s) = 5.85 \times 10^{-2}s^2 + 5.85 \times 10^{-2}s \tag{8-13}$$

▷ 3. 再制造阶段

（1）能耗 基于企业调研数据，在通常情况下，气缸活塞再制造主要采取换件法再制造工艺，而曲轴失效后采取表面修复再制造工艺，即对连杆轴颈进行激光喷涂，喷涂材料为镍镉合金。连杆再制造工艺为对小头孔换衬套、珩磨、镗削、铣削等，对大头孔进行纳米电刷镀，电镀材料为镍。

曲轴的再制造过程包括清洗、检测、再制造、后续加工、检测等工艺。经计算得出曲轴修复能耗（kW·h）与行驶里程（千公里）的关系为

$$E_{R1}(s) = 7.04 \times 10^{-3}s + 12.38 \tag{8-14}$$

连杆的再制造过程主要包括清洗、检测、零部件再制造、加工后检测等工艺。经计算得出连杆修复能耗（kW·h）与行驶里程（千公里）的关系为

$$E_{R2}(s) = 6.84 \times 10^{-3}s + 8.53 \tag{8-15}$$

缸套和活塞更换新品，其能耗分别为 26.24kW·h、48.96kW·h。

（2）环境排放 曲轴再制造过程的环境排放为

$$W_{R1} = (CO \quad CO_2 \quad SO_2 \quad NO_x \quad CH_4)^T = \begin{pmatrix} 5.95 \times 10^{-5}s + 2.54 \times 10^{-3} \\ 0.022s + 11.25 \\ 2.25 \times 10^{-3}s + 0.039 \\ 1.36 \times 10^{-4}s + 0.032 \\ 3.39 \times 10^{-5}s + 0.033 \end{pmatrix} \text{kg} \tag{8-16}$$

连杆再制造过程的环境排放为

$$W_{R1} = (CO \quad CO_2 \quad SO_2 \quad NO_x \quad CH_4)^T = \begin{pmatrix} 2.14 \times 10^{-6}s + 1.75 \times 10^{-3} \\ 2.74 \times 10^{-3}s + 7.75 \\ 9.60 \times 10^{-5}s + 0.027 \\ 1.20 \times 10^{-5}s + 0.022 \\ 8.00 \times 10^{-6}s + 0.023 \end{pmatrix} \text{kg} \tag{8-17}$$

（3）成本 再制造阶段的成本主要包括电能使用成本、镍镉合金和镍采购成本以及活塞、缸套制造成本。按照 1t 镍 80000 元、1kg 镍镉合金 130 元的价格，则曲轴的再制造成本（单位为元）为

$$C_{R1} = 0.65s + 8.67 \tag{8-18}$$

连杆的再制造成本（单位为元）为

$$C_{R2} = 0.77 \times 10^{-2}s + 5.97 \tag{8-19}$$

活塞、缸套更换成本为 56.5 元。

以某型号六缸发动机为例,选取曲轴、连杆、气缸为关键零部件,分别分析曲轴、连杆、气缸磨损对发动机整机性能的影响,并量化分析发动机在服役阶段与再服役阶段的能耗、环境排放、成本的变化规律。同时基于企业调研与文献数据,量化分析发动机在制造阶段、再制造阶段的能耗、环境排放、成本的变化规律。

8.1.4 基于关键零部件失效的发动机性能演化分析

1. 发动机曲轴轴颈磨损

基于企业调研数据及发动机主动监测平台数据,曲轴磨损部位主要在主轴颈和连杆轴颈,其中曲轴连杆轴颈磨损对机构运动精度及其服役状态影响最大。当曲轴连杆轴颈发生磨损时,可将相关结构部件简化成含间隙的曲柄滑块机构,如图 8-1 所示。

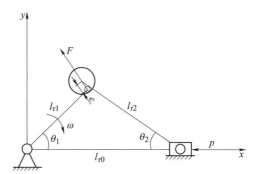

图 8-1 含间隙的曲柄滑块机构

结合机构动力学、气体状态方程等基础理论,构建了含间隙的曲柄滑块机构分析方程。

该机构的输出转矩为

$$M = \frac{p\pi D_g^2 l_{r1}}{4\cos\theta_2}\sin(\theta_1 + \theta_2) \quad (8\text{-}20)$$

该机构的几何关系为

$$\left[l_{r1} + \frac{e}{\tan(\theta_1 + \theta_2)}\right]\sin\theta_1 = \left[l_{r2} - \frac{e}{\sin(\theta_1 + \theta_2)}\right]\sin\theta_2 \quad (8\text{-}21)$$

该机构的气体状态方程为

$$p_0 l_{r0} = p\left\{l_{r0} + \left[l_{r1} + \frac{e}{\tan(\theta_1 + \theta_2)}\right](1 - \cos\theta_1) + \left[l_{r2} - \frac{e}{\sin(\theta_1 + \theta_2)}\right](1 - \cos\theta_2)\right\}$$

$$(8\text{-}22)$$

式中,l_{r1} 是曲轴柄半径;l_{r2} 是连杆长度;θ_1、θ_2 分别是曲柄和连杆与水平方向的角度;p 是燃烧室的压强;D_g 是缸径;e 是磨损间隙;p_0 是初始压强;l_{r0} 是初始距离。

根据发动机各缸的工作顺序,结合式(8-20)~式(8~22)以及相关文献数据,可通过计算及数值拟合得到发动机功率与曲轴连杆轴颈磨损量的关系曲线,如图 8-2 所示。

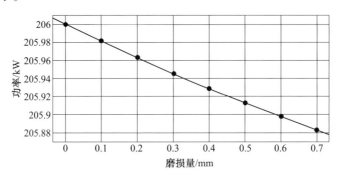

图 8-2　发动机功率与曲轴连杆轴颈磨损量的关系曲线

2. 气缸活塞磨损

通过实际观测及文献调研，气缸发生磨损将直接导致燃烧空间密封不严，从而导致漏气损失能耗增加。基于伯努利方程、气体状态方程及韦伯函数等基础理论，得到漏气间隙对发动机热力学性能的影响关系的方程。

燃烧模型为

$$\frac{\mathrm{d}Q_\mathrm{b}}{\mathrm{d}\varphi} = 6.908\frac{\eta_\mathrm{u}m_\mathrm{b}H_\mathrm{u}}{\Delta\varphi}(m+1)\left(\frac{\varphi-\varphi_\mathrm{VB}}{\Delta\varphi}\right)^m \exp\left[-6.908\left(\frac{\varphi-\varphi_\mathrm{VB}}{\Delta\varphi}\right)^{m+1}\right]$$

(8-23)

活塞漏气量为

$$m_\mathrm{Gapring} = \int_{\varphi_\mathrm{VB}}^{\varphi_\mathrm{VB}+\Delta\varphi} \rho A_\mathrm{b}\sqrt{\frac{2\Delta p}{\rho}}\,\mathrm{d}\varphi$$

(8-24)

式中，φ 是曲柄旋转角度；Q_b 是燃烧释放热量；A_b 是当量漏气面积；η_u 是燃烧效率；H_u 是柴油低热值；m 是燃烧品质；m_b 是已燃燃料质量；φ_VB 是燃烧起始角，单位为 rad；$\Delta\varphi$ 是燃烧持续角，单位为 rad；Δp 是缸内与曲轴箱间的压力差；ρ 是工作介质的密度。

结合式（8-23）和式（8-24）以及相关文献数据，可以通过计算得到发动机功率与气缸活塞磨损量的关系曲线，如图 8-3 所示。

8.1.5　多因素下关键零部件主动再制造时域

结合上述理论分析及试验与文献调研数据，通过分析产品在制造、服役、再制造、再服役过程中服役性能的变化规律，建立基于关键零部件（曲轴部件、连杆部件、活塞部件）失效状态的发动机全生命周期服役性能演化模型，并从关键零部件（曲轴部件、连杆部件、活塞部件）角度建立各自的多因素下再制造时域分析与决策模型。

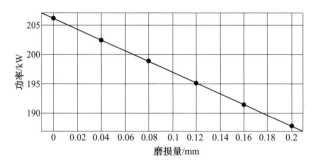

图 8-3　发动机功率与气缸活塞磨损量的关系曲线

▶ 1. 曲轴部件

全生命周期下曲轴部件时均能耗函数、时均环境排放函数、时均成本函数分别为

$$F_1(s) = \frac{822.97 + 2(4.38 \times 10^{-3}s^2 + 4.38 \times 10^{-3}s) + 7.04 \times 10^{-3}s + 12.38}{s}$$

$$F_2(s) = \frac{601.73 + 2(2.277 \times 10^{-3}s^2 + 2.277 \times 10^{-3}s) + 0.760s + 33.45}{s}$$

$$F_3(s) = \frac{257.5 + 2(1.86 \times 10^{-3}s^2 + 1.86 \times 10^{-3}s) + 0.65s + 8.67}{s}$$

这三个函数最小值所对应的里程分别为 $s_{min1} = 308.80$ 千公里，$s_{min2} = 373.47$ 千公里，$s_{min3} = 267.49$ 千公里，可得曲轴部件全生命周期下时均服役性能演化曲线，如图 8-4 所示。

以时均能耗、时均环境排放、时均成本指标波动范围为表征，构建能耗、环境排放、成本因素下曲轴再制造时域分析模型。当搜索到 $\varepsilon = 1.1\%$ 时，可以得到主动再制造时间区域 [317.04，317.44]，此时性能指标波动幅度为 1.1%，在可接受的范围内。因此，曲轴部件的最佳再制造时间区域为 [317.04，317.44]，取 317.24，即曲轴部件的最佳再制造时间点为行驶 31.72 千公里时。

▶ 2. 连杆部件

全生命周期下连杆部件时均能耗函数、时均环境排放函数、时均成本函数分别为

$$F_1(s) = \frac{168.59 + 2(0.36 \times 10^{-3}s^2 + 0.36 \times 10^{-3}s) + 6.84 \times 10^{-3}s + 8.53}{s}$$

$$F_2(s) = \frac{104.79 + 2(1.870 \times 10^{-4}s^2 + 1.870 \times 10^{-4}s) + 3.64 \times 10^{-2}s + 23.05}{s}$$

$$F_3(s) = \frac{52.8 + 2(1.53 \times 10^{-4}s^2 + 1.53 \times 10^{-4}s) + 7.7 \times 10^{-3}s + 5.97}{s}$$

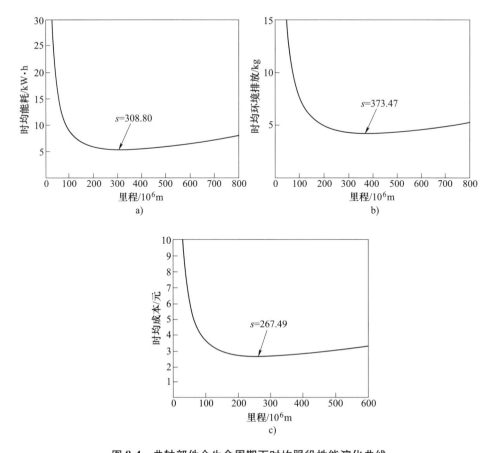

图 8-4 曲轴部件全生命周期下时均服役性能演化曲线
a）时均能耗变化曲线　b）时均环境排放变化曲线　c）时均成本变化曲线

这三个函数最小值所对应的里程分别为 s_{min1} = 495.98 千公里，s_{min2} = 584.65 千公里，s_{min3} = 438.25 千公里，可得连杆部件全生命周期下时均服役性能演化曲线，如图 8-5 所示。

以时均能耗、时均环境排放、时均成本指标波动范围为表征，构建能耗、环境排放、成本因素下连杆再制造时域分析模型。当搜索到 ε = 1.0% 时，可以得到主动再制造时间区域 [504.70，505.79]，此时性能指标波动幅度为 1.0%，在可接受的范围内。因此，连杆部件的最佳再制造时间区域为 [504.70，505.79]，取 505.50，即连杆部件最佳再制造时间点为行驶 50.55 千公里时。

▶▶**3. 活塞部件**

全生命周期下活塞部件时均能耗函数、时均环境排放函数、时均成本函数分别为

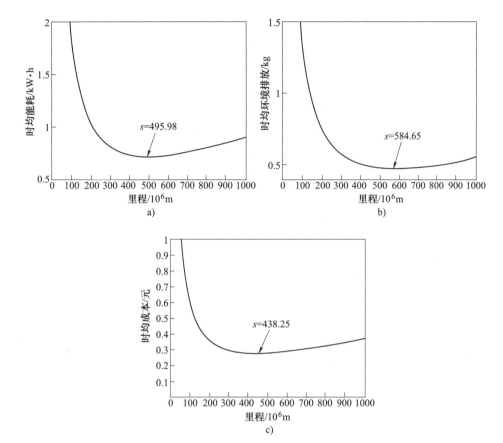

图 8-5 连杆部件全生命周期下时均服役性能演化曲线

a) 时均能耗变化曲线　b) 时均环境排放变化曲线　c) 时均成本变化曲线

$$F_1(s) = \frac{4109.33 + 2(0.138s^2 + 0.138s) + 26.24 + 48.96}{s}$$

$$F_2(s) = \frac{3365.3 + 2(0.07175s^2 + 0.07175s) + 75.63}{s}$$

$$F_3(s) = \frac{1324.3 + 2(0.0585s^2 + 0.0585s) + 56.5}{s}$$

这三个函数最小值所对应的里程分别为 s_{min1} = 123.14 千公里，s_{min2} = 154.86 千公里，s_{min3} = 108.64 千公里，可得活塞部件全生命周期下时均服役性能演化曲线，如图 8-6 所示。

以时均能耗、时均环境排放、时均成本指标波动范围为表征，构建能耗、环境排放、成本因素下活塞再制造时域分析模型。当搜索到 ε = 1.5% 时，可以得到主动再制造时间区域 [130.18，130.84]，此时性能指标波动幅度为 1.5%，

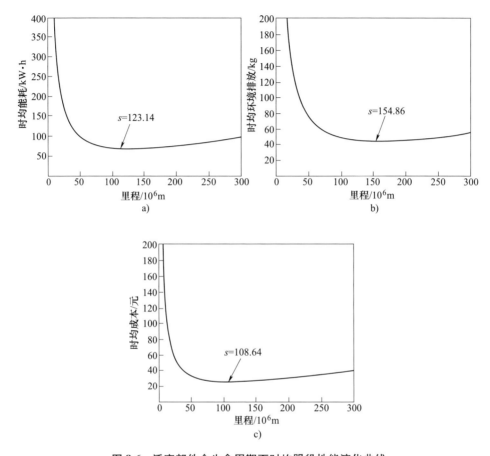

图 8-6 活塞部件全生命周期下时均服役性能演化曲线

a）时均能耗变化曲线 b）时均环境排放变化曲线 c）时均成本变化曲线

在可接受的范围内。因此，活塞部件的最佳再制造时间区域为 [130.18，130.84]，取 130.50，即活塞部件最佳再制造时间点为行驶 13.05 千公里时。

▶8.1.6 基于时域匹配的发动机主动再制造时域

基于关键零部件（曲轴部件、连杆部件、活塞部件）各自的最佳再制造时间点，从将发动机产品作为一个整体再制造对象的角度出发，应对零部件各自再制造时域进行时域匹配，进而获取发动机产品主动再制造时域。基于匹配基准选择方法，由于活塞部件的失效对整机性能的影响最大，选取活塞部件的再制造时间点为匹配基准时间点，即行驶里程 $s_1 = 13.05$ 千公里时，曲轴和连杆再制造时间点分别为

$$s_2 = k_1 s_1 \quad (k_1 \in \mathbf{Z}) \tag{8-25}$$

$$s_3 = k_2 s_1 \quad (k_2 \in \mathbf{Z}) \tag{8-26}$$

匹配目标函数为

$$\min y = \{ F_1(\boldsymbol{s}), \; F_2(\boldsymbol{s}), \; F_3(\boldsymbol{s}) \} = \left\{ \sum_{i=1}^{n} F_1(s_i), \; \sum_{i=1}^{n} F_2(s_i), \; \sum_{i=1}^{n} F_3(s_i) \right\}$$

$$\tag{8-27}$$

$$s_i = k_i s_1 (i \in \mathbf{N}^+, \; k_i \in \mathbf{Z}) \tag{8-28}$$

分别计算 $\min F_1(\boldsymbol{s})$、$\min F_2(\boldsymbol{s})$ 和 $\min F_3(\boldsymbol{s})$ 时的匹配比例矩阵，计算结果为 $\{1, 2, 4\}$，即 $\{13.05, 26.10, 52.20\}$ 为最优匹配方案。所以可以得到：曲轴部件的主动再制造时间点为 $s_2 = 26.10$ 千公里时；连杆部件的主动再制造时间点为 $s_3 = 52.20$ 千公里时；活塞部件的再制造时间点为 $s_1 = 13.05$ 千公里时。

综合以上主动再制造时域分析结果，可以进一步得到其主动再制造下发动机性能变化曲线及主动再制造时域，如图 8-7 所示。

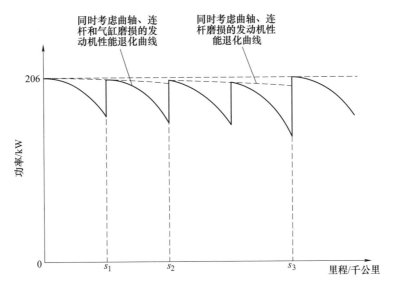

图 8-7　主动再制造下发动机性能变化曲线及主动再制造时域

由图可见，由于工作环境不同而导致活塞部件是作为易损件，而发动机核心部件曲轴部件和连杆部件是作为耐用件，活塞部件主动再制造时域应提前于曲轴部件和连杆部件主动再制造时域，同时活塞部件主动再制造次数应是曲轴主动再制造次数的 2 倍，是连杆主动再制造次数的 4 倍。

255

8.2 发动机曲轴主动再制造设计

曲轴是发动机中的关键零部件，在气缸压力与惯性力的作用下不断做往复运动。通过对失效的曲轴调查发现，曲轴常见的失效形式有疲劳断裂、轴颈磨损、弯曲变形等。它的服役状态直接影响整个柴油机的耐久性和输出性能。

针对产品中存在的"短板效应"，基于寿命匹配的概念，提出主动再制造零部件寿命匹配的方法。对产品中的多个零部件进行分类，选取寿命较长的关键件作为研究的对象，以关键件的主动再制造时机为匹配寿命；利用层次分析法与质量功能展开，对多个关键件之间的关系进行分析，选取对产品技术指标重要度较高的关键件为匹配基准，根据与匹配基准主动再制造时机的差异大小选取等值或者倍数匹配，实现不同关键件的主动再制造时机之间的匹配。

8.2.1 发动机曲轴主动再制造特征参数分析

1. 曲轴主动再制造特征分析

曲轴的可再制造失效形式　对曲轴的失效形式进行分析，判断其可再制造性。

1）经检查，再制造曲轴毛坯如果是疲劳断裂或存在潜在裂纹，这类损伤在当前的技术条件下是修复不了的，所以此类曲轴只能进行回炉熔炼处理。

2）曲轴轴颈在发动机工作过程中所受的力是不断变化的，长期服役的曲轴轴颈会出现不均匀磨损；另外，如果润滑系统出现故障或润滑油中有杂质，曲轴轴颈也会被磨损。针对这类故障，根据曲轴结构特点（即曲轴损伤程度）选择热喷涂、等离子喷焊、激光熔覆、纳米修复等合适的修复技术对其进行再制造加工处理，使曲轴性能恢复甚至超过新品。

3）发动机曲轴长期在恶劣的工作环境中运行，同时承受着复杂的交变载荷，工作长时间后会发生一定的塑性变形。这类曲轴的变形在一定范围内，可以采用相关技术进行校正处理，若超出修正范围就要回炉熔炼处理。

曲轴在发动机中发挥着重要作用，发动机工作时，燃油爆燃压力作用在活塞端部，该力由连杆传给曲轴，这样曲轴轴颈就一直受到循环变化的冲击力作用。当曲轴轴颈磨损时，曲轴连杆轴颈和主轴颈与连杆和轴承运动副间会存在间隙，当发动机高速运转时，它们会一直进行高频率的碰撞接触。在磨损间隙较小时，产生的碰撞力比较小，对整个系统的影响比较小；而当磨损间隙逐渐增大时，碰撞力逐渐增大，对整个系统的影响加大，会加速该零部件的报废，同时也缩短了产品寿命。

2. 曲轴磨损失效规律分析

通常在正常使用过程中，机电产品的关键零部件将近有 80% 因磨损失效而失去使用性能。零部件再制造前后磨损变化曲线如图 8-8 所示。零部件的磨损过程一般存在三个阶段：磨合阶段（AB）、稳定磨损阶段（BD）、急剧磨损阶段（DE）。由于在稳定磨损阶段零部件的表面质量比较稳定，因此可再制造的毛坯一般处在这个阶段，此时可通过先进的表面修复技术，使磨损表面恢复到新品状态且使表面的耐磨性得到增强。通过对受损的零部件进行再制造，延长其使用寿命。

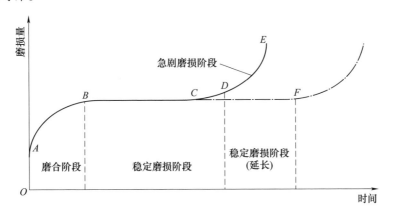

图 8-8 零部件再制造前后磨损变化曲线

曲轴安装在柴油机机体壳内，柴油机工作时，连杆轴颈和主轴颈表面要承受很大的压力和滑动摩擦力，在机箱高温环境中，曲轴润滑结构是倾斜单线油道，润滑油的流向是主油道—主轴承—曲柄油道—连杆轴颈。同时柴油机的机油滤清器不能过滤直径小于 0.05mm 的杂质，其随润滑油流向各处，曲轴将会被加速磨损。在这样的环境下，曲轴表面的磨损通常是不均匀的，常见的磨损结果是连杆轴颈轴向磨成斜圆柱状，连杆轴颈和主轴颈径向磨成椭圆形。

8.2.2 发动机曲轴的寿命匹配设计

产品设计信息的数学模型 $PDF = DF^i \cup I_L^{ij}$，其中零件设计特征信息集 $DF^i = \{$曲轴的设计信息集，轴套的设计信息集$\}$；零件间的配合信息 $I_L^{ij} = \{$曲轴与连杆的配合尺寸，寿命的匹配值$\}$。

零件的设计特征 $DF^i = F_i^j \cup I_d^i$，根据经验，曲轴的形状特征 $F_i^j = \{$轴颈直径，圆角半径$\}$。

对于设计约束信息，根据设计经验，圆角半径 r_{cc} 与连杆轴颈直径 d_2 的关系为

$$r_{cc} = (0.05 \sim 0.08)d_2 \tag{8-29}$$

主轴颈直径 d_1 与连杆轴颈 d_2 的关系为

$$d_1 = (1.05 \sim 1.25)d_2 \tag{8-30}$$

即

$$I_d^i = \{r_{cc} = (0.05 \sim 0.08)d_2, \ d_1 = (1.05 \sim 1.25)d_2\} \tag{8-31}$$

曲轴的服役特性 $DF \propto L_{曲轴}$，对于曲轴，其主要失效形式为疲劳断裂和磨损损伤，而目前磨损可进行再制造修复，为简化计算，仅考虑疲劳断裂。曲轴的断裂位置主要集中在圆角处，为简化对曲轴疲劳寿命的分析计算，此处仅考虑圆角半径大小及主轴颈直径的变化对于疲劳的影响。

根据设计信息及试验结果，建立设计信息与服役性能的模型。获得曲轴的疲劳寿命随主轴颈直径及圆角半径变化的数据。

将数据导入 Matlab 软件中进行数据拟合，应用最小二乘法得到如图 8-9 所示的曲轴疲劳寿命仿真结果 Matlab 拟合曲线。曲线的拟合重合度为 0.8545，在误差允许范围内。

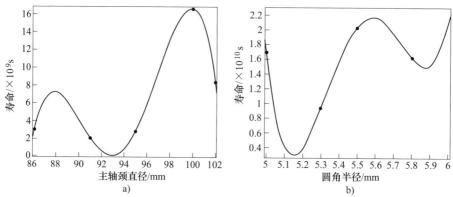

图 8-9　曲轴疲劳寿命仿真结果 Matlab 拟合曲线

a）曲轴疲劳寿命随主轴颈直径变化　b）曲轴疲劳寿命随圆角半径变化

曲轴疲劳寿命随主轴颈直径变化的关系为

$$L_X = -8.557 \times 10^6 d_1^4 + 3.202 \times 10^9 d_1^3 - 4.487 \times 10^{11} d_1^2 +$$
$$2.791 \times 10^{13} d_1 - 6.501 \times 10^{14} \tag{8-32}$$

进行再制造设计时，就可根据式（8-32）得到所需寿命下的主轴颈直径大小。

曲轴疲劳寿命随圆角半径变化的关系为

$$L_X = 7.131 \times 10^{11} r_{cc}^4 - 1.579 \times 10^{13} r_{cc}^3 + 1.309 \times 10^{14} r_{cc}^2 -$$
$$4.819 \times 10^{14} r_{cc} + 6.639 \times 10^{14} \tag{8-33}$$

在产品设计中，主轴颈直径与圆角半径大小常常是同时变化的，作出疲劳寿命随主轴颈直径及圆角半径大小变化的曲面图，如图8-10所示，x轴、y轴、z轴分别表示圆角半径、主轴颈直径、疲劳寿命。用设计参数去截取各曲面，可以得到等高线图。将等高线重叠即可得到在当前设计参数下的疲劳寿命，结果较为精确。

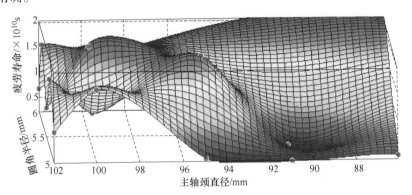

图 8-10　疲劳寿命随主轴颈直径及圆角半径大小变化曲面图

由试验结果可知，因发动机曲轴的主轴颈直径变化使得曲轴的寿命变化区间为（$2.07 \times 10^9 \sim 1.68 \times 10^{10}$）次，圆角半径变化使得曲轴的寿命变化区间为（$8.93 \times 10^9 \sim 2.16 \times 10^{10}$）次，根据寿命匹配结果，曲轴疲劳寿命为 2.16×10^{10} 次循环，由式（8-33）计算可得 $r_{cc} = 6\text{mm}$。

在曲轴连杆进行寿命匹配时，能够满足设计要求的曲轴主轴颈直径 $d_1 = 100\text{mm}$ 与圆角半径 $r_{cc} = 6\text{mm}$，完成基于寿命匹配的设计参数优化。

针对发动机关键零部件曲轴与连杆，通过分析得到曲轴与连杆的寿命匹配应该以曲轴为基准，连杆的主动再制造时机与其进行二倍匹配，验证了主动再制造寿命匹配方法的可行性。同时基于寿命匹配方法，要求不同关键件的主动再制造时机呈相等或倍数关系。在服役环境等外界条件不变的情况下，零部件的主动再制造时机是固定的，但其设计信息会直接影响后续的各个环节，如关键件的强度、刚度、寿命等服役性能的变化。因此，如何通过改变已有关键件设计参数的方式，使需要匹配的关键件在匹配好的预定时机进行再制造是进行寿命匹配的根本问题。

8.3　离心压缩机叶轮主动再制造设计

离心压缩机是一种高速旋转的能量转换机械，其工作原理是：叶轮带动叶片高速旋转并与气体相互作用，使得气体的压力和动力都得到提高，气体再通过扩压器得到减速扩压，动能和压力能之间能得以进一步转化。一般有由轮盖、轮盘和叶片组成的闭式叶轮，此外还有没有轮盖的半开式叶轮。

目前传统的叶轮结构优化设计往往以性能为目标，对于叶轮的性能主要进行疲劳寿命和剩余强度的预测计算，并未将这些仿真分析和预测模型运用在叶轮的结构优化设计当中。虽然考虑到结构改变之后叶轮的寿命变化，但是却不会对叶轮寿命进行定量控制。设计出来的叶轮在服役周期结束时的再制造性并不确定，不利于离心压缩机再制造的批量化。因此需要对离心压缩机叶轮进行再制造结构优化设计。

通过分析叶轮设计过程中设计参数的确定步骤，从中提取叶轮的特征参数，结合疲劳寿命基本估计方程以及叶片受力分析情况，分析叶轮特征结构与其服役寿命之间的关系，初步构建叶轮服役映射模型，从而提出基于服役映射模型的主动再制造设计方法。通过研究零部件的设计参数与服役寿命的映射关系，反馈调控零部件的服役状态，实现零部件状态与产品状态的最优配合，提出面向主动再制造时域的叶轮结构设计优化方案。

8.3.1 离心压缩机叶轮结构设计分析

目前，离心压缩机的叶轮分为两部分，前一部分是导风轮，后一部分是工作轮。而大型压缩机为了便于制造，往往把这两部分分开制造，且其机械结构有闭式、半开式和双面进气式三种形式。若以叶片结构划分，可分为前弯叶片、径向叶片、后弯叶片三种类型，见表8-7。

表8-7　叶片结构分类

叶片类型	叶片弯曲形式	叶片出口角
前弯叶片	叶片弯曲方向与叶轮旋转方向相同	>90°
径向叶片	叶片出口方向与叶轮半径方向一致	=90°
后弯叶片	叶片弯曲方向与叶轮旋转方向相反	<90°

本案例的研究对象是工作叶轮，形式为闭式后弯叶片叶轮，其结构设计步骤如下。

1. 机器结构

通过选取转速和圆周速度确定机器结构型式。已知提高圆周速度 u_2 和转速 N_{n1} 可以减小机器的尺寸，但 u_2 和 N_{n1} 的提高不仅受到零部件强度和气流临界马赫数的限制，还影响到机器的效率、噪声和空化性能。所以正确选取 u_2 和 N_{n1} 值以确定机器的结构型式是结构设计的首要问题。对于压缩机，u_2 主要受叶轮材料的强度和气流临界马赫数的限制。就强度允许而言，在采用优质合金钢材料的条件下，对于采用鼓型转子的固定式轴流压缩机，$u_2 = 200 \sim 300\text{m/s}$，运输式

压缩机的 u_2 可适当高一些；对于采用盘型转子的轴流压缩机，$u_2 = 350 \sim 400 \text{m/s}$；对于铆接的离心式后向叶轮，允许 $u_2 = 290 \sim 300 \text{m/s}$；对于焊接的后向叶轮，$u_2$ 可达到 320m/s；对于半开式径向叶轮，由于是直叶片，叶轮的强度较高，允许 $u_2 = 450 \sim 540 \text{m/s}$。

初步完成转子的设计后，需要计算一阶临界转速 n_{cr1} 与二阶临界转速 n_{cr2}，并检查 N_{n1} 是否在以下范围内：若是刚性轴，要求 $N_{n1} < 0.75 n_{cr1}$；若是柔性轴，要求 $1.3 n_{cr1} < N_{n1} < 0.75 n_{cr2}$ 等。如果不满足要求，需另选 N_{n1} 或改变轴的尺寸重新计算。

2. 叶轮级和能量头系数

离心压缩机一般分为多段多级，欲确定段的级数，先要确定能量头的系数，根据欧拉方程和斯托多拉对轴向涡流的分析可得

$$\psi_{pol} = \eta_{pol}\left(1 + \beta_v + \beta_{df}\right)\left(1 - \varphi_{2r}\cot\beta_{b2} - \frac{\pi\sin\beta_b}{Z_b}\right) \tag{8-34}$$

式中，β_v 是漏气损失系数；β_{df} 是轮阻损失系数；ψ_{pol} 是能量头系数；β_{b2} 是叶片出口安放角；Z_b 是叶片数；φ_{2r} 是流量系数的数值。

要确定 ψ_{pol}，必须先选取合适的 β_{b2}、Z_b 和 φ_{2r} 的数值，其中：

1）压缩机一般不采用前弯叶片，而是采用强后向叶轮（$\beta_{b2} = 15° \sim 30°$）、后向叶轮（$\beta_{b2} = 30° \sim 60°$）或径向叶轮（$\beta_{b2} = 90°$）。$\beta_{b2}$ 对级的能量头系数和效率都有很大影响，且大小与允许的最大圆周速度 u_{2max} 有关，设计时应根据用户要求，权衡不同 β_{b2} 值的利弊。为了制造简单，段的各个级可选用相同的出口安放角 β_{b2} 和叶轮出口直径 d_{ee} 的叶轮。为了提高压缩机的效率，可选用 β_{b2} 逐级减小的叶轮，即首级叶轮的 β_{b2} 可大些，甚至为径向叶轮，以后各级叶轮的 β_{b2} 逐级减小。

2）埃克特和里斯推荐用式（8-35）计算压缩机叶轮的叶片数 Z_b

$$Z_b = \frac{2\pi\sin\dfrac{\beta_{b1} + \beta_{b2}}{2}}{\ln\dfrac{d_{ee}}{d_{be}}}\left(\frac{l_b}{l_{gs}}\right)_{opt} \tag{8-35}$$

式中，$\left(\dfrac{l_b}{l_{gs}}\right)_{opt}$ 是最佳叶栅稠度，埃克特建议取 $2.2 \sim 2.8$，里斯建议取 $2.5 \sim 4.0$；l_{gs} 是叶轮平均半径处的栅距；l_b 是叶片的弦长；β_{b1} 是叶片入口安放角；d_{be} 是叶轮入口直径；d_{ee} 是叶轮出口直径。

3）流量系数 φ_{2r} 的选取原则是使气体在叶道中不产生倒流。由于涡流和叶片曲率影响，叶道内速度分布是不均匀的，而这种不均匀程度是随着 β_{b2} 的增大而增大的，因此应随着 β_{b2} 的增大而选取较大的 φ_{2r} 值。

选取 φ_{2r} 时还应考虑使设计的叶轮有较大的反作用度，即有较小的出口速度 v_{or} 值，使扩压器内的损失减小。同时要考虑使叶轮流道中的相对速度比 w_1/w_2 值

不致过大，避免流动损失过大。w_1/w_2 的计算公式为

$$\frac{w_1}{w_2} = \frac{u_1/\cos\beta_{b1}}{v_{2r}/\sin\beta_{b2}} = \frac{d_{be}\sin\beta_{b2}}{d_{ee}\varphi_{2r}\cos\beta_{b1}} \qquad (8\text{-}36)$$

式中，w_1 是入口相对速度；w_2 是出口相对速度。

由式（8-36）可知，为了避免 w_1/w_2 过大，φ_{2r} 不宜过小。

在 β_{b2}、Z_b 和 φ_{2r} 值选定后，估计多变效率 η_{pol} 值和 $\beta_v + \beta_{df}$ 的值，即可由式（8-34）计算出能量头系数 ψ_{pol}。$\beta_v + \beta_{df}$ 值一般为 0.015~0.05，前面的级选小值，后面的级选大值。

⯈ 3. 级数和圆周速度

总能量头计算公式为

$$h_{pol} = \frac{m}{m-1}RT_{h1}\left(\varepsilon_p^{\frac{m-1}{m}} - 1\right) \qquad (8\text{-}37)$$

式中，入口温度 T_{h1} 和压比 ε_p 已给定。$\dfrac{m}{m-1}$ 的计算公式为

$$\frac{m}{m-1} = \frac{\kappa}{\kappa-1}\eta_{pol} \qquad (8\text{-}38)$$

根据 β_{b2} 的大小选取 η_{pol} 值后，即可求出总能量头 h_{pol}。

根据计算出的 ψ_{pol} 和 h_{pol} 值，选取 u_2 值即可计算段的级数

$$i = \frac{h_{pol}}{\psi_{pol}u_2^2} \qquad (8\text{-}39)$$

级数确定后，需进行各个级的能量头分配。分配的原则是前面级的能量头可以略大于后面级的能量头，也可以平均分配。随后，从第一级起逐级进行设计计算。

⯈ 4. 叶片出口相对宽度

叶片出口相对宽度 b_2/d_{ee}（叶轮叶片出口宽度/叶轮出口直径）是既影响叶轮内的流动状态又影响扩压器内流动状态的重要参数。基于相关文献得出随着 b_2/d_{ee} 的减小，级的最高效率明显降低，且效率曲线和能量头曲线向大流量区移动，减小了级的工作范围。对于无叶扩压器的级，b_2/d_{ee} 值在 0.06 左右时的效率 η_{pol} 最高。η_{pol} 随着 b_2/d_{ee} 的减小逐渐下降，b_2/d_{ee} 越小，η_{pol} 下降得越快。当 b_2/d_{ee} 过大时，η_{pol} 也有下降趋势。对于带叶片扩压器的级，b_2/d_{ee} 的最佳值在 0.05 左右，η_{pol} 值同样随 b_2/d_{ee} 的减小而下降。一般来说，b_2/d_{ee} 以大于 0.035，小于 0.06 为宜。

由于后面级的体积流量小于前面的级，为了保持流动状态相似，后面级的 b_2/d_{ee} 通常小于前面的级。为了避免后面级的 b_2/d_{ee} 过小，导致性能下降，前面级的 b_2/d_{ee} 应选取大一些，以后逐级减小。

▶▶ 5. 叶轮转速和直径

叶轮喉部的体积流量为

$$Q_0 = \pi d_{ee} b_2 \tau_2 v_{2r} k_{v2} \tag{8-40}$$

式中，v_{2r} 是径向出口速度；τ_2 是叶道出口截面的排挤系数；k_{v2} 是叶轮喉部的气体比体积与叶道出口气体比体积之比，$k_{v2} = v_0 / v_2$。

以 $d_{ee} = \dfrac{60 u_2}{\pi N_{n1}}$ 代入式（8-40）可得

$$N_{n1} = 33.9 \sqrt{\frac{\tau_2 k_{v2} \dfrac{b_2}{d_{ee}} \phi_{2r} u_2^2}{Q_0}} \tag{8-41}$$

一般根据第一级的参数计算 N_{n1} 值。

k_{v2} 的计算公式为

$$k_{v2} = \frac{v_0}{v_2} = \left(\frac{T_{h2}}{T_{h0}}\right)^{\frac{1}{m-1}} = \left(1 + \frac{\Delta t_2}{T_{h0}}\right)^{\frac{1}{m-1}} \tag{8-42}$$

式中，$\Delta t_2 = T_{h2} - T_{h0}$；$T_{h0}$ 是叶轮入口气体的热力学温度；T_{h2} 是叶轮出口气体的热力学温度。

Δt_2 的计算公式为 $\Delta t_2 = \dfrac{1}{c_p}\left(\dfrac{h_{pol}}{\eta_{pol}} - \dfrac{v_{or}^2}{2}\right)$，其中，$c_p$ 是气体恒压摩尔热容。求出 Δt_2 之后，即可由式（8-42）求出 k_{v2}。

根据已知的 Q_0、u_2 和 φ_{2r} 值和预选的 b_2/d_{ee} 值和 τ_2 值以及计算出的 k_{v2} 值，即可由式（8-41）计算出转速 N_{n1}。

N_{n1} 确定后，确定 d_{ee} 的值，即

$$d_{ee} = \frac{60 u_2}{\pi N_{n1}} \tag{8-43}$$

确定 d_{ee} 的值后可计算出 b_2。应检查计算出的 b_2/d_{ee} 是否与预选值一致，若两者相差较大，应重新选取 b_2/d_{ee} 进行计算。对其他预选的参数 τ_2 和 $\beta_v + \beta_{df}$，也应验算和修正。

▶▶ 6. 叶轮入口几何参数

叶轮直径 d_{im} 仍依照叶道入口相对速度 w_1 为最小的原则来确定，与泵和通风机不同的是需要考虑气体的压缩性。

一般 $v_{er} = v_{1r}$，叶轮入口相对速度为

$$w_1^2 = v_{1r}^2 + u_1^2 \tag{8-44}$$

其中，

$$v_{1r} = \frac{d_{ee} b_2 \tau_2 \rho_2}{d_{be} b_1 \tau_1 \rho_1} v_{2r} = \frac{d_{ee} b_2 \tau_2}{d_{be} b_1 \tau_1} \frac{v_1}{v_2} v_{2r} \tag{8-45}$$

式中，u_1 是叶轮圆周速度；v_{1r} 是径向入口速度；b_1 是叶轮叶片入口宽度；v_1 和 v_2 是叶道进口和出口气体的比体积。

令 $k_{v1} = v_0/v_1$，$k_{v2} = v_0/v_2$。式中的 v_0 是叶轮入口气体的比体积；k_{v1} 和 k_{v2} 是比体积变化的系数。

由叶轮入口与叶道入口的连续性方程可得

$$b_1 \tau_1 = \frac{(d_{ee}^2 - d_{h1}^2) \, v_{sr}}{4 d_{be} v_{er}} \tag{8-46}$$

将 k_{v1}、k_{v2} 和 $b_1\tau_1$ 的表达式代入式（8-45）中，得

$$v_{1r} = \frac{4 d_{ee} b_2 \tau_2 v_{er}}{(d_{se}^2 - d_{h1}^2) v_{sr}} \frac{k_{v2}}{k_{v1}} v_{2r} \tag{8-47}$$

由于 $\dfrac{v_{er}}{v_{or}} = \dfrac{v'_{er}/\tau_1}{v'_{or}/\xi_1} = \dfrac{\xi_1}{\tau_1}$，则有

$$v_{1r} = \frac{4 \tau_2 k_{v2} \xi_1}{\tau_1 k_{v1} \dfrac{d_{se}^2 - d_{h1}^2}{d_{ee}^2}} \left(\frac{b_2}{d_{ee}} \right) v_{2r} \tag{8-48}$$

将式（4-48）代入式（8-44），并除以 u_2^2，得

$$\frac{w_1^2}{u_2^2} = \left[\frac{4\pi k_{v2} \xi_1}{\tau_1 k_{v1} \left(\dfrac{d_{be}^2}{d_{ee}^2} - \dfrac{d_{h1}^2}{d_{ee}^2} \right)} \frac{b_2}{d_{ee}} \frac{v_{2r}}{u_2} \right]^2 + k_{d1}^2 \left(\frac{d_{se}}{d_{ee}} \right)^2 \tag{8-49}$$

式（8-49）右边各参数除 d_{se}/d_{ee} 外都可视为常数。对式（8-49）中 $(d_{se}/d_{ee})^2$ 求导数，并令其等于零，得

$$32 \left(\frac{\tau_2 k_{v2} \xi_1}{\tau_1 k_{v1}} \frac{b_2}{d_{ee}} \frac{v_{2r}}{u_2} \right)^2 \left(\frac{d_{se}^2}{d_{ee}^2} - \frac{d_{h1}^2}{d_{ee}^2} \right)^{-3} = k_{d1}^2 \tag{8-50}$$

变换后得

$$D_{0opt}^2 = d_{h1}^2 + \sqrt[3]{32 \left(\frac{\tau_2 k_{v2} \xi_1}{\tau_1 k_{v1} k_1} \frac{b_2}{d_{ee}} \frac{v_{2r}}{u_2} d_{ee}^3 \right)} \tag{8-51}$$

式中，D_{0opt} 是最佳叶轮入口直径。

将 $u_2 = \pi d_{ee} N_{n1}/60$ 和 $\pi d_{ee} b_2 \tau_2 v_{2r} k_{v2} = Q_0$ 代入式（8-51），整理后得

$$D_{0opt}^2 = d_{h1}^2 + \left(\frac{34.4 \xi_1 Q_0}{k_{v1} k_{d1} \tau_1 N_{n1}} \right)^{2/3} \tag{8-52}$$

式中，d_{h1} 是轮毂直径；Q_0 是叶轮喉部的体积流量；N_{n1} 是转速；ξ_1 是速度比，$\xi_1 = v'_1/v_{sr}$，埃克特建议取 $\xi_1 = 1.05$；k_{d1} 是直径比，$k_{d1} = d_{be}/d_{se}$，$k_{d1} = 1 \sim 1.04$；k_{v1} 是叶轮入口气体比体积与叶道入口比体积之比。

$$k_{v1} = \frac{v_0}{v_1} = \left(\frac{T_{h1}}{T_{h0}} \right)^{\frac{1}{m-1}} = \left(1 + \frac{\Delta t_1}{T_{h0}} \right)^{\frac{1}{m-1}} = 1 + \frac{1}{m-1} \frac{\Delta t_1}{T_{h0}}$$

式中，T_{h0}是叶轮入口气体的热力学温度；T_{h1}是入口温度；Δt_1是温度差，$\Delta t_1 = T_{h1} - T_{h0} = \dfrac{\kappa - 1}{2\kappa R} v_{er}^2$。

叶轮喉部的体积流量 Q_0 和转速 N_{n1} 为已知，选取 ξ_1、k_{d1} 和计算出 k_{v1} 后，预选排挤系数 τ_1 值，即可由式（8-52）求出最佳叶轮入口直径 D_{0opt}。d_{se} 确定后可求出 d_{be}。接着，求出 v_{sr}、v'_{er} 和 v_{er} 值，然后计算出入口气流角

$$\beta_1 = \arctan \frac{v_{er}}{u_1} \tag{8-53}$$

选取冲角 i 后，确定叶片入口安放角

$$\beta_{b1} = \beta_1 + i \tag{8-54}$$

计算叶轮叶片入口宽度为

$$b_1 = \frac{Q_0}{\pi d_{be} \tau_1 v_{er} k_{v1}} \tag{8-55}$$

所有入口尺寸确定后，验算排挤系数 τ_1。如果验算值与预选值相差过大，需重新选取 τ_1 进行计算。

7. 叶片型线

离心泵、通风机和压缩机叶轮的叶片一般按一元流动理论设计。低比转速的离心泵、通风机和压缩机的叶轮采用圆柱形叶片，而中、高比转速的叶轮常采用双曲率叶片。

圆柱形叶片有平板形、弧形和机翼形三种。在其他参数相同的情况下，采用弧形叶片的机器的能量头和效率高于平板形叶片的机器。因此，除少数特殊情况采用平板形叶片外，一般都采用弧形叶片。有些后向叶轮采用机翼形叶片，其机器的能量头和效率明显高于弧形叶片的机器。

弧形叶片的设计原则是使叶轮内的相对速度逐渐减小，并尽可能减小叶道中的空气流动损失。其绘制的方法有圆弧法和逐点绘制法两种。

8.3.2 离心压缩机叶轮结构服役映射模型

零部件再制造的可行性和其设计参数、服役特性、失效形式是相互关联的。根据零部件的失效数据统计、力学结构理论分析以及经验评估可以选取危险结构、不稳定结构和关键结构作为特征结构。根据上述对叶片式流体机械设计过程的分析，认为叶轮的结构参数通常有转速 N_{n1}、叶片出口安放角 β_{b2}、叶片入口安放角 β_{b1}、叶片数 Z_b、叶片出口相对宽度 b_2/d_{ee}、叶片厚度 δ_b、轮毂直径 d_{h1}、叶片宽度 b_x、叶轮直径 d_{im}、叶道宽度 A_w 等。

1. 叶轮特征结构提取与服役状态分析

离心压缩机叶轮在服役过程中，离心力和气动力作用使叶片根部最易产生疲劳断裂，因此叶片的疲劳破坏是叶轮失效的主要形式。对于叶片来说，除自

身的离心力外，还有气动力和轮盖、轮盘的牵引力引起的附加应力，但这些力比叶轮自身的离心力小很多，通常忽略不计。因此，评估叶轮的薄弱结构时，可以从分析叶轮受力情况的角度出发。

圆弧形叶片的受力分析如图 8-11 所示，叶片受自身离心力作用产生弯曲应力。对闭式叶轮的强度计算，目前最简单的办法是把它简化为受自身离心力作用的简支梁或固定梁；对于焊接叶片则可以简化为固定梁。

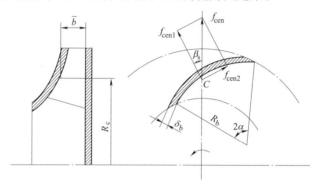

图 8-11　圆弧形叶片受力分析

图中 C 点是叶片的质心，而单个叶片产生的离心力为

$$f_{cen} = \rho_m(2\alpha R_b)\delta_b \bar{b} R_c \omega^2$$

（8-56）

式中，R_b 是叶片圆弧半径；ρ_m 是叶片材料的密度；2α 是叶片圆弧对应的中心角；$\bar{b}$ 是叶片平均宽度；R_c 是叶片质心至叶轮中心的距离；δ_b 是叶片厚度；ω 是叶片角速度。

离心力 f_{cen} 可以分解为法向和切向两个分力：$f_{cen1} = f_{cen}\cos\beta_s$，$f_{cen2} = f_{cen}\sin\beta_s$，$\beta_s$ 为叶片安放角。

根据材料力学的计算方法将受力叶片简化为图 8-12 中的双支承梁，f_{cen1} 和 f_{cen2} 相当于双支承梁中的载荷 $q\bar{b}$，则

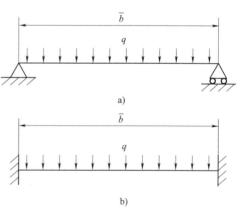

图 8-12　均布载荷的简支梁与固定梁

a）简支梁　b）固定梁

$$M_{1max} = \frac{f_{cen1}\bar{b}}{12} = \frac{\bar{b}f_{cen}}{12}\cos\beta_s$$

（8-57）

$$M_{2max} = \frac{f_{cen2}\bar{b}}{12} = \frac{\bar{b}f_{cen}}{12}\sin\beta_s$$

（8-58）

叶片抗弯截面系数为

$$W_1 = \frac{1}{6}(2\alpha R_b)\delta_b^2 \tag{8-59}$$

$$W_2 = \frac{1}{6}\delta_b(2\alpha R_b)^2 \tag{8-60}$$

沿叶片法线方向和切线方向的弯曲应力分别为

$$\sigma_{w1} = \frac{M_{1max}}{W_1} = \frac{f_{cen}\bar{b}}{2(2\alpha R_b)\delta_b^2}\cos\beta_s \tag{8-61}$$

$$\sigma_{w2} = \frac{M_{2max}}{W_2} = \frac{f_{cen}\bar{b}}{2(2\alpha R_b)^2\delta_b}\sin\beta_s \tag{8-62}$$

叶片的弯曲应力为

$$\sigma_w = \sigma_{w1} + \sigma_{w2} = \frac{f_{cen}\bar{b}\cos\beta_s}{2(2\alpha R_b)\delta_b^2}\left(1 + \frac{\delta_b}{2\alpha R_b}\tan\beta_s\right) \tag{8-63}$$

在 R_b、2α、$\bar{b}$、f_{cen} 已定的情况下，对叶片弯曲应力有影响的参数为叶片安放角 β_s，此处 β_s 指 R_c（叶片质点至叶轮中心的距离）处的安放角。

根据离心式叶轮设计理论，压缩机叶轮通常采用圆柱形叶片。在设计时，先确定叶轮的出口安放角 β_{b2} 和入口安放角 β_{b1}，再绘制型线，从而得到圆弧形叶片每一处的叶片安放角。

综上所述，认为叶轮的出口安放角 β_{b2} 和入口安放角 β_{b1} 属于叶轮的特征结构，因此下面首先以 β_{b2} 和 β_{b1} 为研究对象来建立叶轮服役映射模型。

（1）叶轮特征结构与质点应力关系　式（8-63）即为叶轮特征结构参数 β_{b2} 和 β_{b1} 与叶片质点处应力 σ 的关系，而离心压缩机叶片一般按一元流动理论进行设计。后向叶轮圆弧形叶片的几何关系如图8-13所示。

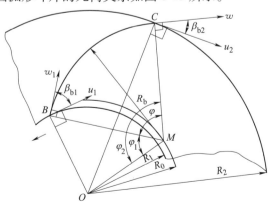

图8-13　后向叶轮圆弧形叶片的几何关系

对于后弯圆弧形叶片采用圆弧法进行设计计算，在三角形 OBM 中，应用余弦定理得叶片圆弧半径为

$$R_b = \frac{R_2^2 - R_1^2}{2(R_2\cos\beta_{b2} - R_1\cos\beta_{b1})} \tag{8-64}$$

由上可以求得质点处的安放角为

$$\beta_s = \arccos\frac{R_c^2 + R_b^2 - \overline{OM}^2}{2R_cR_b} = \arccos\frac{(R_c^2 - R_1^2)R_2\cos\beta_{b2} - (R_c^2 - R_2^2)R_1\cos\beta_{b1}}{R_c(R_2^2 - R_1^2)} \tag{8-65}$$

所以由式（8-63）得叶片质点处弯曲应力为

$$\sigma_{wm} = \frac{f_{cen}\overline{b}\cos\beta_s}{2(2\alpha R_b)}\left(1 + \frac{\delta_b}{2\alpha R_b}\tan\beta_s\right)$$

$$= \frac{1}{2}\rho_m\frac{\overline{b}^2}{\delta_b}R_c\omega^2\cos\beta_s\left[1 + \frac{\delta_b(R_2\cos\beta_{b2} - R_1\cos\beta_{b1})}{\alpha(R_2^2 - R_1^2)}\tan\beta_s\right] \tag{8-66}$$

式（8-66）即为叶轮的特征结构与质点处应力之间的关系。

（2）叶轮平均应力与寿命关系　根据结构疲劳设计基本理论，疲劳寿命估计方程的 Basquin 方程为

$$\frac{\Delta\varepsilon}{2} = \frac{\sigma_f'}{E}(2N_f)^b + \varepsilon_f'(2N_f)^c \tag{8-67}$$

对于平均应力为 σ_m 的非对称疲劳应力，式（8-67）可修正为

$$\frac{\Delta\varepsilon}{2} = \frac{\sigma_f' - \sigma_m}{E}(2N_f)^b + \varepsilon_f'(2N_f)^c \tag{8-68}$$

式中，$\Delta\varepsilon$ 是总应变变化范围；b 是疲劳强度因子，对于大部分光滑金属试件 b 值为 $-0.05 \sim -0.12$；c 是疲劳延伸指数，典型值为 $-0.5 \sim -0.7$；σ_f' 为疲劳强度系数，可以从试验曲线拟合得到，在缺少试验数据的情况下，取 $\sigma_f' \approx \sigma_f$（断裂时的真实应力），对于布氏硬度在 500HBW 以下的疲劳强度系数 $\sigma_f' \approx \sigma_u + 345$MPa，$\sigma_u$ 为极限拉伸强度；ε_f' 是疲劳延性系数，$\varepsilon_f' \approx \varepsilon_f = \ln[1/(1 - RA)]$，其中，$RA$ 是横截面积减小率，接近于拉伸延伸率。

假设 $\Delta\varepsilon$、σ_f'、ε_f'、b、c 已知，则疲劳寿命基本估计方程（8-68）可以表述为平均应力与寿命之间的关系式。

（3）服役映射模型　零件结构尺寸的改变影响了零件应力的分布状况。如叶轮的旋转机械一般采取有限元方法来分析计算其应力分布状况。通过有限元方法分析处于该动平衡下的叶轮应力分布状况时，须先将叶轮分割成多个微小的单元网格后再进行分析。

受力的作用而处于平衡的物体，其体内任一质点也处于平衡，而质点的平

衡可以直接用应力代入平衡方程（因为质点本身无大小概念，即没有面积的概念），其中质点平衡应力是当单元体趋近于零时的合应力。由于质点平衡应力推导出的拉伸-剪切强度条件公式 $\sigma'_\alpha = \sqrt{\sigma^2 + 2\sigma\tau + 2\tau^2}$ 与试验现象非常符合，因此可以用质点平衡应力进行推导，进而表示整个单元乃至整个零件的应力分布状况。

针对离心压缩机叶轮进行分析时，已知其特征结构与质点应力，以及平均应力与寿命的关系，现需得到质点应力与平均应力的关系，才能架构起叶轮特征结构与寿命的关系，即叶轮的服役映射模型，如图 8-14 所示。

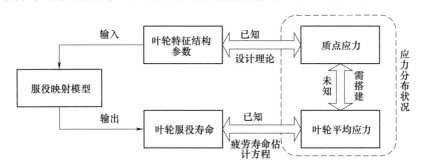

图 8-14　服役映射模型

由以上分析，可用质点应力 σ 来表示平均应力 σ_{am}，假设：

$$\sigma_{am} = k\sigma^i + j \tag{8-69}$$

式中，i、j、k 为表征不同零件结构的系数，可以是常数、矩阵或表达式。

则式（8-68）可以写为

$$\frac{\Delta\varepsilon}{2} = \frac{\sigma'_f - (k\sigma^i + j)}{E}(2N_f)^{B_{fs}} + \varepsilon'_f(2N_f)^{C_f} \tag{8-70}$$

式中，B_{fs} 是疲劳强度因子；C_f 是疲劳延伸指数。

式（8-70）即为叶轮设计参数与寿命的服役映射模型。

⟫ 2. 叶轮特征结构-寿命映射模型确定

对于机械零件而言，通常通过优化零件结构来提高零件的再制造性，为此引入特征结构的概念，将零件中承担特定功能或作用的结构定义为特征结构，而其他结构则规划为一般的辅助结构。辅助结构的设计只要满足功能要求即可，特征结构则应用于再制造，是需要重点进行参数化改进的结构。

根据离心式叶轮设计理论，压缩机叶轮通常采用圆柱形叶片，在设计时，是通过先确定叶轮入口安放角 β_{b1} 和出口安放角 β_{b2}，再绘制型线，从而可以得到圆弧形叶片每一处叶片安放角。此外，本节研究的对象是闭式后弯叶片叶轮，即叶片弯曲方向与叶轮旋转方向相反，叶片前缘和后缘均是椭圆形状。由于气体从后缘流出通道面积扩大，在叶片尾部形成尾迹，带来损失，同时叶轮出口气流角和叶片安放角不一致，产生速度滑移，改变叶轮的做功能力，因此叶轮后缘的厚度改变会对压缩机的压比、气动性能及效率造成影响，然而目前对于变厚度叶轮服役性能的研究却很少。

综上所述，选择叶轮的出口安放角 β_{b2}、入口安放角 β_{b1} 以及叶片后缘厚度 δ_b 作为叶轮的特征结构来进行叶轮的主动再制造设计。

对于离心压缩机后弯圆弧形叶片，其质点处的弯曲应力为

$$\sigma_{wm} = \frac{1}{2}\rho_m \frac{\overline{b}^2}{\delta_b} R_c \omega^2 \cos\beta_s \left[1 + \frac{\delta_b(R_2\cos\beta_{b2} - R_1\cos\beta_{b1})}{\alpha(R_2^2 - R_1^2)}\tan\beta_s \right] \quad (8\text{-}71)$$

根据达朗贝尔原理，在动平衡状态下，离心力可以看作是一个外载荷，可以用质点平衡应力表示整个单元乃至整个零件的应力分布状况，因此当用质点应力 σ 来表示平均应力 σ_{am} 时，可得到基于叶片入口安放角 β_{b2}、出口安放角 β_{b1} 和后缘厚度 δ_b 三特征结构的服役映射模型，即

$$\frac{\Delta\varepsilon}{2} = \frac{\sigma_f' - k\left\{ \frac{1}{2}\rho_m \frac{\overline{b}^2}{\delta_b} R_c \omega^2 \cos\beta_s \left[1 + \frac{\delta_b(R_2\cos\beta_{b2} - R_1\cos\beta_{b1})}{\alpha(R_2^2 - R_1^2)}\tan\beta_s \right] \right\}}{E} (2N_f)^{B_{fs}} +$$

$$\varepsilon_f'(2N_f)^{C_f} \quad (8\text{-}72)$$

式中，E 是弹性模量；β_s 是叶片质点处的安放角。

▶ 3. 叶轮特征结构-寿命映射模型仿真分析

根据确定的数学模型，建立离心压缩机的仿真过程。以某型叶轮作为研究对象，叶轮材料采用马氏体不锈钢 FV520B-I，杨氏模量为 2.1×10^{11} Pa，泊松比为 0.3，密度为 7860kg/m³，叶轮叶片数为 15，工作转速为 8500r/min，工作介质为理想气体，体积流量 Q_m 为 10.5kg/s，进口压力为 0.8MPa，进口温度为 20℃，出口压力为 13MPa，总压比约为 16。取叶轮初始设计参数入口安放角 $\beta_{b1} = 24.38°$，出口安放角 $\beta_{b2} = 38.17°$，后缘厚度 $\delta_b = 7$mm，本例中离心压缩机叶轮为后向叶轮，入口安放角的取值范围为 $21.9830° < \beta_{b1} < 27.1573°$，出口安放角的取值范围为 $35.7730 < \beta_{b2} < 40.9473°$。建立九种不同叶片后缘厚度（5.0mm、5.5mm、6.0mm、6.5mm、7.0mm、7.5mm、8.0mm、8.5mm、9.0mm）的该级叶轮三维模型，如图 8-15 所示，不同厚度叶片模型如图 8-16 所示。同时调整叶片入口安放角为 22.00°、23.25°、24.38°、25.75°、27.00°，出口安放角为 36.00°、37.23°、38.17°、39.68°、40.90°，运用 Ansys 软件进行仿真分析，叶片入口安放角、出口安放角和后缘厚度的单一特征结构与叶轮寿命之间的关系曲线如图 8-17、图 8-18 和图 8-19 所示。

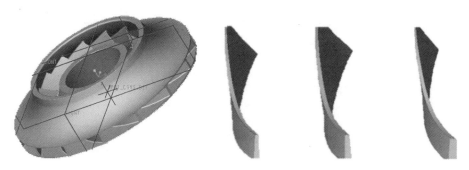

图 8-15　叶轮模型　　　　　　　图 8-16　不同厚度叶片模型

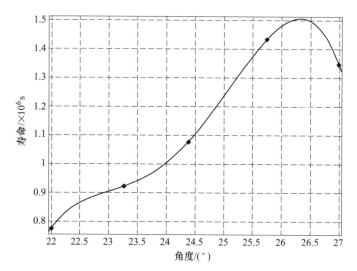

图 8-17　叶片入口安放角和叶轮寿命的关系

　　根据仿真结果可知，在其他变量一定时，叶轮寿命在规定的入口安放角范围内，寿命与入口安放角呈增函数关系；在规定的出口安放角范围内，寿命与出口安放角呈减函数关系；在规定后缘厚度范围内，寿命呈现先增大后减小的变化趋势。

　　根据试例验证分析，可认为同型号的叶轮服役映射模型是通用的。

　　现已知服役映射模型，可反求出预定服役寿命下叶轮的出口、入口安放角的设计参数。为使压缩机再制造时间点与叶轮的再制造临界点相匹配，理想情况下令 $N = T_0 = N_f$，其中 N_f 是寿命。

　　根据压缩机设计要求及其经济性、环境性、技术性指标进行综合评价，由于该型号压缩机现需要在服役 2 年时进行再制造，即主动再制造时间点为 $T_{IP} = 2$

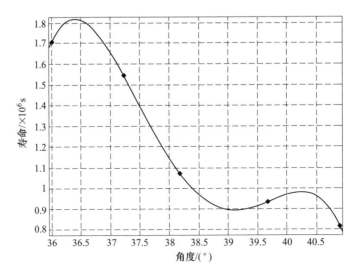

图 8-18　叶片出口安放角和叶轮寿命的关系

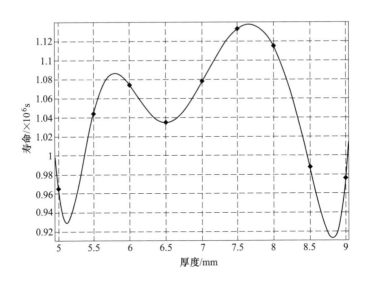

图 8-19　叶片后缘厚度和叶轮寿命的关系

年，叶轮的循环次数为 4.4521×10^5，即 $N_f = 4.4521 \times 10^5$。

将 $N_f = 4.4521 \times 10^5$ 代入式（8-70）计算得：$\sigma_{am} = 3\sigma \approx 572.6242\text{MPa}$，即 $\sigma \approx 190.8747\text{MPa}$。

借助 Matlab 软件，求解得到三种叶轮优化方案，见表 8-8。

表 8-8　叶轮优化方案　　　　　　　　　　　　[单位: (°)]

优化方案	入口安放角 β_{b1}	出口安放角 β_{b2}
方案一	21.7	35.1
方案二	20.9	35.5
方案三	22.8	34.5

根据相关文献资料, 对离心压缩机叶轮安放角范围进行确定:

1) 该叶轮为后向叶轮, 因此 $\beta_{b2} = 30° \sim 60°$。

2) 叶片数 Z_b 的选取原则为

$$Z_b = \frac{2\pi\sin\dfrac{\beta_{b1}+\beta_{b2}}{2}}{\ln\dfrac{d_{ee}}{d_{be}}}\left(\frac{l_b}{l_{gs}}\right)_{opt} \tag{8-73}$$

针对本叶轮服役映射模型, $d_{ee} = 720\text{mm}$, $d_{be} \approx (d_{max} + d_{min})/2$。

又 $d_{max} = 439.96\text{mm}$, $d_{min} = 347.90\text{mm}$, 所以 $d_{be} \approx (439.96\text{mm} + 347.9\text{mm})/2 = 393.93\text{mm}$, 取 $d_{be} = 400\text{mm}$。现已知叶轮初始设计参数 $\beta_{b1} = 24.38°$, $\beta_{b2} = 38.17°$, 则

$$Z_b = \frac{2\pi\sin\dfrac{\beta_{b1}+\beta_{b2}}{2}}{\ln\dfrac{d_{ee}}{d_{be}}}\left(\frac{l_b}{l_{gs}}\right)_{opt} = \frac{2\pi\sin\dfrac{24.38°+38.17°}{2}}{\ln\dfrac{720}{400}}\left(\frac{l_b}{l_{gs}}\right)_{opt}$$

已知 $Z_b = 15$, 所以 $\left(\dfrac{l_b}{l_{gs}}\right)_{opt}$ 应取埃克特建议的 $2.2 \sim 2.8$。因为 $14 < Z_b < 16$, 所以有

$$14 < \frac{2\pi\sin\dfrac{24.38+38.17}{2}}{\ln\dfrac{720}{400}}\left(\frac{l_b}{l_{gs}}\right)_{opt} < 16$$

则

$$\frac{14\times\ln\dfrac{720}{400}}{2\pi\sin\dfrac{24.38+38.17}{2}} < \left(\frac{l_b}{l_{gs}}\right)_{opt} < \frac{16\times\ln\dfrac{720}{400}}{2\pi\sin\dfrac{24.38+38.17}{2}}$$

即 $2.52278 < \left(\dfrac{l_b}{l_{gs}}\right)_{opt} < 2.88317$, 现在取 $\left(\dfrac{l_b}{l_{gs}}\right)_{opt}$ 为 $2.6 \sim 2.8$。

又由式 (8-73) 反推

$$\beta_{b1} = 2\arcsin \frac{Z_b \ln \dfrac{d_{ee}}{d_{be}}}{\left(\dfrac{l_b}{l_{gs}}\right)_{opt} 2\pi} - \beta_{b2}$$

当 $2.6 \leqslant \left(\dfrac{l_b}{l_{gs}}\right)_{opt} \leqslant 2.8$，$\beta_{b2} = 38.17$ 时，有

$$2\arcsin \frac{15 \times \ln\left(\dfrac{720}{400}\right)}{2.8 \times 2\pi} - 38.17 \leqslant \beta_{b1} \leqslant 2\arcsin \frac{15 \times \ln\left(\dfrac{720}{400}\right)}{2.6 \times 2\pi} - 38.17$$

即入口安放角的范围为

$$21.98304327° \leqslant \beta_{b1} \leqslant 27.15734337° \tag{8-74}$$

现对三个方案进行比较，只有方案三中 β_{b1} 和 β_{b2} 均符合取值范围，因此，选取 $\beta_{b1} = 22.8$，$\beta_{b2} = 34.5$ 的第三方案。

8.3.3 离心压缩机叶轮主动再制造时机调控

压缩机在服役过程中，叶轮等核心部件因为疲劳损伤，性能下降，造成整机运行状态不安全，为避免产生的严重后果，离心压缩机会在使用 N 年后进行一次停机维护。此时刻对压缩机叶轮进行再制造，往往会因为叶轮的性能退化拐点并不是停机维护的时间点，而远离主动再制造时域，导致叶轮因为过度使用而产生滞后再制造，或者是性能退化指标还没有达到再制造临界点而出现提前再制造。因此针对叶轮的主动再制造设计，如果使叶轮的再制造临界点 T_0 能够落在主动再制造时间区域 $[T_{IP} - \Delta T, \ T_{IP} + \Delta T]$ 内，不仅可以省略检测判断叶轮能否再制造的步骤，直接对叶轮进行主动再制造，而且避免了叶轮的提前或滞后再制造，即 $N \approx T_{IP}$，且 $0 < T_0 - (T_{IP} - \Delta T) < \varepsilon$，$\varepsilon > 0$。由于叶轮是在压缩机服役过程中易导致压缩机功能失效的薄弱部分，叶轮的服役时间决定了压缩机的服役时间，同时为了减少压缩机拆卸、装配的次数，因此在满足性能要求的前提下，须对关键零部件叶轮进行以服役寿命为目标的设计。

在主动再制造设计中，再制造时机选择与零部件结构设计相关联，因为设计参数改变，零部件的应力分布、弯曲强度、扭转强度等也会随之变化，进而影响到服役寿命。零部件服役寿命和结构之间存在着映射关系，而且产品的服役时间主要取决于零部件的磨损和疲劳情况。对于离心压缩机，叶轮的疲劳损伤是主要因素，所以当进行压缩机叶轮主动再制造设计时，需要确定叶轮结构与疲劳寿命之间的关系。

叶轮主动再制造设计和时机调控过程（图 8-20）如下：

1）依据设计手册、行业规范、统计分析、失效评估、客户需求等设计初始

设计方案，确定压缩机主动再制造理想时间点 T_{IP}。

2）取叶轮特征结构，通过理论分析和仿真试验相结合的方法建立特征结构-寿命映射模型，确定叶轮再制造临界点 T_0，完成主动再制造设计。

3）依据叶轮再制造临界点和压缩机主动再制造时机点，判断叶轮是属于提前或者滞后再制造问题，并基于特征结构-寿命映射模型，通过优化结构设计参数，调控叶轮再制造临界点，使叶轮再制造临界点 T_0 趋向压缩机主动再制造理想时间点 T_{IP}，从而完成叶轮再制造时机调控。

4）对调控后的叶轮优化设计方案进行效率分析，确定叶轮性能变化。

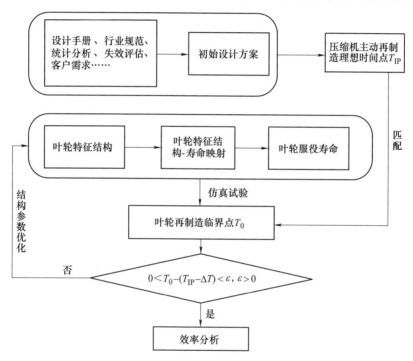

图 8-20　叶轮主动再制造设计和时机调控过程

⋙ 1. 离心压缩机再制造时机及其叶轮再制造临界点的选择

大型离心压缩机存在性能劣化的曲线，因此也相应存在综合性能退化拐点，且性能退化拐点应是理想的主动再制造时间点 T_{IP}。这是综合考虑到经济性、环境性、技术性以及再制造前后的产品性能得出的最佳再制造策略。然而对于压缩机组而言，目前对叶轮的设计往往是希望其理论寿命尽量长，当离心压缩机服役到综合性能退化拐点，需要实施再制造时，叶轮可能存在两种状态：

1）叶轮的性能退化指标还没有达到再制造临界点 T_0，可以考虑以压缩机的性能退化拐点为主动再制造时间点 T_{IP}。但是若叶轮本身还具有很高的再制造余量，此时实施再制造会造成浪费；若不进行再制造，又会使下一个再服役周期中离心压缩机的性能得不到保证。

2）叶轮的性能退化指标已经超过临界阈值却并未失效，然而考虑到技术成本和经济性的问题，此时的叶轮再制造价值较低，并不适合再制造。这种情况下，可以考虑以叶轮本身的再制造临界点 T_0 作为主动再制造时间点 T_{IP}。

综上所述：若 $T_0 \geqslant T_{IP}$，则 $T \approx T_{IP}$；若 $T_0 \leqslant T_{IP}$，则 $T \approx T_0$。

▶ 2. 叶轮主动再制造设计

实际进行大型离心压缩机的主动再制造设计，选择主动再制造时间点时，除了考虑压缩机再制造的技术性、经济性、环境性以及关键件叶轮的再制造临界点，还需要考虑到离心压缩机的次要关键件以及配合件，尤其是一些可以直接替换的零件。为了保证离心压缩机的使用性能，离心压缩机在使用一段时间后会进行一次停机大修，为了降低压缩机组拆卸和装配时产生的不确定性，应减少拆卸的次数。一般期望压缩机大修的时间点 N 与配合件更换周期一致，且靠近主动再制造理想时间点 T_{IP}。从 T_{IP} 点开始，产品的各项性能指标会随着使用时间的增加而下降，再制造成本、能耗等会增加；直至到达甚至超过 T_D 点（主动再制造时间区域下限）之后，产品会因为过度使用、再制造技术难度和经济成本过高等而失去再制造价值。除满足上述要求之外，叶轮的再制造临界点 T_0 应大于压缩机再制造理想时间点 T_{IP}，但不能超过太多，否则在进行主动再制造时，叶轮的再制造余量过大，会造成不必要的浪费，即

$$0 < T_0 - (T_{IP} - \Delta T) < \varepsilon, \ \varepsilon > 0 \tag{8-75}$$

考虑到叶轮存在一个大修时间点 N，则

$$\begin{cases} N \subset (T_{IP}, \ T_D) \Rightarrow N \approx T_{IP} \\ 0 < T_0 - T_{IP} < \varepsilon, \ \varepsilon > 0 \end{cases} \tag{8-76}$$

叶轮主动再制造设计过程（图 8-21）如下：对离心压缩机进行综合评价，确定离心压缩机主动再制造时间区域、综合性能退化拐点、次要配合件更换时机等；对叶轮进行失效分析提取特征结构，通过仿真分析和理论结合的方法建立叶轮特征结构设计参数与服役寿命的服役映射模型；分析压缩机主动再制造理想时间点 T_{IP} 与叶轮再制造临界点 T_0 的匹配关系，进行主动再制造时机调控，确定叶轮优化设计方案；对叶轮优化设计方案进行仿真分析，验证是否符合用户需求。

本节以离心压缩机叶轮为具体研究对象，详细阐述了服役映射模型的建立过程，结合叶轮设计理论和疲劳寿命基本估计方程，构建初步叶轮服役映射模型。对叶轮传统设计过程进行总结归纳，提取叶轮主要结构，借助一元流动理论分析叶轮叶片受力情况，进一步确定叶轮的特征结构参数。以疲劳寿命基本

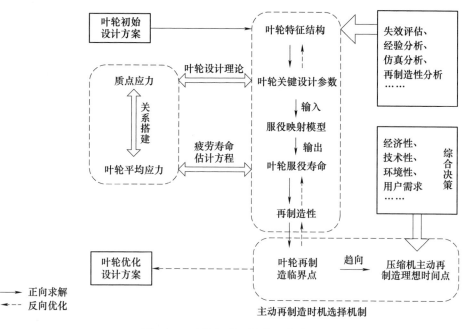

图 8-21 叶轮主动再制造设计过程

估计方程为基础，结合叶片平均应力、质点应力等应力分布状况与特征结构设计参数的关系，建立理论上的叶轮服役映射模型。借助 Creo、Ansys、Fe-safe 软件对叶轮进行疲劳仿真分析，研究不同特征结构设计参数下叶轮的疲劳寿命变化，通过 Matlab 软件对采集到的数据进行处理，拟合出叶轮特征结构与服役寿命之间的关系模型——服役映射模型。对大型离心压缩机叶轮的主动再制造设计方法进行梳理，借助服役映射模型对压缩机的关键零部件（叶轮）进行再制造临界点的时机调控，实现离心压缩机的主动再制造设计。

8.4 永磁同步电机再设计

当前，伴随着新能源电动汽车市场的发展，永磁同步电机的产量及性能标准不断升高，其中淘汰、失效及报废产品所面临的再制造需求也不断增加。但是，由于电机原始结构、尺寸等的限制，以及各类厂家所产电机的设计裕度与铁心材料的不同，给永磁同步电机的再制造工程应用带来了极大的挑战。

基于永磁同步电机主动再制造的应用需求，为进一步推动主动再制造在永磁同步电机产品上的工程应用主要开展了两类工作：一是以优化电机齿槽转矩为目标，在原电机的结构基础上，最大限度利用原部件，对转子外圆结构进行再设计以得到不均匀气隙结构，实现优化目标；二是以提升电机效率为总目标，引入非晶合金材料制作定子铁心,得到最佳电机混合叠压再制造方案,然后重点围绕输出转矩、齿槽转矩、空载损耗及温度场等展开分析,并对所削弱的性能进行优化。

8.4.1 以优化齿槽转矩为目标的转子结构再设计

齿槽转矩是绕组不通电时永磁体和电枢齿槽之间相互作用力的切向分量引起的磁阻转矩,它会引起电机输出转矩的波动,导致电机的振动和噪声,影响系统的控制精度,齿槽转矩的大小与气隙磁通密度息息相关。结合再制造特点,保留原电机定子、机壳等继续使用,对电机转子外圆结构进行合理再设计,以获得不均匀气隙结构,优化气隙磁场分布,从而削弱齿槽转矩。

1. 转子外圆优化

以 O_1 为圆心,以 R_{r1} 为半径画圆,与半径方向相交于 O_2、O_3、O_4 点,以 O_2、O_3、O_4 分别为圆心画圆并使其与转子外圆相切,再以 r 为半径做倒角圆,即可得转子再设计模型,如图 8-22 所示。考虑到转子机械强度的可行性和高速运行的安全性,转子偏心距 R_{r1} 不宜过大,将 R_{r1} 由 $0 \sim 36$mm 不等间距作辅助圆,齿槽转矩幅值与转子偏心距的关系如图 8-23 所示。

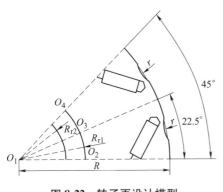

图 8-22 转子再设计模型

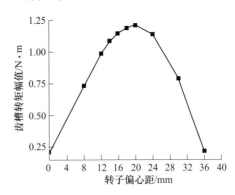

图 8-23 齿槽转矩幅值与转子偏心距的关系

基于齿槽转矩的分析结果,以 $R_{r1} = 36$mm 的再设计方案对电机进行再制造,此时电机的齿槽转矩幅值最小。原电机与再制造电机的电动势谐波分析如图 8-24 所示,再制造电机空载电动势基波幅值是原电机的 98%。

对电机定子磁通密度径向和切向分量进行分析,齿顶、齿中、齿根、齿轭各点磁通密度的周期性走势几乎相同,波形波动情况稍微有所差别。齿根和轭部磁通密度的切向幅值有所减小,径向幅值有所增大;旋转磁化主要发生在齿顶和齿根位置,轭部次之,齿顶处磁通密度相对较大且磁畴在一个周期有多次摆动;在齿顶处再制造电机旋转磁化要比原电机严重。齿中几乎不存在切向磁

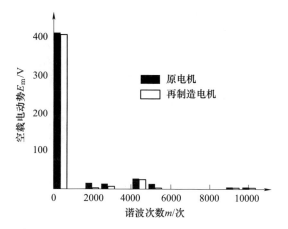

图 8-24 原电机与再制造电机的电动势谐波分析

通密度和旋转磁化，可认为齿中只有交变磁化。

原电机与再制造电机的额定输出转矩和额定铁耗分别如图 8-25 和图 8-26 所示，再制造电机铁心损耗减小、效率提高、转矩略有收缩，这都表明对转子外圆优化可降低铁心损耗，但因其磁通密度饱和程度降低，导致其输出转矩略有下降。

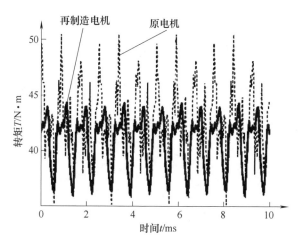

图 8-25 原电机与再制造电机的额定输出转矩

》 **2. 转子偏心再设计**

为保留原电机主要尺寸，提出避开磁通密度集中分布位置，在极弧长度外，将一定跨度的转子外圆替换成与转子不同心的圆弧形，得到不均匀气隙优化气隙磁通密度波形，削弱齿槽转矩。转子偏心再设计模型如图 8-27 所示。定转子内圆不变，$\theta = 0$ 位置设定在磁极的中心线上，偏心圆弧圆心在相邻磁极对称线上，g 为

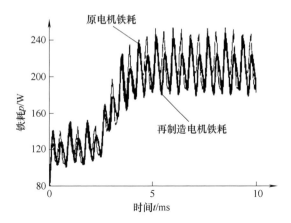

图 8-26　原电机与再制造电机的额定铁耗

原电机气隙长度，且 $\delta_{\min} = g$。首先确定偏心角度 θ_s、最大气隙 $\delta_{\max}$、最小气隙 $\delta_{\min}$ 值，由式（8-78）得到偏心距 H_e 值，即 OO'，确定偏心圆弧圆心位置。由式（8-79）得偏心圆半径 R_p，以 O' 为圆心画圆，交于跨距角为 $2\theta_s$ 的扇形边界，得到图 8-27 中虚线所示的圆弧作为该区域的转子外圆。

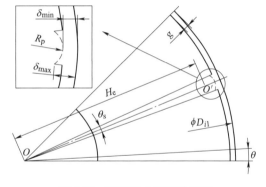

图 8-27　转子偏心再设计模型

再制造电机气隙函数为

$$\delta(\theta) = \begin{cases} \dfrac{D_{i1}}{2} - H_e - \sqrt{R_p^2 + (R_p^2 - H_e^2)\tan^2\theta}\cos\theta, & \delta(\theta) \in \left[\dfrac{\pi}{2p} - \theta_s, \ \dfrac{\pi}{2p} + \theta_s\right) \\ \delta_{\min}, & \delta(\theta) \in \left[0, \ \theta_s\right] \cup \left[\dfrac{\pi}{2p} + \theta_s, \ \dfrac{\pi}{p}\right] \end{cases}$$

$$(8\text{-}77)$$

式中，D_{i1} 是定子内径；p 是磁极对数。

偏心距 H_e 的表达式为

$$H_e = \frac{(\delta_{\max} - \delta_{\min})(D_{i1} - \delta_{\max} - \delta_{\min})}{2\left[\left(\dfrac{D_{i1}}{2} - \delta_{\min}\right) - \left(\dfrac{D_{i1}}{2} - \delta_{\max}\right)\cos\theta_s\right]} \tag{8-78}$$

偏心圆半径 R_p 的表达式为

$$R_p = \frac{D_{i1}}{2} - H_e - \delta_{\min} \tag{8-79}$$

从而再制造偏心转子电机齿槽转矩表达式为

$$T_{\text{cog}}(\alpha) = \frac{\pi L_{\text{Fe}}}{2\mu_0}(R_2^2 - R_1^2)\sum_{n=1}^{\infty} G_n B_{rn} n \sin n\alpha \tag{8-80}$$

式中，L_{Fe} 是定子铁心长度；μ_0 是真空磁导率；R_1 和 R_2 分别是电枢外半径和定子轭内半径；α 是定转子相对位置角；n 是使 $nz/2p$ 为整数的整数；G_n 和 B_{rn} 均为傅里叶系数。

再制造偏心转子电机齿槽转矩的表达形式与原电机相似，但是傅里叶系数 B_{rn} 由于偏心槽结构产生了变化。针对再制造电机，可以通过减小或消除傅里叶系数 B_{rn} 削弱齿槽转矩。而其大小与偏心角度 θ_s、不均匀气隙的气隙长度等因素有关，故合理地设计偏心角度和不均匀气隙长度，可有效减小磁通密度谐波值，削弱齿槽转矩，而不均匀气隙长度又与偏心角度息息相关。

由仿真分析得到，当偏心角度为 2° 时，气隙磁通密度 B_δ 几乎不变，谐波畸变率稍稍减小，齿槽转矩下降 10%，输出转矩均值提升 1.2N·m，此时再制造电机综合性能提升最佳。

3. 组合偏心槽的转子再设计

在一个 V 型磁极内部所夹的区域设置偏心槽，称为极内偏心槽，在此基础上，在相邻的 V 型磁极之间的区域设置偏心槽，即增加了极间偏心槽，称为组合偏心槽。极内偏心槽和组合偏心槽的转子模型分别如图 8-28 和图 8-29 所示。

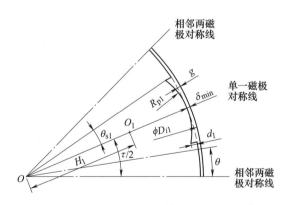

图 8-28　极内偏心槽转子模型

推导得到再制造组合偏心槽电机的气隙函数 $g'_{1,2}(\theta)$ 在区域 $[0, \theta_{s2})$，$[\theta_{s2}, \pi/2p - \theta_{s2})$，$[\pi/2p - \theta_{s1}, \pi/2p + \theta_{s1})$，$[\pi/2p + \theta_{s1}, \pi/p - \theta_{s2})$，$[\pi/p - \theta_{s2}, \pi/p]$ 内的分段表示为

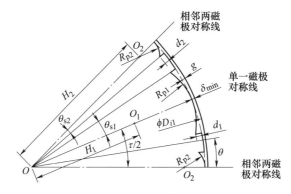

图 8-29　组合偏心槽转子模型

$$
g'_{1,2}(\theta) = \begin{cases}
\dfrac{D_{i1}}{2} - \left[H_2 + \sqrt{R_{p2} + (R_{p2}^2 - H_2^2)\tan^2\theta} \right]\cos\theta \\
\qquad\qquad\qquad\qquad \delta_{\min} \\
\dfrac{D_{i1}}{2} - \left[H_1 + \sqrt{R_{p1} + (R_{p1}^2 - H_1^2)\tan^2 \pm\left(\dfrac{\pi}{2p} - \theta\right)} \right]\cos\left(\dfrac{\pi}{2p} - \theta\right) \\
\qquad\qquad\qquad\qquad \delta_{\min} \\
\dfrac{D_{i1}}{2} - \left[H_2 + \sqrt{R_{p2} + (R_{p2}^2 - H_2^2)\tan^2\left(\dfrac{\pi}{p} - \theta\right)} \right]\cos\left(\dfrac{\pi}{p} - \theta\right)
\end{cases}
$$

$$(8\text{-}81)$$

对永磁电机转子结构进行组合偏心槽及磁桥长度再设计，得出极内偏心槽 θ_{s1} 为 $11.25°$、d_1 为 0.1mm，极间偏心槽的 θ_{s2} 为 $5°$、d_2 为 0.05mm，优化磁桥长度 b 为 4mm 时，再制造电机转矩脉动降低 3%，齿槽转矩下降 6%，输出转矩提升 $0.2\text{N}\cdot\text{m}$，铁耗降低 4.7W，磁通密度畸变率降低 5.6%，效率提升 0.04%，再制造电机综合性能得到提高。

8.4.2　基于混合定子再制造电机的性能分析

1. 电机再制造方案确定

以一台服役多年的旧电机为例进行再制造，先将旧电机进行合理拆卸，经过清洗、检测、修复等流程，对可再制造使用的机壳、端盖、转子等继续留用。然后更换定子铁心和轴承等零部件，其中更换的定子铁心是经过高压浸胶、切割成型等工艺流程制作，由非晶合金定子叠片与原电机硅钢片轴向间隔混合叠压而成。电机再制造流程如图 8-30 所示。

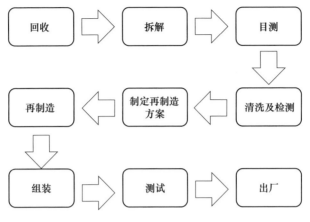

图 8-30 电机再制造流程

永磁同步电机再制造旨在节约电机使用成本、降低电机能量浪费、提升电机综合效率等，使其综合性能优于旧电机。非晶合金材料是一种损耗低、饱和磁通密度低的新型软磁材料，其低损耗特性有利于提升电机效率，但低饱和磁通密度易使磁性材料磁通密度达到饱和，不利于电机安全高效运行。旧电机硅钢片在电机长期运行过程中材料质量会下降，若将旧硅钢片全部直接应用于电机再制造会导致电机性能达不到要求。

为充分发挥两种材料的优越性，规避材料性质的缺陷，将新的非晶合金叠片段和旧硅钢叠片段轴向混合叠压成定子铁心段，其中非晶合金叠片和硅钢叠片形状相同，厚度不同。设硅钢叠片数为 N_{ss}，非晶合金叠片数为 M_{am}；定子的硅钢段数为 N_{st}，定子的非晶合金段数为 M_a；定子硅钢叠片叠压系数为 Y_{ss}，非晶合金叠片叠压系数为 X_{am}。旧硅钢叠片厚度为 0.35mm，非晶合金叠片厚度为 0.027mm，则再制造电机满足

$$L_i = 0.35nY_{ss}$$

$$L_j = 0.027mX_{am}$$

$$\sum_{i=1}^{N_{st}} L_i + \sum_{j=1}^{M_a} L_j = L_{Fe}$$

(8-82)

式中，M_a、N_{st}、m、n 是非零整数；L_i 是第 i 段的定子硅钢段的轴向长度，L_j 是第 j 段的定子非晶合金段的轴向长度；L_{Fe} 是旧电机定子的轴向长度。忽略定子非晶合金段和定子硅钢段叠压时的叠压系数。

考虑到非晶合金带材韧性差，易脆断剥落，将混合定子铁心两端设置成硅钢铁心段，即 $i=j+1$，该设置方法可以提高定子铁心的叠压系数，保护非晶合金

铁心段的完整性。图 8-31 所示为混合定子铁心示意图，图中灰色部分为硅钢段，黑色部分为非晶合金段。

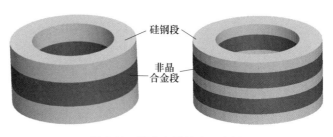

图 8-31　混合定子铁心示意图

以五段混合定子为例，利用 Maxwell 软件建立再制造电机模型，经过仿真获得不同比例下混合叠压电机与原硅钢电机各项性能参数对比，见表 8-9。由表 8-9 可知，空载时混合叠压电机与原硅钢电机相比，空载磁链与空载电动势基本不变，谐波畸变率变小；硅钢段气隙磁通密度略有降低，且非晶合金段的气隙磁通密度明显低于硅钢段，同时随着非晶合金比例的增多，输出转矩逐渐减小，齿槽转矩逐渐增大。额定工况下，由于非晶合金优越的低损耗特性，电机的铁耗明显下降，电机效率略有提升，但由于非晶合金的饱和磁通密度较低，因此输出转矩略有收缩，且收缩率随着非晶合金比例的增大而增大。

表 8-9　不同比例下混合叠压电机与原硅钢电机各项性能参数对比

性能参数	硅钢	5∶1	2∶1	1∶1	1∶2	1∶5	非晶合金
空载电动势/V	115.2	114.2	114.0	112.3	112.9	111.3	112.4
谐波畸变率（%）	7.21	6.77	6.35	5.98	6.75	5.83	5.52
硅钢段气隙磁通密度/T	0.926	0.911	0.916	0.916	0.918	0.925	—
非晶合金段气隙磁密/T	—	0.835	0.841	0.844	0.851	0.856	0.862
空载磁链/Wb	0.094	0.094	0.093	0.094	0.093	0.092	0.092
齿槽转矩/mN·m	258.15	308.12	340.75	383.96	430.08	475.74	511.13
输出转矩/N·m	42.15	41.43	41.16	40.75	40.56	40.42	39.83
铁耗/W	190.86	173.54	134.82	97.98	78.47	52.12	23.40
电机效率（%）	97.57	97.66	97.93	98.15	98.33	98.52	98.72
效率提升率（%）	0	0.54	1.08	1.16	1.14	1.14	1.15

为综合考虑混合叠压电机损耗降低与转矩收缩的影响，选择合适的材料比例，以定子材料为纯非晶合金作为基准，将不同混合比例下电机效率的提升值进行换算，其换算公式为

$$\Delta\eta = \frac{\eta_i - \eta_n}{1 - a} \tag{8-83}$$

式中，$\Delta\eta$ 是电机的效率提升率；η_i 是不同混合比例时电机的效率；η_n 是纯硅钢电机的效率；a 是硅钢材料所占的比例。

不同非晶合金比例下电机效率的提升率如图 8-32 所示。可见，随着非晶合

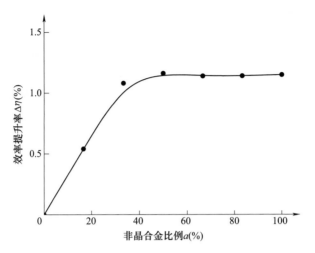

图 8-32　不同非晶合金比例下电机效率的提升率

金比例的不断增大，电机效率的提升率不断增大，在非晶占比高于 50%后，提升率趋于稳定；从再制造成本考虑，对于本款电机，非晶合金与硅钢材料以 1∶1 比例混合较为合适。

▶▶ 2. 混合定子再制造电机输出转矩分析与优化

混合定子铁心再制造电机和原电机的输出转矩如图 8-33 所示。再制造电机的转矩平均值为 40.78N·m，原电机转矩平均值为 42.58N·m，再制造电机转矩收缩了 1.8N·m，约为 4.23%，同时转矩脉动减小了 0.85%，因此需要对其结构进行适当的优化恢复转矩。

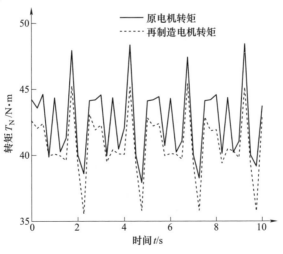

图 8-33　再制造电机和原电机的输出转矩

定子混合叠压电机由于其结构特征需要进行三维仿真分析，但三维仿真分析会大大增加分析时间。混合定子铁心由非晶合金和硅钢两种材料叠压而成，由于非晶合金材料与硅钢材料的导磁性能不同，绕组上的感应电动势及其电感存在区别。考虑到材料交界面与各自叠片段相比，厚度较小，材料的交互作用影响也较小，因此根据定子混合叠压电机的特征和经典的 d-q 轴模型，得到定子混合叠压再制造电机的电磁转矩公式

$$T_{\text{em}} = P\big[\varphi_{\text{feq}}i_{\text{q}} + (L_{\text{deq}} - L_{\text{qeq}})i_{\text{d}}i_{\text{q}}\big]$$
$$= \frac{P}{\omega}\big[e_{\text{0eq}}i_{\text{q}} + (X_{\text{deq}} - X_{\text{qeq}})i_{\text{d}}i_{\text{q}}\big] \tag{8-84}$$

式中，φ_{feq} 是等效磁链；L_{deq}、L_{qeq} 分别是定子绕组的 d 轴、q 轴等效电感；X_{deq}、X_{qeq} 分别是定子绕组的 d 轴、q 轴等效感抗；P 是磁极对数；e_{0eq} 是混合叠压电机的等效空载电动势；ω 是转子角速度；i_{d}、i_{q} 分别是直轴电流、交轴电流。

对二维有限元叠加结果与三维仿真结果进行对比研究，其目的是提高运算效率。图 8-34 所示为电机定子结构不变时，二维有限元叠加结果与三维仿真结果的对比。由图 8-34 可知，二维有限元叠加所得转矩平均值为 41.04N·m，三维仿真所得转矩平均值为 40.78N·m，相差约为 0.64%，两种计算方法所得输出转矩基本一致。因此，可以利用二维有限元叠加的方法代替三维仿真分析，便于定子混合叠压电机转矩的优化分析。

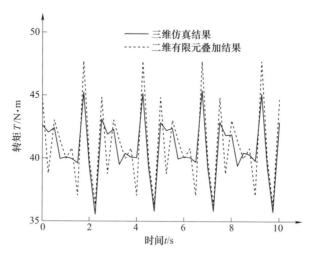

图 8-34 二维有限元叠加结果与三维仿真结果对比

由式（8-84）可知定子混合叠压电机的转矩与所加载电流、空载感应电动势及绕组电感有关，其中空载电动势的表达式为

$$E = 4.44fK_{\text{dp}}N\varphi_{10} \tag{8-85}$$

式中，E 是空载电动势；f 是电源频率；K_{dp} 是绕组因数；N 是定子绕组每相串联匝

数；φ_{10} 是空载气隙磁通的基波幅值。

由式（8-85）可知，空载电动势主要与绕组匝数和气隙磁通有关。气隙磁通主要受永磁体、定转子结构以及材料导磁性能影响，再制造时，应尽量留用旧电机的相关部件。因此可以认为空载电动势主要与绕组匝数有关。

研究发现，通过增加绕组匝数的方式，电流可以适当减小，有利于电机性能的提升，也可以有效解决转矩收缩的问题。原电机的绕组匝数为 8，额定电流为 48A。当电机绕组匝数增加为 9，电流减为 46A 时，转矩高于原电机的转矩值，因此将绕组匝数改为 9。增大绕组匝数可以提高混合叠压电机的转矩，但绕组匝数增加，定子槽形尺寸也需要对应调整，以容纳多出的导体。同时，定子槽型的变化会引起磁路饱和情况的变化，影响电机的转矩、电感和损耗等参数。因此最终选定电流 I、定子齿宽 b_t 和槽高 h_{s2} 三个参数进行参数化扫描，以初步确定合适的电机优化方案。

通过正交试验寻优，齿宽由 2.5mm 优化为 4.4mm，槽高由 20.28mm 优化为 21.48mm，同时将绕组由 8 匝变为 9 匝，电流取值 46.3A。对优化后的混合定子再制造电机性能进行分析，相比于优化之前，电机的转矩得到恢复，损耗降低 2.1W，铜耗降低 6.62W，效率提高了 0.15%，但转矩脉动增加了 1.23%。由于槽面积增大，磁路面积减小，磁路饱和程度增大，因此齿部与轭部磁通密度幅值相比优化前均有增加；硅钢材料的饱和磁通密度约为 1.80T，非晶合金的饱和磁通密度约为 1.56T，优化后，硅钢与非晶合金段齿部与轭部磁通密度最大值仍低于对应材料的饱和磁通密度值，因此优化是合理的。

▷ 3. 混合定子再制造电机空载损耗特性分析

混合材料定子中有两种磁性能不同的材料，根据 B-H 曲线对比可知，两者饱和磁通密度存在较大区别，再制造要求尽量留用原电机相关部件。在转子与永磁体结构不变的情况下，在原硅钢电机的磁场激励下，非晶合金部分的磁通密度更容易饱和，导致其气隙磁通密度与损耗的分布与原电机相比会发生变化。定义使用纯硅钢材料定子的电机为 A 电机，使用纯非晶合金定子的电机为 B 电机，使用混合材料定子的电机为 C 电机。由电机结构的对称性，取电机轴向长度的一半为研究对象，通过对图 8-35 所示不同轴向位置处电机气隙中的空载气隙磁通密度仿真分析，并进一步

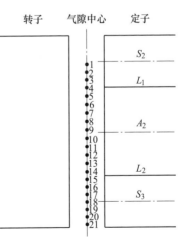

图 8-35 空载气隙磁通密度
仿真分析方法

对其进行傅里叶分解，得到各轴向位置点处空载气隙磁通密度基波值的变化情况。空载气隙磁密基波对比如图 8-36 所示。

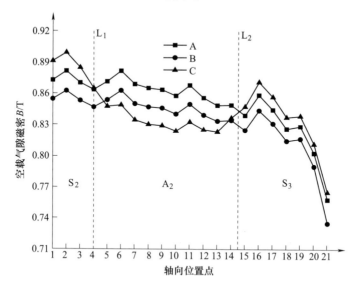

图 8-36　空载气隙磁通密度基波对比

图 8-36 中 S_2、A_2、S_3 分别为沿轴向从上向下第二段定子硅钢段、第二段定子非晶合金段、第三段定子硅钢段，L_1 与 L_2 为不同材料段的分界面。点 1~3 位于 S_2 叠片段对应气隙区域内，点 5~14 位于 A_2 叠片段对应气隙区域内，点 15~21 位于 S_3 叠片段对应气隙区域内，点 4 位于分界面 L_1 对应的轴向位置处。各点之间的间距为 2.5mm。

由图 8-36 可知，与硅钢电机 A 相比，混合电机 C 中硅钢叠片段 S_2 与 S_3 对应气隙区域中的空载磁通密度基波较大；而与非晶合金电机 B 相比，混合电机 C 中非晶合金叠片段 A_2 对应的气隙区域中的空载磁通密度基波较小；在硅钢叠片段 S_3 靠近下端部的位置，由于受到端部效应的影响，磁通密度值显著降低，但混合电机 C 中该部分的磁通密度相比于硅钢电机 A 而言仍然较大。观察空载气隙磁通密度基波沿轴向的变化曲线可知，在材料的交界面附近区域，磁通密度的变化情况存在较大区别，而其他区域的变化趋势基本相同，可见材料的相互作用对磁通密度的分布产生了一定的影响。这种影响与材料在相同磁场激励下的饱和程度不同有关，当两种材料的饱和程度存在较大差异时，两种材料定子的导磁能力出现显著差别，气隙磁场的分布就会存在一定的偏向性，导致硅钢段部分的气隙磁通密度增大，非晶合金段部分的气隙磁通密度减小。混合电机 C 中空载气隙磁通密度的这种偏向性，必然会对定子内部磁通密度的分布产生一定的影响。

电机定子内部不同部位磁通密度分布存在较大差异，混合电机 C 的定子使用了两种材料，材料界面处的相互作用加大了磁通密度分布的复杂性。定子磁密分析法如图 8-37 所示，选取电机定子的典型位置，通过有限元仿真进行混合材料定子不同部位磁通密度沿轴向位置变化情况的对比分析。图 8-37 中 a、b、c、d 均位于对应齿的中心线上。

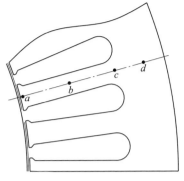

图 8-37 定子磁通密度分析方法

仿照图 8-35 所示的取点方式，在图 8-37 所示的定子对应位置处，同样沿轴向选取 21 个数据点，得到定子不同部位的空载磁通密度沿轴向的变化情况。

由于混合定子使用了两种磁性能不同的材料，在同一磁场激励下，两种材料的导磁能力不同，因此定子内部磁通密度本身就存在一定的差异；同时材料间的相互作用导致磁通密度的分布产生了一定的偏向性，与单一材料定子相比，混合材料定子的硅钢材料段中不同部位的磁通密度均有所增大，非晶合金段中不同部位的磁通密度均有所减小，且在材料交界面周围，同种材料间的磁通密度差值更大。混合定子中磁通密度分布的变化，使得损耗的计算变得更加复杂。

对于传统单一材料定子而言，在进行损耗计算时，可以假设定子内部磁通密度沿轴向不发生变化，通过单位面积的损耗得到定子总体的损耗值。但在混合材料定子中，不同材料段中的磁通密度幅值存在明显差异，相同材料段中，磁通密度值沿轴向会发生变化，为了更精确地计算电机的损耗，将原损耗计算公式中的径向、切向磁通密度幅值分量 B_{xm}、B_{ym} 替换为沿轴向分布的函数，则损耗计算修正公式为

$$P_{l_{as}} = K_h f[B_{xm}(l_{as})^{\alpha'} + B_{ym}(l_{as})^{\alpha'}] + K_e f^2(B_{xm}(l_{as})^2 + B_{ym}(l_{as})^2) \quad (8\text{-}86)$$

式中，$P_{l_{as}}$ 是损耗密度函数；l_{as} 是轴向位置；$B_{xm}(l_{as})$ 与 $B_{ym}(l_{as})$ 分别是径向磁通密度幅值与切向磁通密度幅值沿轴向的分布函数；K_h 和 K_e 是取决于材料性能的常数，分别与磁滞损耗系数和涡流损耗系数有关；f 是交变磁化的频率；α' 是系数，一般在 1.6~2.2 之间。

结合混合定子磁通密度幅值沿轴向的分布情况，磁通密度幅值函数可以借由差值函数表示，其表达式为

$$B_m(l_{as}) = B_0 + F_B(l_{as}) \quad (8\text{-}87)$$

式中，B_0 是磁通密度基值；$F_B(l_{as})$ 是混合材料定子与单一材料定子之间磁通密度幅值的差值函数。

由仿真分析可得，定子径向与切向磁通密度幅值差值的绝对值变化曲线，如图 8-38 所示。观察磁通密度幅值差值的变化情况，将磁通密度幅值差值根据

分界面，即沿横坐标轴向位置为 21.25mm 处将曲线分解成为两段，每一段的磁通密度差值函数方程为

$$F_B(l_{as}) = \frac{p_1 l_{as}^3 + p_2 l_{as}^2 + p_3 l_{as} + p_4}{l_{as}^2 + q_1 l_{as} + q_2} \qquad (8\text{-}88)$$

式中的系数 p_1、p_2、p_3、p_4、q_1、q_2 通过对应部位对应分段的磁通密度幅值曲线拟合得到。其中对各自分段区域的轴向位置信息通过式（8-89）进行了归一化处理，最终得到各项系数的拟合结果，由于篇幅限制，故不详细列出。

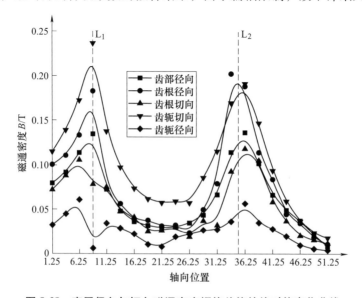

图 8-38　定子径向与切向磁通密度幅值差值的绝对值变化曲线

$$l_n = \begin{cases} \dfrac{l_{as} - 11.25}{6.847} & 0 \leqslant l_{as} \leqslant 22.5 \\[2mm] \dfrac{l_{as} - 37.5}{9.014} & 22.5 \leqslant l_{as} \leqslant 51.25 \end{cases} \qquad (8\text{-}89)$$

选取二维仿真得到的单一材料定子对应位置的磁通密度幅值作为磁通密度基值 B_0，将磁通密度幅值差值函数代入式（8-86）中，便可得到混合定子中不同轴向位置处的磁通密度损耗密度，然后对损耗密度在电机轴向上的长度进行积分，便可得到混合定子的基本铁耗。差值函数在硅钢段区域取正值，在非晶合金段区域取负值。

由于试验测得的磁化曲线仅对交变磁化而言，同时损耗计算时也未考虑杂散损耗以及磁通密度在不同部位分布的不均匀性等，因此计算结果偏小，通常需要利用经验系数 k_α 进行修正。

一般而言，对于本款电机，硅钢定子齿部的损耗修正系数为 2，轭部的损耗

修正系数为1.5。齿顶部分修正系数取为与齿部相同，齿根部分修正系数取为与齿轭相同。但对于非晶合金而言，设计研究经验较少，其经验系数较难确定，故暂时将硅钢材料的经验系数应用于非晶合金之中，在后续试验中再进一步修正。对混合再制造电机样机进行测试，试验测试结果见表8-10。

表 8-10 试验测试结果

试验空载 总损耗/W	试验机械 损耗/W	试验空载 铁耗/W	计算空载 铁耗/W	传统计算方法 铁耗/W	修正系数 （试验/计算）
231.19	65.21	165.98	104.96	97.75	1.58

由表8-10可知，通过差值函数计算得到的混合定子空载铁耗为104.96W，而利用单一材料磁通密度幅值叠加计算得到的混合定子空载铁耗为97.75W。对比试验测试得到的电机空载铁耗可知，通过差值函数计算的电机空载铁耗精度明显高于传统计算方法。试验所得铁耗与计算所得铁耗的比值为1.58，以此作为计算空载损耗的修正系数，以考虑加工过程对材料磁性能的影响以及非晶合金沿用硅钢材料的经验系数造成的损耗差异。

▷▷ 4. 混合定子再制造电机齿槽转矩分析与优化

对于普通的永磁电机，在不考虑端部漏磁影响的情况下，电机气隙磁通密度沿电枢表面的分布在轴向上是一致的，因此气隙磁通密度沿电枢表面分布可近似表示为

$$B(\theta, \alpha) = B_r(\theta) \frac{h_m(\theta)}{h_m(\theta) + \delta(\theta, \alpha)} \tag{8-90}$$

式中，$B_r(\theta)$、$\delta(\theta, \alpha)$、$h_m(\theta)$ 分别是永磁体剩磁、有效气隙长度、永磁体充磁方向长度沿圆周方向的分布。

非晶合金和硅钢材料性质方面的差异导致不同材料定子段对应的气隙磁通密度存在差异。在分析中，为了体现混合定子不同材料段气隙磁通密度的差异，设 B_{rA} 为定子非晶合金段对应永磁体剩磁通密度，B_r 为定子硅钢段对应永磁体剩磁通密度，B_{rA} 和 B_r 满足

$$B_r = \rho B_{rA} \tag{8-91}$$

其中，

$$\rho = \frac{B_{rS}(\theta, \alpha)}{B_{rA}(\theta, \alpha)} \tag{8-92}$$

式中，$B_{rA}(\theta, \alpha)$、$B_{rS}(\theta, \alpha)$ 分别是定子非晶合金段和硅钢段对应的气隙磁通密度。

对于混合定子电机，非晶合金和硅钢两种材料混合叠压使气隙磁通密度轴向分布呈现出波动状态，因此，计算气隙磁通密度沿电枢表面的分布时需要考

虑轴向位置的影响。混合定子再制造电机气隙磁通密度沿电枢表面的分布可以近似表示为

$$B(\theta,\ \alpha,\ l) = \frac{B(\theta,\ \alpha)}{B_0} \cdot B_0(l) = \frac{B_r(\theta)}{B_0} \cdot \frac{h_m(\theta)}{h_m(\theta) + \delta(\theta,\ \alpha)} \cdot B_0(l)$$

(8-93)

式中，B_0 是气隙磁通密度基波值；$B_0(l)$ 是混合定子铁心再制造电机气隙磁通密度轴向分布曲线。

将式（8-93）代入磁场能量公式，利用能量法和傅里叶算法展开，最终推导得到再制造电机齿槽转矩解析计算公式为

$$T_{\text{cog}} = \left(\frac{\rho^2}{B_{0A}}k_1 + \frac{1}{B_{0S}}k_2\right)\frac{\pi z}{4\mu_0}(R_2^2 - R_1^2)\sum_{n=1}^{\infty} nG_nB_r\frac{nz}{2p}\sin nz\alpha \quad (8\text{-}94)$$

式中，z 是电枢槽数；$k_1 = \int_{l_1} B_0(l)\,\mathrm{d}l$，$k_2 = \int_{l_2} B_0(l)\,\mathrm{d}l$；$B_{0A}$ 和 B_{0S} 分别是非晶合金定子电机和硅钢定子电机的气隙磁通密度基波值；l_1 和 l_2 分别是定子非晶合金段和硅钢段的长度；μ_0 是空气磁导率；p 是极对数；n 是使 $nz/(2p)$ 为整数的系数。

结合以上分析，考虑混合定子再制造电机结构特征的特殊性，提出叠加计算法计算混合电机的齿槽转矩，其本质是由齿槽转矩的二维仿真结果叠加计算得到三维仿真结果。其混合定子再制造电机齿槽转矩计算公式为

$$T_{\text{cog}} = \frac{k_1 T_1}{B_{0A}L_{\text{Fe}}} + \frac{k_2 T_2}{B_{0S}L_{\text{Fe}}} \quad (8\text{-}95)$$

式中，T_1 是非晶合金电机齿槽转矩二维有限元计算结果；T_2 是硅钢电机齿槽转矩二维有限元计算结果；L_{Fe} 是永磁电机定子轴向长度。

图 8-39 所示为混合定子电机齿槽转矩叠加计算法和三维仿真结果。由图可知，三维仿真和叠加计算法得到的齿槽转矩幅值相差不大，且波形基本一致，由此可验证混合定子齿槽转矩叠加计算法的正确性，为混合定子铁心电机齿槽转矩的优化分析提供了方便。

图 8-40 所示为原电机和混合定子再制造电机齿槽转矩波形图。混合定子再制造

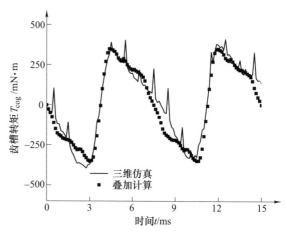

图 8-39　混合定子电机齿槽转矩
叠加计算与三维仿真结果

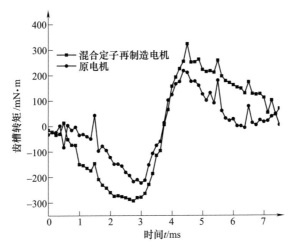

图 8-40　原电机与混合定子再制造电机齿槽转矩波形图

电机齿槽转矩幅值为 295.70N·m，原电机齿槽转矩幅值为 220.95N·m，混合定子再制造电机齿槽转矩幅值相比于原电机增大了 33.8%，定子铁心的更换对电机齿槽转矩形成了较大的影响。利用不均匀气隙结构（图 8-41）对混合定子再制造电机齿槽转矩进行分段优化，对优化后的混合定子再制造电机进行三维仿真分析，得到电机各项性能参

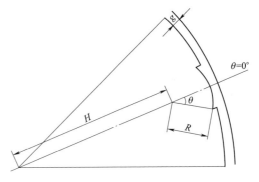

图 8-41　不均匀气隙结构示意图

数，此时齿槽转矩大幅削弱，输出转矩略有增加，损耗基本不变，且转矩脉动较小。

5. 混合定子再制造电机应变数值与三维温度场分析

（1）应变数值分析　车用永磁电机为了保证汽车行驶的平稳性和舒适性更加重视减小电机振动带来的影响。电机稳定运行时硅钢定子和非晶合金定子在气隙路径上对应的径向电磁力密度如图 8-42 所示。

图 8-43 和图 8-44 分别为非晶合金定子和硅钢定子在不考虑磁致伸缩和考虑磁致伸缩情况下的定子应变。在只考虑电磁力对定子铁心作用，不考虑磁致伸缩的情况下，非晶合金定子最大变形量为 $4.81×10^{-4}$mm，硅钢定子的最大变形量为 $1.25×10^{-5}$mm，非晶定子的变形量要远大于硅钢定子的变形量。作用在硅钢定子铁心的电磁力大于非晶合金定子的电磁力，非晶合金定子的变形量却大

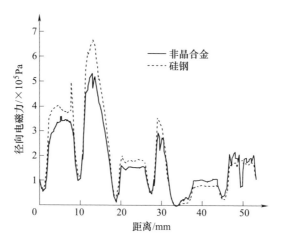

图 8-42　硅钢定子和非晶合金定子径向电磁力密度

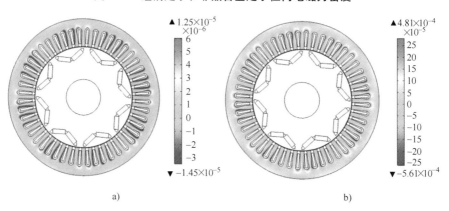

a)　　　　　　　　　　　　　　　　　b)

图 8-43　不考虑磁致伸缩的定子应变

a）硅钢定子　b）非晶合金定子

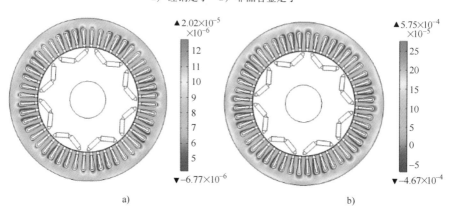

a)　　　　　　　　　　　　　　　　　b)

图 8-44　考虑磁致伸缩的定子应变

a）硅钢定子　b）非晶合金定子

于硅钢定子的变形量，产生这种结果是由于叠压系数的影响，非晶合金材料的叠压系数远低于硅钢材料的叠压系数，两种材料弹性模量的区别使非晶合金定子变形量大于硅钢定子。在同时考虑电磁力和磁致伸缩的情况下，非晶合金定子的变形量达到 $5.75 \times 10^{-4} mm$，硅钢定子也达到了 $2.02 \times 10^{-5} mm$，相比于不考虑磁致伸缩的作用变形量均有增大。由此可见，磁致伸缩对电机振动的影响较大。

（2）三维温度场分析 车用永磁同步电机工作时处于高速运转状态，温度对其性能有着重要影响。而混合定子再制造电机尚处于理论研发阶段，需要对其三维温度场进行全面分析。针对混合定子再制造电机，计算混合定子铁心轴向生热率，建立混合定子铁心再制造电机热网络模型，应用等效热网络法计算其节点温度，并利用定子铁心按损耗分布加载的精确温度场仿真方法，对混合定子再制造电机和原电机的温度场分布进行研究，得到混合定子再制造电机的温度场分布规律。结果表明：在额定工况下，混合定子再制造电机与原电机的温度场分布规律基本一致，两种电机的定子、转子和永磁体的温度沿径向均呈现出由内到外逐渐降低，沿轴向先增大后减小的变化规律；但混合定子再制造电机各部分平均温度和最高温度相比原电机均有不同程度的降低，混合定子再制造电机的最高温度比原电机下降 5.1K 左右。

6. 混合定子再制造电机样机制作与性能测试

基于以上对混合定子再制造电机主要性能的分析，初步得出合理的再制造方案。在与某电机生产公司的合作下，制作了混合定子再制造电机的样机，混合叠压再制造定子如图 8-45 所示，并搭建电机台架进行了相关性能测试，如图 8-46 所示。测试结果表明，再制造电机的铁耗大幅度降低，虽输出转矩略有收缩，但电机效率提升显著，温升合理，运行情况良好。

本节以服役后的车用永磁同步电机为案例，介绍了再制造工程在电机领域的主要应用，主要包括基于原硅钢电机的转子结构再设计方法，

图 8-45 混合叠压再制造定子

通过削减材料进行再设计以获得变化规律的不均匀气隙，优化了气隙磁场波形，在不影响电机其他性能的同时，削弱了电机的齿槽转矩，使电机运行更加平稳。然后以提升电机效率为总目标，引入了低损耗特性的非晶合金材料，综合考虑电机性能和成本，确定了两种材料按照 1:1 的混合叠压比例进行再制造，建立五段混合定子再制造电机模型。借助 Maxwell、Matlab、Hypemesh 等软件工具，提出电机输出转矩和齿槽转矩二维叠加计算方法，并验证了可行性，分别基于理论分析进行电机结构优化，以满足电机在不同场合的实际需求；通过磁通密

度沿轴向的分布函数拟合，给出了考虑磁通密度轴向变化的再制造电机空载损耗和齿槽转矩的解析计算公式；分析了混合定子再制造电机的应变数值和三维温度场分布，验证了电机优化结果的合理性。通过混合定子再制造电机样机的各项性能测试，验证了再制造方案的合理性与优越性。以上两种电机再制造思路和方法，拓展了再制造工程在电机领域的应用，也为电机主动再制造提供了有益的探索。

图 8-46　电机台架测试

参 考 文 献

[1] WANG Y, HU J, KE Q, et al. Decision-making in proactive remanufacturing based on online monitoring [J]. Procedia Cirp, 2016, 48：176-181.

[2] 刘光复，刘涛，柯庆镝，等. 基于博弈论及神经网络的主动再制造时间区域抉择方法研究 [J]. 机械工程学报，2013, 49（7）：29-35.

[3] 宋守许，卜建，柯庆镝. 离心压缩机叶轮主动再制造设计和时机调控方法 [J]. 中国机械工程，2017, 28（15）：1862-1869.

[4] 柯庆镝，王辉，宋守许，等. 产品全生命周期主动再制造时域抉择方法 [J]. 机械工程学报，2017, 53（11）：134-143.

[5] 宋守许，杜毅，许可. 定子铁心混合叠压再制造电机的齿槽转矩分析 [J]. 中国机械工程，2018, 19：2364-2370.

[6] 宋守许，胡孟成，杜毅，等. 非晶合金转子铁心对再制造电机性能的影响 [J]. 电机与控制应用，2018, 11：66-71.

[7] 宋守许，李诺楠，刘涛，等. 抑制永磁同步电机转矩脉动的转子再设计方法 [J]. 中国机械工程，2019, 17：2084-2090.

[8] 宋守许，胡孟成，李诺楠，等. 定子混合叠压再制造电机转矩优化分析 [J]. 机械工程学报，2020, 56（04）：281-288.

[9] 宋守许，杜毅，胡孟成. 定子混合叠压再制造电机空载损耗计算与分析 [J]. 中国电机工程学报，2020, 3：970-979.

[10] 宋守许，胡孟成，夏燕，等．基于混合定子铁心的车用再制造永磁电机性能研究［J］．机电工程，2020，037（1）：107-112.

[11] 刘涛．主动再制造时间区域抉择及调控方法研究［D］．合肥：合肥工业大学，2012.

[12] 邰莹莹．大型离心压缩机叶轮服役映射模型与主动再制造优化设计［D］．合肥：合肥工业大学，2015.

[13] 周洁．柴油机曲轴主动再制造特征参数分析方法［D］．合肥：合肥工业大学，2016.

[14] 李诺楠．抑制永磁同步电机转矩脉动的铁心再设计方法研究［D］．合肥：合肥工业大学，2018.

[15] 许可．电动汽车动力电机定子铁心混合再制造的性能研究［D］．合肥：合肥工业大学，2018.

[16] 杜毅．定子混合叠压再制造永磁电机性能分析［D］．合肥：合肥工业大学，2019.

[17] 柴油机设计手册编辑委员会．柴油机设计手册［M］．北京：中国农业机械出版社，1984.

[18] 郁永章，姜培正，孙嗣莹．压缩机工程手册［M］．北京：中国石化出版社，2012.

附录　主要符号及其含义

序号	符号	含　义
1	D_0	结构强度最大损伤量
2	r	冗余因子
3	$D(t)$	强度指标服役时间 t 后的损伤量
4	$H(t)$	强度指标再制造后的恢复量
5	D_1	强度指标每运行一个寿命周期的损失量
6	I_j	强度指标
7	$\boldsymbol{M}$	结构功能衍生系数矩阵
8	$\boldsymbol{M}'$	结构功能衍生系数导数矩阵
9	$\boldsymbol{M}_a$	单调性矩阵
10	PDF	产品的设计信息模型
11	DF^i	产品所有零件设计信息的集合
12	I_L^{ij}	零件间配合信息
13	F_i^j	零件的形状特征
14	I_d^i	设计约束信息
15	DF	产品服役特性
16	L_i	零件的疲劳寿命
17	S	产品或零件承受的外界作用
18	R_i	零部件的可靠度
19	δ	零部件的强度
20	A_L	零部件连接关系矩阵
21	CS	连接类型因数
22	C_i	零部件连接交互系数
23	DS	产品结构深度因数
24	D_i	零部件的结构深度值
25	DPD	拆卸-制造工艺度
26	$[\delta]$	轴承最小油膜厚度临界阈值对应的磨损量
27	λ_m	膜厚比
28	h_{om}	轴承润滑油膜厚度
29	R	再制造时域

序号	符号	含　义
30	IP	产品性能退化拐点
31	TP	产品性能退化阈值点
32	T_{IP}	主动再制造理想时间点
33	R_{P}	主动再制造时域
34	T_{U}	主动再制造时间区域上限
35	T_{D}	主动再制造时间区域下限
36	t_0	临界服役时间
37	T_0	再制造临界点
38	F	功能参数
39	E	能耗参数
40	$\boldsymbol{W}$	环境影响参数
41	C	经济参数
42	V_{U}	产品在使用阶段的服役价值
43	T_{TP}	主动再制造阈值时间点
44	ϕ_{10}	空载气隙磁通的基波幅值
45	$\boldsymbol{I}_1$、$\boldsymbol{I}_2$	不变矩特征
46	e	曲轴轴颈磨损量
47	SP	服役性能
48	P	再制造性
49	$\boldsymbol{S}$	结构功能梯度
50	g_{f}	梯度因子
51	N_{e}	四冲程发动机的有效功率
52	V_{h}	发动机气缸工作容积
53	P_{e}	发动机平均有效压力
54	$\boldsymbol{\alpha}_{(t_i,\ 1)}$	零部件服役性能向量
55	$\boldsymbol{\beta}_{(t_i,\ 1)}$	零部件设计参数向量
56	$\boldsymbol{F}_{(t_i,\ x)}$	零部件服役性能矩阵
57	$\boldsymbol{A}_{(t_i,\ 1)}$	零部件服役性能的参数矩阵
58	$\boldsymbol{u}_i$	环境性能指标向量
59	x_{D}	污染物状态变量
60	x_{A}	形变层状态变量
61	x_{O}	变性层状态变量

序号	符号	含　义
62	β_t	过程参数的工艺能力系数
63	λ_p	单个零部件总耗时与单个零部件清洗耗时的比值
64	V_w	超声波清洗液体积
65	C_w	清洗液浓度
66	P_w	清洗功率
67	N_{n1}	叶轮转速
68	u_2	叶轮圆周速度
69	v_{or}	叶轮出口速度
70	Ψ_{pol}	能量头系数
71	β_{b1}	叶片入口安放角
72	β_{b2}	叶片出口安放角
73	Z_b	叶片数
74	φ_{2r}	流量系数
75	l_{gs}	叶轮平均半径处的栅距
76	l_b	叶片的弦长
77	d_{be}	叶轮入口直径
78	d_{ee}	叶轮出口直径
79	Q_0	叶轮喉部的体积流量
80	v_{2r}	径向出口速度
81	τ_1	叶道入口截面的排挤系数
82	τ_2	叶道出口截面的排挤系数
83	k_{v2}	叶轮喉部的气体比体积与叶道出口气体比体积之比
84	v_{1r}	径向入口速度
85	d_{h1}	轮毂直径
86	T_{h0}	叶轮入口气体的热力学温度
87	D_{0opt}	最佳叶轮入口直径
88	β_1	入口气流角
89	δ_b	叶片厚度
90	b_x	叶片宽度
91	d_{im}	叶轮直径
92	A_w	叶道宽度
93	W_1	叶片抗弯截面系数

(续)

序号	符号	含　义
94	σ_w	叶片的弯曲应力
95	$\Delta\varepsilon$	总应变
96	σ'_f	疲劳强度系数
97	ε'_f	疲劳延性系数
98	σ_{am}	平均应力
99	σ_{wm}	质点处的弯曲应力
100	R_{r1}	电机转子偏心距
101	B_δ	气隙磁通密度
102	H_e	偏心距
103	Y_{ss}	硅钢叠片叠压系数
104	X_{am}	非晶合金叠片叠压系数
105	L_{Fe}	旧电机定子的轴向长度
106	B_{xm}	原损耗计算公式中的径向磁通密度幅值分量
107	B_{ym}	原损耗计算公式中的切向磁通密度幅值分量
108	B_0	磁通密度基值
109	B_{rA}	定子非晶合金段对应永磁体剩磁通密度
110	E_z	产品结构的拆卸能耗因数
111	E_m	产品制造阶段能耗
112	E_u	产品服役阶段能耗
113	E_R	产品再制造阶段能耗
114	E'_u	产品再服役阶段能耗
115	C_m	产品制造阶段成本
116	C_u	产品服役阶段成本
117	C_R	产品再制造阶段成本
118	C'_u	产品再服役阶段成本
119	W_m	产品制造阶段环境排放
120	W_u	产品服役阶段环境排放
121	W_R	产品再制造阶段环境排放
122	W'_u	产品再服役阶段环境排放